福島原発災害10年を経て

生活・生業の再建、地域社会・地域経済の再生に向けて

鈴木　浩
hiroshi suzuki

自治体研究社

はしがき

長い道のりを経て、なおめざすべき復興の姿が見えない。放射能汚染という見えない魔の手に塞がれて、いまだに帰還困難区域内では豊かな緑に囲まれた里山は手のつけようがないまま放置され、築き上げてきた地域社会はそれを受け継いでいく人々が復興に汗水流すことさえできない。

人類が生み出した「究極の技術」は、わが国に二度、いや三度というべきか、広島、長崎、福島に最悪の災厄をもたらした。地球全体の地殻構造とその動きを冷静に理解すれば、わが国は最も不安定な地殻構造の上に成り立っている。日本列島そのものがユーラシアプレート、北米プレートの２つの大陸地殻にまたがり、さらには太平洋プレートとフィリピン海プレートの沈み込みによって、確実に地震・津波を発生させるからである。

福島原発事故とその後の広域かつ長期的な災害の実態は、わが国の原発立地地域のみならず、持続可能な発展を目指す地域社会、地方自治体にとっても重要な教訓になるはずである。20 世紀後半、わが国では国土の不均衡発展が急速に進み、地方自治体にさえ市場原理や競争原理をもたらし、企業誘致型の経済活性化に活路を見出そうという自治体も多かった。原発はその究極の姿であった。そして東日本大震災・福島原発災害後の復興のあり方についての議論が展開されているさなか、2014 年民間研究組織である「日本創生会議」が 900 近い「消滅可能都市」を発表したのだった。誤解を恐れずに言えば、第１次産業が衰退しつづける中で、半世紀前そういう地域を狙って原発立地を誘導したのではなかったか。福島原発災害の教訓を的確に受け止め、地域主体の地域社会と地域経済の再生への展望が求められているのではないかと思う。

この著書の第一の目的は、原発災害被災地が 10 年を経てもなお生活や生業の再建、そしてふるさとの地域社会の再生が思うように進んでいない状況を冷静に受け止めることである。そして原発災害の深刻さ、苛酷さを共有できればと願っている。第二には、わが国の産業振興政策、エネルギー政策、そして基地問題などによって、多くの地方自治体はさまざまな事態に追い込まれてきた。そして、今日さらに「自治体戦略2040構想」や国による自治体戦略の「柱」として「デジタル化」の動きが激しくなっている。このような全国的な動向に対して、人々の生活・生業を守り育て、地域社会の地域力を高めるためにも、原発災害に立ち向かうことの意義を共有したいと考えている。第三に、地球全体の気候変動などによって、複合災害が発生する可能性が高まっており、これらの災害に立ち向かうための災害防止、緊急対応、生活再建と復興のための政策形成はその重要性が一段と高まっている。福島原発災害の教訓を活かせないかという思いである。2020年以降の新型コロナウイルス・パンデミックも人為的な要因によるところが大きく、複合災害の一角を形成しているとも言えなくもない。第四には、世界の原発事故への対応や脱原発の動きに対して、福島原発災害の教訓を伝えていくことである。チェルノブイリ、福島の巨大な原発事故を経験し、ドイツの脱原発やヨーロッパにおける放射線防護庁設置などの展開だけでなく、NGOなどの活動も活発になっている。NERIS（原子力災害と放射能の緊急事態への対応と復興のための事前準備に関するヨーロッパ・プラットフォーム）のように原発事故に対して緊急に対応するための活動や、その前提となる原発の情報を正確に発信していくための原発監視活動に取り組む民間組織NTW（Nuclear Transparency Watch）なども生まれている。このような世界的な原発災害や脱原発への取り組みに対しても福島の経験を発信していきたいと考えている。

ただ、最初にお断りしておかなければならないのは、福島原発災害後10年を経る2021年前後にも福島第一原発を巡る新たな問題・課題が次々に発生してきていることについて、本書では十分に対応できていないことである。帰還困難区域の避難指示解除条件の緩和については本文で触れたが、たまり続ける汚染水の処理問題、そして福島第一原発1～3号機原子炉建屋内等にセシウム137の膨大な放射線量がたまっていることが原子力規制庁の中間とりまとめ（案）で発表された。これらの原発そのものの事故とその後の対応については、本書では触れることができなかった。

原子力に依存しない持続可能な地域社会の再生、生活・生業の再建、地方自治の再構築、さらには原発事故の正確で透明な情報開示と住民・市民参加による安全・安心な収束に向けて、さらに取り組んでいくつもりである。

目　次

福島原発災害10年を経て

—生活・生業の再建、地域社会・地域経済の再生に向けて—

目 次

序　章

原発災害に対する基本視角と本書の構成

2021年3月11日、東日本大震災とともに発生した福島第一原発事故とその後の苛酷な原発災害と向き合いながら10年を迎えた。この10年を一区切りとして福島原発災害からの復興に向けて、これまで書き溜めたものを一冊の本にまとめておきたいと思ってきた。それは特に10年を経てもなお苛酷な避難生活を強いられている被災者の方々の様子や放射能汚染によって「避難指示」が出された地域の復興に向けた辛くて困難な取り組み、そして「避難指示」が徐々に解除されてきたとはいえ「帰還困難区域」の除染はごく一部を除いてまだ手付かずになっていることなどを発信し、原発災害の苛酷さを共有するとともに、中間貯蔵施設の汚染物質が2045年をめどに県外に排出される時期や事故を起こした福島第一原発だけでなく、福島第二原発を含めて廃炉に向かう道筋を、被災地の声を踏まえながら明確にしていく取り組みの原点を確認したいと考えたからである。

これまで色々と書きとどめてきたとはいえ、それをまとめるとなると色々と悩ましい。10年を経て上記のような今後の展開の基本視角になるような現状の再確認をしようと思うと、この10年間にさまざまな局面に接してきて、それぞれにメモなどを書きとめてきたが、単純に時系列的に整理していけばいいのではなくて、それらを系統的に検証する視角が必要になるからである。原発災害の特質をあぶりださなければならない。被災直後の情報の混乱、災害時こそ稼働しなければならなかったオフサイトセンターの機能停止やSPEEDI（緊急時迅速放射能影響予測ネットワークシステム）の運用停止、被災地自治体における個別の避難行動（当時、筆者は「被災自治体の孤独な政策決定」という表現を使っていた）と被災者のいくたびもの避難行動、「避難指示区域」の設定とその変化、そしてそれらに伴う「除染」方法の設定など、さまざまな問題を孕みながら「集中復興期間」「復興・創生期間」を経てきた。これらの経過を検証しながら今後の課題を整理することを当初は考えていた。

しかし、10年を経過した現在、「汚染水の海洋投棄」や「除染なし帰還困難区域の避難指示解除」など、被災者や被災地の悩みや苦しみを逆なでするような方針が示されたり、なお帰還することができない被災者が「避難指示解除」をきっかけに、その後の避難行動を「自主避難」としてそれまでの支援を打ち切られたり、ふるさとに建設できず他市町村に建設された復興公営住宅であっても、そこに入居すると「避難者」ではなくなったりする状況など現在の諸問題を分析しながら、あらためて今後の復興のあり方について議論していくことに重点を置いたまとめ方をしておきたいと考えた結果が本書の内容である。もちろん上述の原発災害発生当時の混乱などを検証する課題はなお残されている。それらの課題には改めて取り組むことにしたい。

2021年3月11日、この時点であらためて感じていることは、なお多くの被災者がふるさとでの生活や生業の再建ができず過酷な避難生活を強いられていることに対する深刻な問題意識とともに、福島第一原発の苛酷な事故と原子力発電所の危うさについて、わが国における共通の課題という認識が獲得できずに経過してきているのではないかという不安である。

今次の福島原発災害を通して得た教訓として、原子力災害による人々の健康・生活・生業や生産活動や地域社会・自然・環境などに及ぼす深刻さとともに、さまざまな局面に地域・住民・行政の分断・対立をもたらしていることを指摘しなければならない。

福島原発災害が発生したにもかかわらず、なお原発災害を封印し、再稼働にまい進しようとするわが国の経済、政治状況などについての時代背景に関して、次の3つの視点から触れておこう。

①経済的低迷

1990年代以来続く経済的低迷は、わが国に大きな地域間格差をもたらした。正確に言えば、1960年代以降の高度経済成長政策が国土の不均衡を拡大してきたというべきである。第2次産業振興を柱にした高度経済成長政策によって、第1次産業を基幹とする農山漁村は衰退の一途をたどってきた。第2次産業、第3次産業における、正規雇用を基本としてきた従来の雇用形態に対して不正規雇用制度の拡大を図ってきたために、人々の生活は一層厳しい状況に置かれている。グローバル化やそれに伴う規制緩和が進む中で、市場原理、競争原理の推進と金融経済の台頭は、貧富の格差や地域間格差、先進国と途上国の格差などを極大化させてきている。今回の大震災と原発災害は、その地域間格差の下層、つまり軽視されてきた第1次産業地域、また空洞化が進む地方都市を襲った。そして、大震災や原発災害も“格好の契機”になったのが“惨事便乗型資本主義”の挙動である。東日本大震災被災地に展開される復興という名の巨大事業の展開はまさに“惨事便乗型復興”である。原発を次の世代や後世への負の遺産として、それから決別することができないのは、まさにこのような大震災や原発災害も“格好の契機”にしてしまう資本主義体制における矛盾にほかならない。

②政治的混迷

東日本大震災及び福島第一原発事故発生時、「脱官僚・政治主導」、「国民の生活が第一」などをスローガンにして発足した民主党政権であった。時々刻々伝えられる原発事故に関する情報も不安定であったし、そのことによって被災地の自治体では被災住民への避難指示などが混乱していた。2011年12月16日、野田佳彦首相は「原発事故収束」を宣言したが、被災者や被災地ばかりではなく多くの国民は、その判断の甘さに不安や不信感を抱かざるを得なかった。「地域主権」も声高に謳われてきたが、マンパワー不足で復旧・復興に機敏に対応できない地方自治体に対する不十分な支援は、「地域主権」の道筋にかなっていたのだろうか。2012年12月の総選挙は、地滑り的な自民党勝利と政権奪還をもたらした。そのあまりにも大きな触れ方にもまた新たな不安が横たわることになった。次の政権を担った安倍晋三首相は2013年9月、東京五輪招致に向けた国際オリンピック委員会（IOC）総会の場で、原発事故の状況について「アンダーコントロール」発言をした。これも被災者や被災地に深刻な不信感を招いたのだった。政治的な駆け引きに終始する国会運営など、国民的な喫緊の課題への誠実かつ真剣さが見えない政府の対応と言わざるを得ない。さらに言えば、今回の福島原発災害の危険性が国会でいく度か議論されていたにも関わらず、根拠のない「安全神話」を振りまき、今回の深刻な事態を招いてきた政府、などなど、国民的な信頼を著しく損なってきた政治的な混迷の中での大災害であり、その復興過程である。2020年1月以降にわが国でも拡大した新型コロナウィルスの感染症が収束の兆しを見せていない。2020年に開催予定であったオリンピック、パラピンピックを一年延期し、国民の間からも中止すべきであるという声も大きくなってきている。そんな中で、2021年7月初旬現在、コロナ・パンデミックは第5波に突入する気配であった。

2021年4月13日、政府は原発事故によってたまり続けている汚染水を海洋放出することを決定してしまった。これは関係者の理解なしには決定しないとしてきたことだった。

③社会的不安

高齢社会化が急速に進み、いよいよ人口減少局面に入り、地域社会の衰退は深刻である。コミュニティの維持すら困難になっている。地域偏在傾向を強めながら、特に地方では深刻な事態に直面している。一方で、医療・福祉・労働そして住まいなどさまざまな生活基盤を支える分野で深刻な事態に直面し、生活保護世帯の急増、孤独死、ワーキングプア、そしてホームレスやネットカフェ難民などのハウジングプアがわが国の社会的不安をかき立てている。わが国では、「基本的人権」の確立、豊かな地域コミュニティや生活水準のあり方をめざす「生活の質」を高めていく政策展開は不十分であった。何かにつけ「先進国」と自称する日本は、男女平等や民主主義にとって欠かせない情報公開などにおいて、OECD（経済協力開発機構）関係諸国の中でも最後尾に位置する状況になっている。

こういう社会全体に及んでいる深刻な事態に直面した地方都市や農山漁村が大きな被害を被った大震災であった。

原子力発電所は、高度経済成長政策や国土総合開発計画・列島改造論などによって国土の不均衡発展・地域格差がもたらされる中で、いわば取り残されていく地域、第一次産業を中心とした地域、海岸線に位置する地域に設置されていった。1974 年 6 月に電源三法（電源開発促進税法、電源開発促進対策特別会計法、発電用施設周辺地域整備法）が成立し、当時立地促進のパンフレットには、次のように書かれていた。

「原子力発電所のできる地元の人たちにとっては、他の工場立地などと比べると、地元に対する雇用効果が少ない等あまり直接的にメリットをもたらすものではありません。そこで電源立地によって得られた国民経済的利益を地元に還元しなければなりません。この趣旨でいわゆる電源三法が作られました」（日本立地センター「原子力みんなの質問箱」）。国土の不均衡発展によって、第一次産業も次第に厳しい状況に追い込まれていく地域に対して原発立地策がこのように導入されていったのである。

そして、この 10 年間、地球規模での温暖化が身近な気象変動として頻繁に発生するようになってきた。すでに触れたように、2020 年には 100 年に一度と言われる大規模なパンデミック（感染症の世界的流行）が発生し、国民生活に危機的な影響を及ぼしている。

これらの経済的・政治的・社会的な混迷の中で発生した大震災に対して、どのように立ち向かっていくのか。現在、今後の震災対策が、相変わらず混迷を極める政治状況のなかでどのように推移するのか、新たなわが国の方向を見出すような状況をつくりだす契機になるのか、その分岐点にあるといってよい。

災害地域における人々の取り組みはもちろん、支援する全国の地域社会や自治体・NPO や専門家集団、そして国民的な運動が上記のような分岐点において、未来を切り拓く方向性に導いていけるかどうかにかかっている。

筆者が、これまで福島県や県下の市町村の復興ビジョンや復興計画、さらには具体的な木造仮設住宅や復興公営住宅の供給や「特定復興再生拠点計画」などに関わり、また全く自発的に立ち上げ、2021年4月までに180回近く開催してきた「ふくしま復興支援フォーラム」の運営に参加する中で、今後に繋いでいく課題として感じてきたことは次のような事柄であった。

・何よりも重要なことは、原発災害によって長期的・広域的で苛酷な状態におかれている被災者に対して、安心・安全な避難生活を確保すること、市民的な権利を保障することを実現すること。
・原発事故の徹底的解明と原発災害への対応の検証とそれらの発信。
・福島での経験と教訓を世界に発信することも重要な課題である。例えば、2015年5月に仙台で開催された国連防災世界会議では主催国であった日本の政府が福島原発災害の課題を主要なテーマに位置づけなかった。
・原発から「持続可能で安心・安全なエネルギー供給」への転換をめざすべきである。2011年7月、ドイツでは「安全なエネルギーの供給に関する倫理委員会」がドイツ国内の原発を廃炉にする方針を提起し、政府も正式にこの方針を決定した。
・災害大国日本における危機管理体制を早急に整備すべきである。わが国の国土は複雑な地殻構造の上に横たわっており、確実に発生する地震や津波には向き合わなければならない。また地球規模の気候変動による風水害の頻発化、大規模化そして被害の深刻化に直面している。東日本大震災に際して時限的な政府機関「復興庁」を設置してきたが、これも全国に頻発する災害に対応する権限を有していない。これまでの災害への対応の蓄積などを活かしていくためにも継続的・系統的な防災機関を設置すべきである。また全国に立地する原子力発電所は、福島で経験したように、いわば「安全神話」によって建設されてきており、深刻な原発事故を起こした場合の危機管理はなお不十分である。欧米でいち早く設置されてきている「放射線防護庁」のような機関も国民に分かりやすい存在として設置すべきである。

[本書の構成]

本書は序章と大きくは二つの構成になっている。「Ⅰ部　原発災害にどう向き合ってきたか」（第1章～第4章）と「Ⅱ部　真の復興への課題」（第5章～第12章）である。まず、「序章　原発災害に対する基本視角と本書の構成」では原発立地の特質や原発災害への対応の特質に触れるとともに本書の構成を示している。「Ⅰ部　原発災害にどう向き合ってきたか」は、原発災害にどう向き合ってきたか、筆者の個人的な活動フィールドを含めて記述している。

「第1章　原発災害の実相―その特質は何か―」として前提的な状況を整理している。

過酷な原発災害に正面から向き合い、生活の再建とふるさとの再生のための基本的な価値観と行動様式を築いていくことが必要ではあるまいか。合わせて、全国各地に広範に、しかも長期間避難している被災者を受け入れている自治体や地域社会において、差別や分断のない生存権や市民権を享受できるような仕組みが必要である。わが国における復興過程の問題点などに触れながら、「第2章　福島第一原発災害とどう向き合うか」を考察した。これら第2章までは以降の各章の導入部でもある。

また、2011年8月に公表された「福島県復興ビジョン」、その後の「福島県復興計画（第一次）」の策定にも参画する機会を得た。前者では基本理念の第1に「原子力に依存しない、安全・安心で持続的に発展可能な地域づくり」を謳った。ビジョン検討委員会での委員一人ひとりの意見を踏まえて打ち出すことのできた基本理念の一つと考えている。と同時に筆者は2002年に発表された「電源立地県福島からの問いかけ　あなたはどう考えますか？～日本のエネルギー政策～（中間とりまとめ）」（福島県エネルギー政策検討会）から多くの示唆を得ていた。いずれにせよ廃炉を迎える原子力発電に対する基本的な問題提起をしていたからである。福島原発事故のほぼ10年前にこのような提起がされていたことと「福島県復興ビジョン」の基本理念とは密接につながっていると考えている。この点を「第3章　『福島県復興ビジョン』2011と『電源立地県福島からの問いかけ　あなたはどう考えますか？～日本のエネルギー政策～』2002」で紹介したい。

筆者が被災直後に取り組んだのは、上記の「福島県復興ビジョン」及び「復興計画（第一次）」や「浪江町復興ビジョン」・「浪江町復興計画（第一次）」、「双葉町復興まちづくり計画」などとともに、福島県による応急仮設住宅建設やみなし仮設（民間賃貸住宅借上げ仮設住宅）などの可能な限り地元が主体となる取り組みであった。実は福島県では最初の住生活基本計画策定（2007年3月）の際に「循環型住まいづくり」についての議論が蓄積されていた。これらの関連について「第4章　原発災害—避難所から応急仮設住宅・町外コミュニティそして復興公営住宅—」で触れる。

ただ、2012年6月に国会において全会派一致で議員提出され成立した「東京電力原子力事故により被災した子どもをはじめとする住民等の生活を守り支えるための被災者の生活支援等に関する施策の推進に関する法律」（「子ども・被災者支援法」と呼称されることが多い）について、原発災害後1年3か月で成立しているにもかかわらず、本書の前半部では扱えなかった。チェルノブイリ原発事故後にロシア、ウクライナ、ベラルーシで制定された「チェルノブイリ法」がモデルと言われ、わが国においては「日本版チェルノブイリ法」の制定を求める声が広がる中で成立したのだった。しかし、チェルノブイリ法の大きな特徴は、5mSv/年[1]以上が居住の認められない地域と規定され、5mSv/年以下は居住可能地域とされている中で、1～5mSv/年の地域について居住し続けることも移住することも権利として認められていることである。わが国では避難指示区域のうち、20mSv/年以上が居住の認められない「居住制限区域」、「帰還困難区域」とされ、20mSv/年未満になると「避難指示解除準備区域」の「避難指示」が解除される運用になっている。

「子ども・被災者支援法」は「被災者一人一人が、居住、他の地域への移動及び移動前の地域への帰還についての選択を自らの意思によって行うことができるよう、被災者がそのいずれを選択した場合にあっても適切に支援」（同法第2条2）と謳っているにもかかわらず、その後の福島原発災害への政府の政策は「除染」、「避難指示解除」、「帰還」が、被災者支援、被災地復興の中心を占めていて、避難し続けている被災者に対しては「自主避難者」として、さまざまな支援を打ち切ってきた。

「原発事故子ども被災者支援議員連盟」の幹事長を務めていた河田龍平氏が、2018年10月に開催された議員連盟の会議の様子を伝えている。「日本史上初の全党全会派一致で提案、成立した歴史的な法律でした。そのあと政権交代で与党になった自民党、公明党の議員たちが議連から抜けてしまい動きが停滞してしまっているのです。……国は帰還政策を進め、応急仮設住宅や民間住宅の借り上げの家賃補助なども、打ち切り、また二重生活などを続ける避難者の方々は、今も避難先で経済的にも精神的にも厳しい生活を送っています。実態把握もしないままに、帰還政策を断行することに強い憤りを感じます」。

全会派一致で成立した「子ども・被災者支援法」が、なぜこのように有名無実の状態に追い込まれてしまうのか、大変大きな課題を被災地や被災者に突き付けているとともに、国民に大きな問題提起をしていると考えているが、それらのことを解明できないままに10年が過ぎ去ってしまった。この「子ども・被災者支援法」の課題について、本書では、「第7章　長期的・広域的避難を支える支援のあり方」で改めて分析している。

「Ⅱ部　真の復興への課題」は、10年経過した現在、今後も続く長期的な課題や復興に向けた人々の生活・生業の再建とふるさとの再生に向けて問われているものは何かを考察するとともに、いくつかの具体的な課題を取り上げて、今後の検討方向を述べている。

「第5章　原発災害からの克服に向けて」では、これまでの復興過程を俯瞰し、今後の課題を導き出そうとしている。被災地の人々の生活・生業が深刻な被害を受け、ふるさとの地域社会は消滅の危機に瀕しており、さらに原発災害によって深刻な環境破壊をもたらしたことを原発災害の特質としてとらえると、復興計画や復興事業の最も基本的な視点として「生活の質」、「コミュニティの質」、「環境の質」を人々の望む方向に取り戻すことが重要であることを提起している。また基礎自治体ごとの復興計画や復興事業あるいは被災者支援では的確に対応できない広域的な課題も多い。広域連携の課題についても言及する。

「第６章　帰還困難区域が抱える問題」では、特に放射能汚染が長引き、避難指示解除が見通せない「帰還困難区域」の動向と、そこでの10年を経過する現時点での新たな課題にも触れることにする。

なお第６章で触れる原発災害の特質、その長期性と広域性に対応するための課題については、「第７章　長期的・広域的避難を支える支援のあり方」、「第８章　地域再生に向けた広域的な合意形成を目指して―『生活の質』『コミュニティの質』『環境の質』の実現―」さらに「第９章　原発災害からの生活再建と地域再生に向けて―広域的連携の方向と具体化のために―」で、再度検討をしている。

「第10章　中間貯蔵施設問題の視座」は2045年、その役割を終えるはずの中間貯蔵施設の立地するエリアの再生のあり方について検討したものである。

「第11章　福島原発災害からの克服を目指して」は、10年の節目に原発被災者はもちろん、福島県民が福島原発災害に対して認識を深め、それらによって市町村や県・政府に対しても課題と政策のあり方を提案していくための「県民版復興ビジョン」を提起している。実はコロナ禍の広がりの中で、広く被災者や県民によるタウンミーティングなどが開催できない段階での筆者の原案を示すにとどめている。その後起草委員会などによって、素案として公表する取り組みをしており、この段階ではまだ取り上げられていない。あらためて「県民版復興ビジョン」の成案を得て、公表できる機会を得たい。

「第12章　原発災害を福島に封じ込めないために」では、原発災害の全国的な広がりの中で、単に風評としてだけでなく、政府の政策展開の中に原発災害を被災地に封じ込めるようなメッセージが発せられてきたことに警鐘を鳴らすとともに、あらためて各章で展開してきた観点からも福島原発災害を被災地に封じ込めたり風化させないための取り組みが必要であることを書きとめておきたい。

本書では、原発事故発生直後の被災者や被災自治体の初動期の混乱についての論考などは取り上げなかった。また、10年の節目の2021年3月11日前後には、福島原発事故がなおその収束には困難を極めていることが大きく報じられている。炉心から溶け落ちた800トンともいわれるデブリの挙動すら掌握できず、最初の1グラムの採取も困難な状況であることが報じられている。原発事故とその収束そして廃炉そのものが大きな課題であるが、筆者の能力をはるかに超えている。本書で扱っているのは、この原発事故によってもたらされた住民や地域社会そして自治体の原発災害に関する10年の闘いの経過の記録である。

注

1　mSv＝ミリシーベルト。Sv＝シーベルトは、放射線が人体に及ぼす影響を含めた線量を表す。mSvは、Svの1000分の1を意味する。因みに、100万分の1はマイクロシーベルト（μSv）。

Ⅰ部　原発災害にどう向き合ってきたか

第1章

福島原発災害の現実

—その特質は何か—

［注］ 本章のほとんどが2014年3月、つまり原発災害発生後3年を経過した時点で書き記したものである。最終稿の段階で最低限の時系列的な記述や若干の字句などの変更や加筆を加えているが、10年を経過した時点の記述になっていない点も多いことを断っておきたい。

福島第一原発災害は、東北・北関東の太平洋沿岸地域を襲った東日本大震災がもたらした地震・津波とともに、わが国の災害史上もっとも過酷な災害の一つである。しかも、原発災害は、地震・津波とは異なった性格の災害をもたらしているばかりでなく、世界各国の原発政策に深刻な影響を与えているように、人類史上の最も深刻な課題という特質をもっている。しかし、災害発生後10年が経過し、福島の原発災害は、そのもたらした悲劇的な被害状況にもかかわらず、その認識や今後の原発政策、エネルギー政策全般や環境政策そして産業経済政策に及ぶまで、国内における議論の“揺れ幅”には驚くばかりである。いまもなお原発の再稼働を画策している電力業界と政府・与党。それだけではない、政府は原発輸出を外交戦略として進めてきた。一方で、原発政策に対して厳しい批判と新たな代替・再生可能エネルギーへの可能性を主張し世論に訴えかけている政党や市民団体も広がりを見せている。実はすでに再生可能エネルギーは急速に広がりつつあるが、従来の巨大な電力会社は現在なお原発再稼働を基本戦略にしている。世界各国は、福島の原発災害を契機に、その帰趨を注意深く見守り、それぞれの原発政策の見直しを進めていることと対照的である。ドイツはすべての原発を廃炉にし、再生可能エネルギーへの転換を図っていくという、もっとも革新的な方向を示している。わが国における原発に対する揺らぎの象徴的な動きは、原発立地地域における再稼働反対の動きと合わせてなお根強い原発存続の動きが存在することである。

10年が経過した現在、福島では（原発立地町はもちろん）原発の再稼働を望む声はほとんど聞こえなくなった。福島県議会は2011年9月定例会において請願「福島県内すべての原発の廃炉を求めることについて」（2011.6.30市民組織からの提出）を全会派の賛成で採択している（退席議員が数名いたが）。県議会だけでなく、2012年9月段階で県内59市町村議会のうち52議会、53人の市町村長が全10基の廃炉を求めている。また、2012年12月に実施した福島民報社による福島県民意識調査では、福島第一原発、第二原発の「全て廃炉にすべき」が75.4%を占め、「福島第二原発のみ稼働すべき」16.4%と「全て稼働すべき」3.2%の合計19.6%を55.8%上回った（福島民報、2013年1月7日）。

しかし一方で、原発の立地していない首都圏の埼玉県議会は2017年12月22日定例議会において、「原子力発電所の再稼働を求める意見書」を自民党などの賛成により採択し、当時の衆参両議長や安倍晋三首相、世耕弘成経産相などに送付している。

福島での過酷な原発事故後の復興に向けた動向を通した原発に対する認識、わが国全体の原発に対する認識、そして国際社会のわが国の原発事故への対応に対する不信感や再生可能エネルギーへの取り組みなどとの間には大きなギャップが垣間見えてきている。このギャップを埋めて、自然・環境・地球そして地域社会の再生に向けた確かなシナリオを探っていくことが求められている。

本章では、福島原発災害の実情を幅広く確認しておきたい。

第1節　原発災害後3年（2014年3月時点）を迎えた時期の福島原発災害の実情

まず3年を経過した時点での福島原発災害の実情を、避難、放射能汚染、復興と生活再建、について確認しておこう。

1　長期的・広域的避難

東日本大震災・福島原発事故による全国の避難者数は2014年1月16日現在（復興庁発表）で約27万人であり、県外に避難等をしている被災者数は、福島県4万8364人、宮城県7094人、岩手県1486人になっている。このように県外避難者数は、そのほとんどが福島県からということになる。

福島県の人的被害、避難者数などは以下のとおりである（2014年2月及び2019年1月現在、福島県災害対策本部による）。

・福島県の人的被害――2014年2月現在、死者3478人（直接死1603人、関連死1664人、死亡届等223人）。福島県は、「災害関連死」（避難先での環境激変などのために亡くなった犠牲者）がなお増え続けているところに他県とは違った大きな特質がある。直接死1603人に対して、関連死は、2012年3月764人、2013年3月1324人、2013年12月17日ついに直接死を上回り1605人、2014年2月26日現在は1664人になった。因みに2019年1月9日現在では2260人になっている。この点は、岩手県、宮城県の被災地における被災者の動向と大きく異なっている。

2021年3月10日現在、東北三県の人的被害は次のように発表されている。

死者（岩手県4675人、宮城県9544人、福島県1614人）、行方不明者（岩手県1111人、宮城県1214人、福島県196人）、災害関連死（岩手県470人、宮城県929人、福島県2320人）。

・福島県の避難者数は、13万6275人（県内8万7859人――2014年2月20日現在、県外4万8364人――2014年1月16日現在、避難先不明者52人）になっている。2019年1月9日現在では避難者数4万2615人（県内避難者9722人、県外避難者3万2880人）と公表されている。しかし、この公表されている避難者数が、色々と「政策的判断」で加工され、避難者でありながら、そこから削除されている人々が多いことが次第に明らかになってきた。主なものは、いわゆる「自主避難者」が除かれていること、避難指示解除後の避難者は一定期間が過ぎると「自主避難者」

とされること、復興公営住宅（たとえ自市町村外であっても）に入居した避難者も除外されていること、などである。事業の進捗度ベースの算定方法であって、実質的に避難生活を強いられている被災者の実数を反映しているとは言えない。ただ、被災自治体の、住民票ベースなどによる避難者数は、この避難者数よりも多くなっている。

・福島県内の避難状況は被災後3年を経た2014年3月現在（福島県災害対策本部による)、仮設住宅1万3645戸・2万8369人、借上げ住宅2万1769戸・4万9835人、公営住宅357戸・1195人、雇用促進住宅・公務員宿舎等1240戸・4117人、親戚・知人宅等2865人（この数値のみ2014年6月現在）などとなっている。今次の災害では「借上げ住宅」(みなし仮設住宅）の比率が極めて高くなっていることが特徴である。仮設住宅は災害救助法によれば、原則2年の供与期間であるが、仮設住宅に続く災害公営住宅や自力住宅再建などの見通しが立たないことから、逐次延長されてきた。

2012年1月に浪江町が実施したアンケート調査によると、1700人の小中学生が県内外の690校に分散し、バラバラになって避難している家族が51％に及んでいる。浪江町は他の原発被災地と同様、被災前、世帯規模が大きかった（世帯人数が多かった）ので、狭小な仮設住宅の供給はその世帯を分離させることになった。また放射能汚染問題によって、子どもや若い女性を抱える世帯では、遠距離避難による子どもや母親、若い女性と働き手や高齢者との世帯分離を引き起こしている。この世帯分離によるストレスなどが避難生活にさらに深刻さをもたらしている。

原発の立地する双葉町、大熊町をはじめ、飯舘村、浪江町、葛尾村、富岡町、楢葉町の7つの町村が、3年を迎えた2014年3月11時点でも役場機能を他の市や町に避難させ業務を続けていた（当初、川内村と広野町も避難していたが早い時期に帰還した)。そして、2021年3月現在、双葉町は、なお主たる役場機能をいわき市に置いていて、常磐線の開通・双葉駅の再開に伴い、駅に隣接している双葉町の公共施設に一部の機能を移転している。

2　原子炉事故収束と放射能汚染との闘い

原発事故は、事故発生後10年経った2021年、原子炉内の核燃料棒が溶融して流れ落ちたデブリの挙動やその処理方法も定まらず、汚染水がたまり続けていることなど、なお進行中である。つまり、事故の収束や廃炉に向けて復旧・復興に取り組んでいるとはいえ、その具体的な克服方法が見出せないばかりか、なお新たな災害の危険性を防止できる状況になっているわけではない。このことが地震・津波災害の復興過程と決定的に異なっている特質である。2021年2月13日の震度6の地震発生時には事故を起こした原子炉建屋に設置されていた地震計が稼働しなかった。そして東電はそのことを１週間近くも公表しなかった。これらの人為的なエラーが原発事故以前からも長年にわたって頻発してきた。第３章で詳しく紹介するが、福島県エネルギー政策検討会「中間とりまとめ」（2002年）や2003年に東京電力のいわゆる「原発トラブル隠し事件」をうけて設置され2021年現在もなお活動を続けている「新潟県原子力発電所の安全管理に関する技術委員会」[1]などが、原発事故の検証を続けてきた。

2011年12月16日、政府は福島第1原発の事故収束を宣言した。この収束宣言の経過について東京新聞（2011年12月18日付）は次のように伝えた。

「この一週間（11〜17日)、福島第一原発自体には目立った動きはなかった。事故発生から9カ月余り、政府は16日、事故収束を宣言した。冷温停止状態という大きな目標を達成したというのが主な理由だ。原子炉下部の温度は1号機が37度、2、3号機が60度以上で、1号機はより冷えているようにみえる。だが、1号機は核燃料が圧力容器から溶け落ちたとされ、核燃料がない場所で温度を測っている可能性が高い。16日になって、政府と東京電力は、冷温停止状態の定義に、圧力容器の外側にある格納容器内の温度も100度以下との文言を新たに加えた。

冷温停止の本来の意味は、正常に密閉された圧力容器内の冷却剤（水）が100度未満になること。政府の定義は、本来の姿からさらに遠ざかっている」。

3年近く経過した2014年1月以降も、相次ぎ原発事故に関連する汚染水の漏水などが発生している。同年1月30日、東京電力は「福島第一原発の原子炉1号機について、格納容器下部の破損配管から、1時間あたり最大3.4トンの汚染水が漏れていると推計される」と明らかにした。「1号機はメルトダウンした核燃料を冷やすため、1時間あたり4.4トンの注水を続けている。その約8割が、格納容器の外に漏れだしていることになる。漏れ出した汚染水の放射能濃度は1時間あたり最大237万マイクロシーベルトに達した」(日刊ゲンダイ、2014年2月7日)。

2014年2月7日、東京新聞などが、福島第一原発の凍結を原因とする相次ぐ水漏れを報じている。「東電によると、(2月6日) 午前11時5分ごろ、1号機西側の屋外を通る配管につながる計器から水が流れ出ているのを作業員が発見。1リットル当たり2800ベクレルの放射性ストロンチウムなどを含む約6百リットルが漏れた。東電は弁を閉めて水を止めるとともに、水が染み込んだ周辺の土壌約1立方メートルを回収した。その直前には5、6号機北側のタンク群で、やはり配管の継ぎ目から、鉛筆ぐらいの太さで水が漏れているのを社員が見つけた。水は放射性物質を微量に含んでいたが、タンク周囲の堰(せき)の中にとどまっていた。どちらの水漏れも原子炉への注水には影響しなかった。凍結でつなぎ目などが破損したことが原因で、東電は部品を交換したり、ヒーターを付けたりした。また、同日午前には、作業員の休憩所がある建物で一階機械室の空調設備から温水が漏れて湯気が出て、作業員らが一時避難した。原発がある福島県浜通り地方では、冷え込みが続き、浪江町では同日未明に観測開始以来最低のマイナス12.4度まで冷え込んだ」(東京新聞、2014年2月7日付)。

2014年2月13日、NHKは原発地下水で最高値のセシウムを検出したことを次のように伝えている。「福島第一原発2号機の海側の海からおよそ50メートルの場所に新たに掘った観測用の井戸で、12日に採取した地下水から、1リットル当たり▽セシウム137が5万4000ベクレル、▽セシウム134が2万2000ベクレルと、いずれもこれまでで最も高い値で

表１−１　福島市内の環境放射線測定結果

	2011.5.2	2012.3.12	2013.3.11	2014.2.7
市役所東棟（コンクリート）	1.49	1.09	0.70	0.38
渡利支所（土）	2.60	0.32	0.24	0.17
杉妻支所（土）	0.73	0.38	0.33	0.24
蓬莱支所（芝）	1.92	1.21	1.10	0.14
清水支所（アスファルト）	1.58	0.84	0.55	0.31
東部支所（砂利）	1.42	0.74	0.52	0.11
大波出張所（土）	2.80	0.87	0.41	0.29
北信支所（砂利）	1.39	0.88	0.52	0.16
吉井田支所（土）	1.30	0.76	—	0.14
西支所（土）	0.56	0.41	0.33	0.25
土湯温泉町支所（コンクリート）	0.20	0.12	0.14	0.11
信陵支所（土）	2.19	1.44	0.47	0.32
立子山支所（砂利）	1.14	0.73	0.55	0.25
飯坂支所（芝）	1.59	0.82	0.64	0.22
松川支所（砂利）	0.98	0.59	0.55	0.39
信夫支所（土）	1.01	0.66	0.56	0.09
吾妻支所（土）	1.72	0.98	0.70	0.19
飯野支所（土）	1.90	1.10	0.92	0.44

注：単位は μSv/時間、地上 1m の測定値。
出所：福島市ウエブサイトより筆者作成。

検出。このうちセシウム 137 の濃度は、国の海への放出基準の 600 倍に当たり、すぐ北側の井戸で今月 6 日に採取した水と比べて 3 万倍以上高い値」。

原発事故直後から放射能汚染が広がる中で、放射線被ばくに関する「安全基準」が 1mSv/年から 20mSv/年の間を大きく揺れ動いてきた。2011 年 3 月以来、放射線医学の専門家からは 100mSv/年でも安全であるという見解が示され、被災者の間に大きな不安の影をもたらしてきた。例えば、福島市は年間 1mSv 以上（0.23 μSv/時間以上）の空間線量を示す地区は 2014 年段階でも分布していた（**表１−１**参照）。

「安全」が繰り返し喧伝されてきたが、それが被災者の「安心」に直結したとは言えない。その間をつなぐコミュニケーションの重要さや「安心」をもたらすための健康管理や食品管理そして生活支援などが大きな

表1－2　市町村の除染の進捗状況

	2013年度末までの計画	発注済	実施済
住宅（戸数）	235,208	158,239 (67.3%)	83,249 (35.4%)
公共施設（施設数）	5,871	5,304 (90.3%)	4,260 (72.6%)
道路（km）	5,335	3,356 (62.9%)	1,427 (26.7%)
農地（ha）	24,067	22,170 (92.1%)	19,493 (81.0%)
生活圏森林（ha）	4,085	1,650 (40.4%)	519 (12.7%)

出所：2013年度末段階、福島県除染対策課資料による。

課題として浮かび上がってきた。

放射能汚染に対して、被災自治体はいち早く汚染物質の「除染」を国や東京電力に要求した。原子力発電所の導入と建設、その後の増設において政府と電力事業者によって大々的に繰り広げられてきたのが「安全神話」であった。その「安全神話」に裏切られたという想いが、「元の大地を戻せ」という声になっていった。残念なことに、原発事故後しばらくは放射能汚染がどれほど深刻な被害をもたらし、除染がいかに困難な作業であるかということについて、十分な認識を獲得できなかった。「安全神話」がそのような認識をも阻んできた。被災地からの要求も強く、除染は原発災害からの復興の大前提として取り組まれることになった。しかし、除染は予想に反して、作業が困難であるばかりでなく、除染によってはぎ取られた汚染物質の仮置き場の決定も地域における合意を得ることが難しいこともあって、災害後およそ2年経った2013年度末段階でも、住宅や道路そして日常的な生活圏に属する森林の除染は予定通りには進まなかった（表1－2参照）。

3　復興と生活再建のはざまで

多くの原発災害被災自治体は、「ふるさとの復興」を掲げ、除染はそのための前提として位置づけられた。そして除染さえ進めば、という前提で、2年先あるいは3年先の帰還目標が掲げられた。しかし、除染が思うように進まず、その困難さも明らかになった。原発災害そして放射能汚染は、期待や瞬発的な努力で解決できるほど簡単ではない。放射能汚染の除去が思うに任せない中、人々は「ふるさとの復興」をたとえ望んだとしても、現実の生活を取り戻すために、避難先での生活再建に取り組まざるを得なくなっていった。

「一人一人の生活や生業の再建」を基軸にしながら、その先に「ふるさとの復興」を見据えざるを得なくなっていった。つまり、被災自治体にとって、「ふるさとの復興」と「一人一人の生活再建」が切り離された形で大きな課題として横たわっていた。この両者の課題に丁寧に取り組んでいくことが、そのギャップを埋めていくことにもなるのだが、その長い過程を見通した時に、自治体そのものの存亡さえも大きな課題として浮かび上がってきているのである[2)]。

仮設住宅や借り上げ仮設住宅の確保、そして被災者の生活・生業再建の課題は深刻であった。故郷で多くの家族と生活していた世帯が、狭小な仮設住宅などのために高齢世帯と子ども世帯などの世帯分離を強いられて、高齢世帯と若年世帯では故郷への帰還や生活再建への見通しや期待が異なっていることが多い。故郷に戻りたい意向を示す高齢世帯、仕事や子どもの教育そして放射能汚染からの避難などから故郷を離れて生活再建を目指したい若年世帯、という傾向がみられるものの、なお決めかねている世帯も高い比率になっていた。

表1－3は、復興庁がほぼ毎年、被災者に対して行っている調査の結果である。

ここでは福島第一原発立地町である双葉町、大熊町そして「帰還困難区域」内に「特定復興再生拠点」が指定されている町村を取り上げている。

福島第一原発が立地している双葉町、大熊町そして広大な「帰還困難区域」を抱える浪江町と富岡町において、時間の経過とともに、「戻りたい」という被災者の比率が低下し、とくに「戻らない」とする被災者が増加している。少なくとも「判断できない」被災者の存在は「ふるさと

表1－3　原発被災地の主な町村の帰還意向（%）

町村名	調査年度	帰還意向			
		戻る	戻らない	判断できない	無回答
浪江町	2012	39.2	27.6	29.4	3.8
	2016	17.5	52.6	28.2	1.7
	2019	17.9	54.9	26.1	1.1
双葉町	2012	38.7	30.4	26.9	4.1
	2016	13.4	62.3	22.9	1.4
	2019	10.5	63.8	24.4	1.4
大熊町	2012	11.0	45.6	41.9	1.4
	2015	11.4	63.5	17.3	7.8
	2019	12.4	60.0	26.5	1.1
富岡町	2012	15.6	40.0	43.3	1.1
	2016	16.0	57.6	25.4	1.1
	2019注	15.6	48.0	14.2	1.5
葛尾村	2012	39.6	27.1	30.7	2.6
	2016	43.4	28.3	21.0	7.3
	2019	47.9	31.8	18.2	2.1
飯舘村	2012	21.9	27.8	47.1	3.2
	2016	33.5	30.8	19.7	16.0

注：富岡町2019年のデータにはもう一つの選択肢「戻りたいが戻ることができない」19.6%が加わる。
ここでは福島第一原発立地町である双葉町、大熊町そして「帰還困難区域」内に「特定復興再生拠点」が指定されている町村を取り上げている。

出所：復興庁「原子力被災自治体における住民意向調査」各年版から筆者が作成。

の復興」と「一人一人の生活再建」のギャップを埋める支援制度が整備されていないことによっているとみるべきであろう。この被災者の復興に向けての意向の不安定さは、原発災害の過酷さを示しているともいえよう。

今回の原発災害に対する復興過程では、地震・津波被災地の復興手法が、いわば自然災害対応に組み立てられてきたために、原発被災地では通用しない場合が出てきた。そのために浪江町のように地震・津波被災地と原発被災地をもつ自治体では、それぞれの被害の特質による被災者への支援や被災地の復興手法などによって地域分断を生み出す状況も生まれてきたのだった。例えば、従来からの「防災集団移転事業」は、「帰還困難区域」に含まれる集落などがまとまって低線量地区に移転するための手法として使えない。さらに言えば、広域避難を強いられている原発被災地の人々が、従来のコミュニティ単位に他自治体に集団移転をする手法がない。他市町村に多くの「復興公営住宅」を建設せざるを得なかったが、被災した市町村あるいはその中の行政区などのコミュニティ単位での入居ができないかどうかが模索されてきたが、それ以前の仮設住宅が広範に分布していて、市町村単位の建設で精いっぱいであった。自力建設についてもそのような仕組みが強く要請されていたが、結局、個人個人で他市町村に取得していった。遠く離れた町に自宅を建設した被災者が、上棟式の際になぜか複雑な思いで涙が込み上げてきたと語っていたことを忘れられない。自宅は確保しても、住民票を移していない被災者も多くいる。

第２節　福島原発災害の特質

東日本大震災において福島にもたらされた災害は、地震・津波、そして福島第一原子力発電所爆発による放射能汚染などの原発災害との複合災害である。その特質を自然災害との比較を通してみておこう。図１−１は災害における復旧・復興過程を示したものである。

この図では災害発生源を２つ示しているが、上は地震、津波、台風、土砂崩れなどの自然災害の発生源、下は今次の原発事故である。

自然災害の場合、これまでの経験では上の２段の復興過程、「避難生活支援」と「ふるさとの復興」の過程を踏む。ふるさとが自然災害に襲われた場合、人々は一時避難生活を強いられるが、ふるさとの復旧・復興が進めばふるさとへ帰還し（図中の斜め下方への斜線）、日常生活に戻ることができる。東日本大震災では、５年間の集中復興期間を設け、その後ふるさとでの生活・生業再建を目標にした。

原発事故によって、３段目の原発事故そのものの収束と廃炉というこ

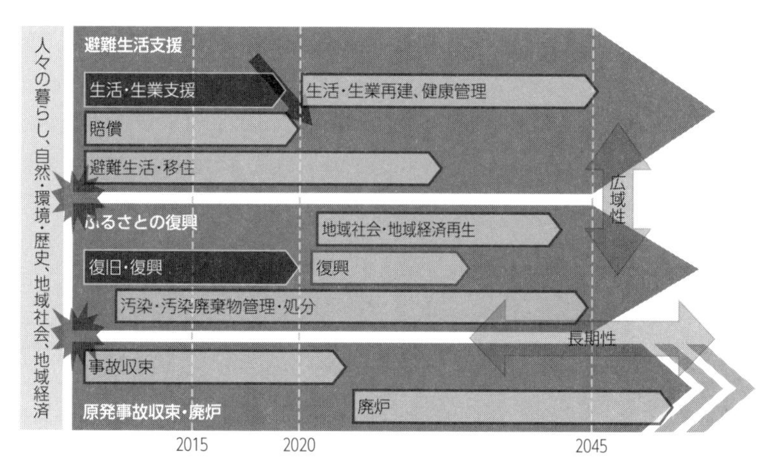

図１−１　福島原発災害の特質

出所：筆者作成。

れまでに経験をしたことのない長期間のプロセスが加わっている（原発災害に関連する復旧・復興過程とその課題は図中太い外枠の矢印で示している）。それだけではない、放射能汚染の被害を受けた地域のふるさとの復興過程には放射線量の低減を図る除染という困難なプロセスが加わっている。それによって復旧過程への着手も先送りにせざるを得なかった。また汚染地域の被災者は、放射能汚染からの避難を強いられることになった。遠隔地での避難生活においても避難先での除染や避難時の被ばくに対する健康管理などが重要な課題になった。今次の原発災害では県外に避難する被災者も多く、広域的災害となった。さらに多くの被災者は東京電力との賠償問題に頭を悩ますことになったし、政府や東京電力の原発事故を発生させた責任を問う訴訟にも取り組まざるを得なくなった。

今次の複合災害は、きわめて長期的な復興過程を踏むことになったが、原発事故そのものの収束が見通せない中で、原発立地地域やその周辺地域の復興過程もまたふるさとの復興や帰還などが見通せないという側面をもっている。さらに被害の広域性も大きな特質である。その広域性も二つの側面をもっている。一つは放射能汚染の広域性であり、その除染などの対策が広範に及んでいることである。もう一つは被災者の避難もまた全国規模という広域にわたっていることである。

これら災害の長期性と広域性が原発災害の特質といえるであろう。そして、これらの特質と相まって、原発災害の被災者の生活・生業再建をめざす制度や施策を実施していく場合に、大きく立ちはだかっているのは放射能汚染の安全性についての共通理解が得られないことや原発事故収束や廃炉が見通せないことであり、放射能汚染物質の最終処理の困難さや使用済み核燃料の最終処理に対する技術的解決の見通しがないことである。つまり、これらの困難かつ見通すことのできない課題が、被災地域や被災者に不安・不信などのさまざまな思いを抱かせてきたし、復旧・復興、そして生活・生業再建に向けての合意形成を著しく困難にしている。これまでの被災地や被災者そして避難先などでの分断、差別などが指摘されてきた背景を冷静にとらえていく必要があるし、それへの対応もまた復興のための大きな課題である。

さて、冒頭に福島の災害の特質を複合災害とした。地震・津波・原発事故による災害であるが、とくに原発立地町及びその周辺自治体にはまさにそれらの災害が重なり合った地域もある。津波による犠牲者や行方不明者の捜査中に放射能汚染によって避難指示が出されて、途中で救出を断念した地域（浪江町請戸地区など）、地震による住宅など建物被害が軽微だったにもかかわらず放射能汚染のために手を入れることができない中、野生動物などの侵入によって新たな被害を受けている地域も広がっている。これらの複合災害は、復興過程に新たな問題を提起している。これまでの多くの復興事業は、自然災害を基本にして組み立てられているので、原発災害には適用できないという場合もある。「帰還困難区域」で長期間帰れない人たちが、ふるさとの低線量地域に集団で戻りたい、という場合に「防災集団移転」を適用できないかという要望が出されたことがあるが、行政庁の公式見解では適用はむずかしいということであった。福島原発災害の複合災害としての特質に対応する復興制度や施策のあり方などはなお今後の課題として追求していくことが必要であるが、現段階では十分な検討や政府の方針が示される段階に立ち至っていない。

第３節　放射線量による「避難指示区域」の指定とその解除

図１−２は、2015年９月５日現在の「避難指示区域」である。

この段階までには、広野町の旧「緊急避難準備区域」の解除（2012年３月31日）、および川内村の一部、田村市都路地区、楢葉町における「避難指示解除準備区域」が解除された。そして2016年度末には図中の帰還困難区域を除いた避難指示区域（居住制限区域、避難指示解除準備区域）における解除の方針が示されていた。川内村は2012年には帰村宣言をし、楢葉町は2015年国勢調査直前の９月に避難指示が解除されている。しかし、「避難指示解除」は除染や自然低減による放射線量の低下に基づいており、そのことが即座に避難者の生活・生業の再建を意味していないことに注意すべきである。「避難指示解除」とふるさとでの生活・生業スタートの時期的なギャップをどう埋め、必要な施策を講じていくかが問われているのである。

現在までのところ、被災者のふるさとへの帰還要望は、極めて低調というほかはない。生活上の利便性（購買、医療、福祉サービスなど）や雇用先の再開などはなお見通しが立たない中で、帰還を決断するのは極めて難しいからである。「除染」→「避難指示解除」→「帰還」という単線型の復興シナリオを急ぐ政府による「避難指示区域の解除」は、放射線汚染の深刻さに不安を抱く被災者の避難先での生活再建を妨げ、「原発棄民」とさえ指摘されていた。因みに、放射線量の基準以下への低下と避難指示を解除する時点との間に「生活環境等整備準備期間」（仮称）を設けるべきであると具体的に提案したのは、2020年、10年の経過を直前にして「県民版復興ビジョン」（第11章参照）に取り組んでからである。

さて、2016年段階で、東日本大震災・福島原発災害発生後５年を迎えるにあたって、今後の復興を展望するために特徴的な動向を確認しておこう。

2016年１月22日、施政方針演説で安倍首相はこれまでの「集中復興

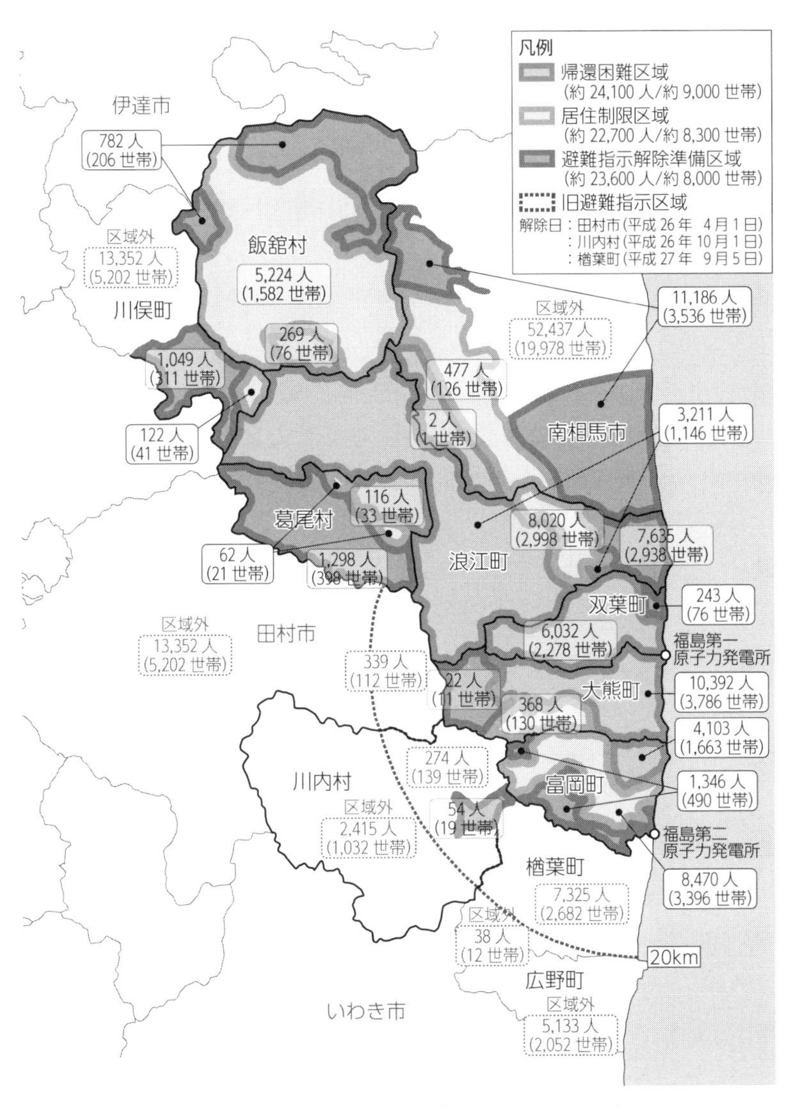

図1－2　避難指示区域の現況（2015年9月5日現在）

出所：経済産業省ウエブサイト。

注：市町村からの聞き取り情報（2015年9月5日時点）と住民登録数を基に経産省・原子力被災者生活支援チームが集計したものである。

期間」に続けて「今後5年間を復興・創生期間と位置づけ、6兆5000億円の財源を確保し、……福島では、来年春までに、帰還困難区域を除く避難指示を解除し、一人でも多くの方にふるさとへと戻っていただけるよう、廃炉・汚染水対策を着実に進め、中間貯蔵施設の建設と除染を一層加速し、生活インフラの復旧に全力で取組んでいく」（傍点、引用者）ことを表明した。

東日本大震災・福島原発災害発生後5年を迎えようとしていた2015年にはさまざまな調査や統計などが発表されてきた。それらのうち福島原発災害の特質を示すものの内容を確認しておこう。

1　内閣府「東日本大震災における原子力発電所事故に伴う避難に関する実態調査」（2015年12月）

政府による原発事故直後の避難行動に関する大規模調査である（対象地域：警戒区域等が設定された12市町村およびこれらに隣接する10市町村、対象者：世帯代表者5万9378人、回答2万173人）。

結果概要は以下の通り。

⑴　発災直後の情報伝達と避難について

・避難指示等を聞いて「どこに避難すればよいか分からなかった」、「何が起きたのかよく分からなかった」、「すぐに帰れるだろう」などが多かった。

⑵　避難先・避難方法

・「どこに避難すればよいかについての情報なし」、「行政から避難に関する情報が得られなかった」、「避難を判断するほどの情報がなかった」などが目立つ。

原発事故発生時の政府とそこに直結して情報を得られるはずの県や市町村からの的確な情報が得られなかったことは、避難行動についての不安を助長していた。さらにつけ加えておけば、この情報開示の問題は原子力災害における放射線量に対する「安全基準」、避難区域指定、除染、その仮置き場さらには中間貯蔵施設問題、賠償、そして復興計画などにもさまざまな対立をもたらすなど大きく影響を及ぼした。

2　総務省「国勢調査2015」

2015年10月に実施された国勢調査の同年12月時点での速報値によると、全域避難指示区域に指定されている6町村のうち、浪江町、双葉町、大熊町、富岡町は人口ゼロであり、飯舘村41人（社会福祉施設入所者）、葛尾村18人（帰還準備宿泊者）となっている。また国勢調査時点で避難指示が解除されていた市町村において2010年国勢調査時人口に比べて20%以上減少しているのは楢葉町（-87.3%）、川内村（-28.3%）、広野町（-20.2%）となっている（**表1－4**参照）。原発災害がもたらした壊滅的ともいえる人口減少が、今後どういう推移を辿るかは予断を許さない。国勢調査結果は市町村財政における財源を担う地方交付税や選挙における選挙人名簿の根拠となる基本データである。今後の推移において、市町村の存廃に関わるような検討も必要になるかもしれない。復興計画のあり方と市町村の見通しは深く関わっている。現実には市町村単位の復興計画策定とその実施過程を踏んでいるが、このような人口の推移や原

表1－4　避難指示区域からの避難者数（2015年9月5日現在）

	帰還困難区域	居住制限区域	避難指示解除準備区域	国勢調査人口2015（全域）	国勢調査人口2010（全域）
南相馬市	2	477	11,186	57,733	70,878
川俣町	—	477	1,049	14,479	15,569
飯舘村	269	5,224	782	41	6,209
浪江町	3,211	8,020	7,635	0	20,905
葛尾村	118	62	1,298	18	1,531
双葉町	6,032	—	243	0	6,932
大熊町	10,392	368	22	0	11,515
富岡町	4,103	8,470	1,346	0	16,001
川内村	—	—	54	2,021	2,820
楢葉町	2015.9.5 避難指示解除			976	7,700
広野町	2012.3.31 旧「緊急時避難準備区域」解除			4,323	5,418
合計	24,127	22,743	23,615		

出所：避難者数は図1－2と同じ。2015年国勢調査結果は2016年12月速報値。

発災害の特質によって、今後広域的な行政対応や復興計画の見直しを視野に入れていくことが求められていく可能性も大きい。

3　復興庁・福島県・市町村「住民意向調査」

復興庁・福島県そしてそれぞれの市町村が共同調査として原発災害の翌年2012年から住民の帰還意向などの意向調査を実施してきた。基本的な調査項目は統一しながらも市町村毎の「帰還」などに対する微妙な意向を把握するための工夫などが見られ、厳密な意味でフラットに比較することには注意を要することがあった。例えば「戻りたい」の選択肢の中に「条件が整えば戻りたい」などの選択肢を含めることで「判断がつかない」から、こちらの選択肢に意向が振れていくような調査になっていたこともあった。自治体にしてみれば、「帰還意向」が復興計画策定やその推進の前提になると考えていたからであろう。この調査は2012年度から毎年実施されてきた。毎年実施した町村は浪江、双葉、大熊、富岡、楢葉、飯舘の6町村、その他に田村市、川俣町、川内村、葛尾村、南相馬市が単年度ないし複数年次にわたって実施してきた。すでに「表1－3　原発被災地の主な町村の帰還意向」においてその一部を紹介したが、表

表1－5　帰還意向

市町村		2015年	2014年	2013年	2012年
浪江町	戻りたい	17.8	17.6	19.5	39.2
	判断がつかない	31.5	24.6	47.6	29.2
	戻らない	48.0	48.4	30.3	27.6
双葉町	戻りたい	13.3	12.3	10.3	38.7
	判断がつかない	20.7	27.9	17.4	26.9
	戻らない	55.0	55.7	64.7	30.4
大熊町	戻りたい	11.4	13.3	8.6	11.0
	判断がつかない	17.3	25.9	19.8	41.9
	戻らない	63.5	57.9	67.1	45.6
富岡町	戻りたい	13.9	11.9	12.0	15.6
	判断がつかない	29.4	30.7	35.3	43.3
	戻らない	50.8	49.4	46.2	40.0

出所：復興庁「原子力被災自治体における住民意向調査」による。

1－5において、あらためて福島第一原発立地町（双葉町および大熊町）とそれらに隣接する２町（浪江町および富岡町）の事故後数年の被災者の意向の変化を取り上げたい。

⑴ 「帰還意向」

2013年から4町すべてで「戻りたい」は10%台と少ない（大熊町は2013年、8.6%）。そして4町で「戻らない」とする意向が最も多く、立地町でとくにその比率が高くなっている。立地町と周辺町との違いは「判断がつかない」比率が、周辺町の方が高くなっていることである。いずれにしても被災後4年間、帰還に対して被災者の意向はなお揺れ動いていることが分かる。

2015年度の意向調査では、「戻らない」、「判断がつかない」で80%前後を占めている。これらのことも今後の復興計画に大きな影響を及ぼしていくことが予想される。そして、「戻らない」、「判断がつかない」としている被災者への生活・生業支援をどう展開するのか、ふるさととの絆をどう維持させていくかもまた大きな課題になっている。

⑵ 「帰還を判断する上での必要と思う情報」

多くの住民が「どの程度の住民が戻るかの状況」、「インフラの復旧時期」、「放射線量低下の目途。除染成果の状況」、「除染土壌や廃棄物の保管・移送・処分に関する情報」、「原子力発電所の安全性」などをあげている。

⑶ 「現時点で戻らないと決めている理由」

「放射線量が低下せず不安だから」、「原子力発電所の安全性に不安があるから」、「水道水など生活用水の安全性に不安があるから」、「家が汚損・劣化し住める状況ではないから」、「医療環境に不安があるから」、「生活に必要な商業施設などが元に戻りそうにないから」、「避難先の方が生活利便性が高いから」、「帰還まで時間がかかるから」などがあげられている。

⑷　「今後の住まいを判断するために必要な情報」

ここであげられている主なものは「放射線量の低下の目途、除染成果の状況」、「原子力発電所の安全性に関する情報」、「放射線の人体への影響に関する情報」、「インフラ復旧時期の目途」などである。

上記のように、戻るか戻らないかの判断において放射能汚染と福島第一原発の安全性への不安が大きい。いずれの場合でも、放射能汚染モニタリング、健康管理やリスク・コミュニケーションの仕組みが重要である。

政府は2017年3月を目途に、避難指示区域のうち「居住制限区域」以下の避難指示解除をめざすとの方針を示していた。一方ですでに解除された町村では帰還住民はなお少ない。これらのデータが示すように、「避難指示解除」イコール帰還ではないということである。避難指示解除後の被災者参加型の本格的な復旧・復興計画の見直しとその実施が必要である。人々の生活・生業の見通しはそのプロセスの中で得られていくからである。この避難指示解除が賠償などに大きな影響を及ぼすなど、引き続き生活・生業再建の不安は大きかった。帰還希望者に対しても避難生活を続けざるを得ないと判断した被災者に対しても、更なる生活・生業再建の支援が必要であった。

第4節　原発災害からの復興に向けた課題

被災後5年を経過した2016年、原発災害に対する復旧・復興を進めるに当たって、いくつかの課題を改めて確認しなければならなかった。その際に、これまでの災害に対する法体系が自然災害を前提にした「災害対策基本法」に基づいており、原発災害に対する「原子力災害対策基本法」も、多くがこれに依拠していた。そのことが原子力災害への適切な対応になっているかどうかを注意深く点検していく必要があり、この点検は今後の課題である。

全体的には、5年間の原発災害に対する復興の考え方を総点検し、それまでの進め方を大胆に軌道修正することが必要であると考えてきた。

すでに述べてきたように、政府は原発災害に対して「除染→避難指示解除→帰還」という単線型の復興シナリオを描いてきた。しかも、津波被災地と同様５年間の「復興集中期間」に復興の見通しをつけようというものだった。その時期が迫る中、2016 年 3 月 11 日、政府は「『復興・創生期間』における東日本大震災からの復興の基本方針」を発表し、2016 年度からの５か年間を「復興・創生期間」と位置づけ、6.5 兆円の財政措置を発表した。原発災害を地震・津波災害と同じ復興期間で乗り越えようとしていたのである。原発災害では、その「復興・創生」に見通しをつけ難い課題が目の前に横たわっていたにもかかわらず、である。少なくとも、2016 年段階ではっきりしていることは、放射線汚染のもっとも深刻な「帰還困難区域」の解除の見通しが立ってはいなかった。そして原発本体の事故収束・廃炉、汚染水処理、さらには汚染物質の中間貯蔵施設とその後の最終処分場などの課題もまだ見通しが立っていなかった。それらは 2021 年 3 月、10 年を迎える時点でもなお見通しが立っていない。

復興構想会議の「復興への提言～悲惨のなかの希望」（2011 年 6 月 25 日）では「創造的復興」を提起したが、その際に合わせて「減災」や「レジリエンス」が大きく取り上げられた。その後、巨大な公共工事が展開されていくなかで、「減災」や「レジリエンス」についての議論を深めることは残念ながら十分に行われてきたとは思えない。少なくとも復興の現場では、その具体的な方法論が見出しにくい。そんな中で、筆者の所属する建築学という専門性からどのような課題を設定できるかが問われてきた。建築学には、以前から「建築計画」、「都市計画」、「農村計画」、「環境計画」さらには「防災計画」など「計画」そのものを対象とする学問分野が形成され、それぞれに研究成果を蓄積して今日に至っている。福島原発災害からの復興については、これまでの研究蓄積だけでは十分に対応できないので、関連領域などとの共同の調査研究が必要であるが、「減災」や「レジリエンス」についてもその検討が今日なお求められている。そして、「計画」という営みの中に、プロセス・プランニング、つまり目標や目的を実現する上での合意形成や事業評価など PDCA（Plan-Do-

Check-Act）サイクルの重視が含まれていることを確認し、以降、原発災害からの復旧・復興についての総論的な課題を述べておきたい。

1　復興内容を規定する時代背景

すでに触れたように復興構想会議では「創造的復興」が提起された。実は具体的な復興過程を大きく作用するような基本的な考え方が示されるときには、その時代背景を認識しておくことも必要である。結論的に言えば、すでに「はしがき」で経済的低迷、政治的混迷、社会的不安などのいわばネガティブ・スパイラルが進行する中での「創造的復興」にはどんなことが期待されていくか、この間の経過を振り返ってみると、使いこなせないほどの巨額を投じた公共事業が壮大に行われてきた。このことをもって「創造的復興」ということはできないが、少なくとも経済的低迷などの時代背景がまたぞろ巨大な公共事業に結びついている。「惨事便乗型復興」とさえ批判されてきた。政治的混迷は、政治的パーフォーマンスを際立たせる。今次の東日本大震災・原発災害は東北地方を中心にいわば第一次産業に特化し、人口減少・高齢社会化が先行して進んでいる地域である。それらの地域での復興計画において、地域振興や人々の生活・生業再建の議論が、これらの巨大公共事業と並行して進められてきたのであろうか。“公共事業栄えて地域は衰退”という姿が見えてきているのではないか。もう一歩、踏み込んでみるとこれらのネガティブ・スパイラルを軌道修正させる梃子ともいえる社会的に共有できる価値観もまた脆弱な状況にある。例えば、復興の中心に据えるべき「基本的人権」、「地域コミュニティ」、「地方自治」、「居住の権利」、「生活の質（QoL）」など、基本的視座として議論されてきた価値観が、この間、どれほど政治・行政、地域社会さらには経済活動の中で受け止められてきたであろうか。これらの基本認識あるいは社会的価値観を共有できるか否かが「創造的」の内容を規定するのではないか。今次の災害が、このような基本的課題を提起しているように思えてならない。

2　災害における危機管理ガバナンスのあり方

災害復興は、人びとの生命と暮らしの復興つまり「人間の復興」が大前提である。そのためには、災害による人的被害を最低限に食い止める事前の防災と災害発生時及び避難時の危機管理が重要であることは言を俟たない。地震・津波災害と原発事故の複合災害発生時の危機管理についての課題を示しておきたい。

原発災害による「避難指示区域」が設定され、かつ津波災害が発生した浜通りの市町村は以下の６市町村である。それぞれの市町村のカッコ内の数字は被災５年後、2016年３月22日現在の犠牲者数である。それぞれ直接死（そのほとんどが津波災害による）と関連死（そのほとんどは原発災害後、避難先で死亡された犠牲者である）の順に示している。

南相馬市（525人、485人）、浪江町（150人、384人）、双葉町（17人、140人）、大熊町（11人、115人）、富岡町（18人、340人）、楢葉町（11人、122人）。この複合災害の発生直後の混乱の一つは、津波が押し寄せた直後、それぞれの市町村は津波被害者の救援が急務であった。地元の消防団、警察などが必死の救援活動を進めた。しかし、その後、10km圏、20km圏と原発事故によって避難指示が出されると、この救援活動を中断して避難せざるをえなかった。浪江町では、助けを呼ぶ声が聞こえたにも拘らず避難せざるをえなかった消防団員の無念さを聞いたことがあった。

今次の災害で注目された「減災」との関連でいえば、①地震・津波予知技術の向上、②情報発信・通信システムの向上、③避難技術の向上、を改めて今後の課題としてあげておきたい。とくに情報発信・通信関連では初動期の原発事故、その後の放射性物質の飛散などの的確で迅速な情報の欠如が被災地からの避難行動や避難所などにたどり着くまでの間のさまざまな混乱や困難をもたらした。その後の原発の事故収束や汚染水対策、避難指示区域の指定、放射能汚染の「安全基準」、除染の効果や除染後の汚染物質の保管、賠償などの実態が、被災者に不安・不信・憤りそして格差や分断をもたらした。

国会事故調査委員会による「事故の進展を止められなかった、あるいは被害を最小化できなかった最大の原因は『官邸及び規制当局を含めた危機管理体制が機能しなかったこと』、そして『緊急時対応において事業者の責任、政府の責任の境界が曖昧であったこと』にあると結論付けた」(「国会事故調報告書 2012 年、p.15」、さらにまた「避難指示が住民に的確に伝わらなかった点について、『これまでの規制当局の原子力防災対策への怠慢と、当時の官邸、規制当局の危機管理意識の低さが、今回の住民避難の混乱の根底にあり、住民の健康と安全に関して責任を持つべき官邸及び規制当局の危機管理体制は機能しなかった』と結論付けた」(同、p.15）との指摘は、さらに重く受け止め、今後の危機管理体制の構築に生かしていく必要がある。

初動期の情報発信システムを含む危機管理システムについての不備を総点検し、今後予想される災害などに対して恒常的に危機管理ガバナンスを支える機関の設置が具体的に検討されるべきであろう。建築計画や都市計画などの分野において受け止めるべき教訓は、これらの危機管理ガバナンスにおける地域住民との合意形成を基本にした地域防災計画を積極的に位置づけていくことである。

3　復旧・復興プロセスの多様性と被災者の生活・生業再建への多様性とのマッチングをめざした復興計画の見直し

原発の「安全性」を前提に、それを受け入れてきた立地地域はもちろん、その周辺で放射能汚染に苦しめられている地域では、自治体をあげて、「安全性が裏切られた」、「元の大地にして戻せ！」という声が澎湃として起こった。その中から、政府の対応として取り上げられたのが「除染」であった。その時から、できるだけ早く帰還できるように、「除染→避難解除→帰還」という単線型復興シナリオが描かれたのだった。このシナリオで注意すべきは、避難指示解除後の復旧・復興と帰還が同時に提起されていることである。人々の帰還後の生活再出発の諸条件が整っていない段階での「帰還」というプロセスに多くの被災者は不安を抱き、帰還という選択をためらった。そして避難を続ける被災者への住まいを含むさまざまな支援がその後打ち切られていくという「シナリオ」だった。

現実には除染の困難さ（除染そのものの技術的困難さとともに除染処理をした放射性廃棄物の仮置き場や中間貯蔵施設、そして今後予想される最終処分場の決定など）や原発そのものの収束や汚染水処理の困難さなどから、さまざまな不安を抱く被災者の避難生活の長期化と広域化が強いられてきた。1986年チェルノブイリ原発事故以来、欧州では「放射線防護」という考え方が定着してきた。飛散した放射性物質の除去も重要な課題ではあるが、人々の生命や生活を守るために「放射線防護」では、汚染源の遮蔽、避難、健康管理、食品管理、リスク・コミュニケーションなど幅広い防護策の一環として除染が位置づけられているのである。放射能汚染の危険性を冷静に認識すれば、リスク・コミュニケーションの不十分なままに、前のめりともいえる除染への集中は、人々の避難生活や賠償、自治体の復興計画などにおいても合意形成の難しさをもたらしてしまった。

一方、放射能汚染は、人々の健康への影響や農林漁業などへの深刻な影響をもたらした。そのリスクが科学的な閾値によって説明できないので、たとえ主観的であろうと人々の避難行動を画一的な基準によって誘導することは極めて困難である。除染→避難指示解除のプロセスに沿って、「ふるさとへの帰還」だけがシナリオとして動き始めている。しかし、多くの被災者はふるさとに「戻らない」、「まだ判断がつかない」という意向を示していたことはすでにみたとおりである。ふるさとの再生のためにインフラなどの復旧・復興はもちろん基幹的な事業である。「避難指示解除」を受けて、それらの復興事業が展開されることになるが、そのことがふるさとでの生活・生業のスタートラインではないことに注意すべきである。復旧・復興の様子を見ながら、帰還に対する判断をする被災者も多いはずである。その期間の避難生活の保障や住宅再建への支援を拡大していくことが必要である。さらに言えば、低線量地域で先行的に進められるふるさとの復興過程において、墓参や家周りの清掃あるいは旧来の地域の行事などに参加できるように一時滞在型住宅を用意していくことも考えられる（筆者は福島県で数多く供給した木造仮設の再利用なども視野に入れた“ふるさと住宅”などを提案してきた）。

すでに10年以上も続く避難生活を強いられている人々の生活・生業はふるさとに戻れば再建できるというほど生易しいものではない。ふるさとの復興だけでなく、一方で全国各地に避難している被災者が避難先それぞれの地域コミュニティで共生できること、他方ふるさととの絆を守り続けるネットワーク型のコミュニティを維持することなども大きな課題である。因みに、筆者はこれを“2つのコミュニティ戦略”の課題と呼んできた。

避難先での生活や仕事などについての不安、地域社会との行き違いなどについて、さまざまなボランティア活動や自治体支援も展開されてきたが、今後も5年、10年単位で取り組んでいく課題である。またふるさとの地域コミュニティの繋がりについても多くの避難者が望んでいる。コミュニティ支援員などの制度の活用とともに、避難者がふるさとと絆を維持できる仕組み（「特別町民」、「名誉町民」など）も考えられるし、さらに幅広いボランティア活動を展開していくことが求められていくであろう。

これまで触れてきたように、政府が示す単線型復興シナリオでは、被災者の生活・生業再建はもちろん、被災地における地域再生においても、人々や地域間の格差や分断が解消されないまま推移しかねない。複線型あるいは多重型の復興シナリオへの見直しが求められている。

4　原発事故およびその災害の原因や実態の徹底的な究明

原発立地町の双葉町、大熊町は16km^{2}という膨大な用地を要する中間貯蔵施設をやむを得ず受け入れることになった。政府が地元へ提示した前提条件は30年間に限った施設であり、その後は県外につくる最終処分場に搬出することであるが、除染開始後すぐに示された3年後には中間貯蔵施設へ移動という方針も、2015年にようやく軌道に乗り始めた。さらに両町にまたがる原発自体の事故収束・汚染水処理・廃炉に向けて当初40年という予測もされていたが、メルトダウンした核燃料の存在すら突き止めることができず、事故収束や廃炉の見通しが立っていない。

実は福島県の復興ビジョン（2011年８月）において、その基本理念の一つとして「原子力に依存しない、安全・安心で持続的に発展可能な社会づくり」を掲げた。策定委員会メンバー全員の一致で決定された背景には福島県において、それまでも原発に対するさまざまな取り組みが蓄積されてきたからである。福島県エネルギー政策検討会「電源立地県福島からの問いかけ　あなたはどう考えますか？——日本のエネルギー政策」（2002年12月）において、福島県のエネルギー供給県としての歴史や原発の問題点や課題が検証され、「電源立地地域の将来について」言及し、「発電所の立地は、電源立地地域の将来にわたる振興に寄与できるのか。（中略）発電所への依存度の高いモノカルチャー的な経済から自立することが求められているのではないか」、「廃炉を見据えて地域の将来像を考える時期にあるのではないか」との問題提起をしていた。そしてこれらの福島県の方向付けは、度重なる原発事故に対する経産省や東電の事故発生やその原因究明に対する隠ぺい体質に対する懸念が強まっていたからである。

2011年３月の原発災害後、５年を経て、さまざまな疑惑が明るみにされてきた。今次の津波レベルは専門家からも提起されていたにもかかわらず東電の中枢で却下されていたことや、原子炉のメルトダウンは東電においてその判断基準を定めたマニュアルがあり、それに基づけば３月14日にはメルトダウンが起きたことを判断できたにもかかわらず、メルトダウンを公式に認めたのは２か月後であったことなどである。

爆発事故を起こした原発建屋は相当に傷んでいる。オフサイトセンターも機能停止に陥った。さて、2011年３月の地震や津波ほどの規模でないにしてもこれから地震や津波が発生した時の情報発信や避難指示系統などがどのように改善され被災地の避難行動に結びついていくのか、それらの具体的な提案が示されているであろうか、少なくとも被災関連地域や住民に周知されてはいない。

すでに国内の他の原発の再稼働が進められているが、これらの基本的な原発事故発生についての原因究明や危機管理についての情報開示やその仕組みを明確にしていくことは基本的な課題である。

5　広域災害における個別市町村対応の困難性と広域対応の必要性

原発災害において、放射線汚染のひろがりやそれに対する不安から、ほとんどの自然災害のように被災者が自市町村内もしくは近接の自治体に避難するわけにはいかず、全国各地に避難した。避難所の確保やその後の県によって供給された仮設住宅の確保なども市町村の責任で進められたので、被災者の避難のひろがりや仮設住宅などの確保もまちまちであった（県は一時県内の主要な観光地のホテルなどの宿泊施設を避難所として確保したが、それに自治体として対応できたところとそうではない場合に分かれた）。当初警戒区域に指定された自治体の役場も他の自治体に仮役場を設けた。除染に対する住民への対応もとくに除染による汚染物質の仮置き場問題で自治体による違いが目立った。ある自治体ではいち早く森林も除染をする計画を立て、国にその費用を提示した（後に取り下げられたが）。その後の復興計画や除染計画の策定など市町村が策定主体として進められてきたが、原発災害のひろがりは、市町村対応では限界があることも徐々に明らかになってきている。最も深刻な事態は、帰還困難区域を多く抱え、しかも中間貯蔵施設の立地を受け入れようとしている原発立地町の復興へのシナリオと、それ以外のふるさとの復興拠点整備を進める自治体との課題の違いである。2015年国勢調査では、原発立地町とその南北に隣接する4町（双葉町、大熊町、浪江町、富岡町）において人口ゼロ、そして帰還準備を少しずつ進めている飯舘村と葛尾村はそれぞれ41人、18人であった。このような実態を踏まえると、おそらく従来の個別市町村単位での復興計画が成り立たない可能性も大きい。ふるさとへの繋がりを人々の絆の拠りどころとして今日まで取り組んできている状況を考えると、「広域合併」という選択肢は、自治体や被災者の合意を取り付けるのが難しいのではないかと思う。選択肢を増やそうとすれば「広域連合」という形での着地方法もあり得るのではないかと思う。その際には福島県もその当事者として加わることも考慮する必要がある。

以上、原発災害被災地では現在なおさまざまな課題が横たわっていることを概観した。これらのことを踏まえると、いま一度復興計画の抜本的な見直しをすることと、その際に被災者が復興に向けた当事者として加わった合意形成プロセスをどう構築するかが問われている。

第５節　福島の歴史的・国土政策上の位置

福島原発災害は、わが国の特別な時代特質（長引く経済的低迷や政治的混迷そして社会的不安定）のもとで発生した。これらの経済的・政治的・社会的なネガティブ・スパイラルとでもいえる時代性が、復旧・復興に大きく影響を及ぼしている。さらに、この大災害をもたらした福島原発の立地は、それを受け入れて生きてきた地域社会や福島県の地域的・歴史的特質とも深く関わっている。

福島県民は東京電力ではなく、東北電力の電力供給を受けている。因みに柏崎刈羽原発の立地する新潟県も東北電力の圏内である。にもかかわらず、なぜ東京電力の原子力発電所が福島県や新潟県に立地しているのだろうか。少なくとも福島県は、明治政府以降、東京を中心とする首都圏との位置関係で特別の役割を担ってきたことと深く結びついている。

福島県は、高度経済成長期までは基本的には農林業と太平洋に面した一部の沿岸地域の漁業を基幹産業としてきた。養蚕、葉タバコなども盛んだったが、それらは衰退し転作作目に移行する中で、米を中心とした農作物や水産物などの食料供給を続けてきた。高度経済成長期、わが国の産業構造を第二次産業に特化させていく中で、福島県も農山漁村から若者たちを労働力として首都圏などへ送り出す役割を担った。さらに、わが国におけるエネルギー供給の役割も長い間担ってきた。1899（明治32）年、猪苗代湖と安積疏水との落差を利用して建設され、わが国最初の高圧送電を開始した沼上発電所の供与開始以来、戦後の只見川特定地域総合開発計画による水力発電所や太平洋に面する沿岸地域に火力発電所の建設が進められた。石炭が石油資源の輸入にとって代わられてから、いわき・常磐炭鉱は閉鎖された。東京電力福島第一原子力発電所は大熊町と双葉町にまたがって建設され、その1号機が運転開始したのは1971年3月、以降1979年10月までに6号機までが運転開始されている。さらに東京電力福島第二原子力発電所が楢葉町と富岡町をまたいで建設され、1号機から4号機まで、1982年4月から1987年8月まで順次運転が開始された。

全国各地の原発立地地域が押しなべてそうであるように、福島第一原発、第二原発の立地する地域は農林漁業が基幹産業だったが、高度成長期を経て衰退の一途をたどってきたのだった。それはわが国の農林漁業軽視政策によっている。農山漁村地域の若者たちを都会に送り出す背景は第一次産業の衰退に他ならない。疲弊した農山漁村ほど、原発の立地効果への期待も大きい。原発の立地はそういう場所が選ばれた。しかも首都圏や大都市地域から隔離された場所である。すでに述べたように、福島に存在する東京電力の原発による電力はすべて首都圏に送り出され、立地町を含むすべての福島県下の地域は、東京電力の電力供給圏外にある。1974年制定された電源三法（「電源開発促進税法」、「電源開発促進対策特別会計法」、「発電用施設周辺地域整備法」）に基づいて、電源三法交付金が地元町村に交付されている。疲弊した農山漁村地域への原発立地であり、そこには莫大な交付金がもたらされる。小さな町や村ほど、財政規模における交付金の比率は高くなり、立地効果は大きい。開沼博著『「フクシマ」論―原子力ムラはなぜ生まれたか―』[3]では、政府や電力事業者の一方的な原発の押しつけだけではなく、地元が受け入れることになっていく、つまり、地域においてもう一つの「原子力ムラ」が形成された背景やその必然性などに触れている。それは農林漁業の衰退や地域社会における貧困などから形成されてきたといえるが、やはり政府や事業者が声高にキャンペーンを繰り広げてきた「安全神話」があったことこそが重大である。

農林漁業に代わる雇用機会が原発関連分野で創出された効果も大きい。いわば、原発及び関連企業の城下町として発展することになったが、その性格上、都市としての人口増加や多分野の企業立地の相乗的な集積効果をもたらすことは期待できない。後述するように2002年福島県がまとめた「電源立地県福島からの問いかけ　あなたはどう考えますか？—日本のエネルギー政策—」[4)]では、「発電所への依存度の高いモノカルチャー的な経済から自立することが求められているのではないか」という根源的な課題提起をしている。ひとたび大事故が発生し稼動を止めれば、その地域における産業再生や雇用確保は、ゼロからの取り組みに近いものにならざるを得ない。過酷な原発災害を被った地域においてなお原発再稼動の声が存在しているのは、このような地域構造や地域社会の格差や矛盾によっている。原発災害を経験し、被災地の復興を「脱原発」とともにめざそうとしている今、人間の尊厳、地域の自然・環境・文化などの尊重、つまり基本的人権や社会保障、地方自治と住民主権、などを目指し、学習し運動の目標に掲げていくことが社会や地域の発展の方向であることを確認することが必要である。とはいえ、そういう目標や理念が共有できない時には、過酷で悲劇的な状況を乗り越える方向として、改めて自然・環境・農林漁業・地域社会・地方自治などを重視する立脚点に立つことは至難の業ではあるが、根源的な課題であり、極めて重要である。

したがって、その復興には、わが国そして地域社会が抱えこんできた矛盾する基本的な枠組みを転換することも重要であろう。例えば、大都市地域と地方との格差の是正、人口減少・超高齢社会における地域コミュニティのキャパシティ・ビルディング、都市と農村との間の経済的連携をめざした地域循環型経済システムの構築、地方自治の確立などである。

原発災害発生後３年を経過した2014年段階では、被災地で導き出されつつあるさまざまな教訓は、わが国全体で共有できているかといえば、残念ながらその手ごたえはなかった。原発そのものの危険性や使用済み核燃料の最終処分の困難性、そして地震・津波が頻発するわが国の沿岸地域に立地しているにも拘らず、福島の原発を除く40数基の原発立地地域では、なお原発再稼働の声が根強く存在している。人類の生存、自然や環境、地球全体に関わる根源的な問いかけが投げかけられているにも拘らず、その方向性を模索せずに、“打ち出の小槌”のように原発に依存していていいのだろうかという疑問を提起せざるを得ない。

福島原発災害をもう少しリアルにとらえてみると、原発災害後の放射性物質の飛散は、その時の風向き・降雨降雪などの気象条件に大きく左右されており、決して同心円的に広がるものではない。しかもあの3月11日はなお初春、確率的に言えば東北では北西向きの風が吹く季節ではない。逆に北方向や北西方向からの風向きが一般的である。その季節感からすれば、福島原発からの放射能物質は南や南東に拡散する確率が高い。こういう挙動を示すので、なおさら気象条件などに基づく緊急時迅速放射能影響予測システム（SPEEDI）の稼働が重要である。

福島原発災害は、わが国における3度目の原子力災害（広島市原子力爆弾被ばく、長崎市原子力爆弾被ばく）であるばかりでなく、世界の原発における3度目の災害（スリーマイル島、チェルノブイリ）である。福島原発災害の教訓は、世界各国が注目している。ヨーロッパで組織されているNERIS（原子力と放射能の緊急事態への対応と復興のための事前準備に関するヨーロッパ・プラットフォーム）は、チェルノブイリと福島の原発災害から学び、緊急時の情報提供のあり方、地域住民を含めた放射線防護に対する事前対応方針の決定についての蓄積を重ねている。わが国では、原発災害を想定した放射線防護策について、地域住民を含めて議論されることは準備されていない。事前に放射線防護策を検討すること自体が「安全神話」を脅かすことになるからであろうか。

すでに紹介したが、福島県「電源立地県福島からの問いかけ　あなたはどう考えますか？—日本のエネルギー政策—」を刊行した「福島県エネルギー政策検討会」は県庁内に設置された委員会であるが、その中で、福島県のエネルギー供給県としての歴史や原子力発電所の問題点や課題が検証され、ほぼ結論に近い形で「電源立地地域の将来について」言及している。①「発電所の立地は、電源立地地域の将来にわたる振興に寄与できるのか。（中略）発電所への依存度の高いモノカルチャー的な経済から自立することが求められているのではないか」、②「廃炉を見据えた地域の将来像を考える時期にあるのではないか」の2点である。2001年5月、「福島県エネルギー政策検討会」が設置され、上記のような方向性を見出す活動に取り組んでから、ちょうど10年後に福島第一原発事故が発生した。

この「福島県エネルギー政策検討会」の設置の背景や検討経過については、当時、福島県知事であった佐藤栄佐久著『福島原発の真実』（平凡社新書、2011年6月）[5)]に詳しい。

そこでは、政府、原子力安全・保安院の「構造化されたパターナリズム」[6)]による原発行政に対する地方自治体からの徹底した「民主主義のプロセス」[7)]を求めた検討プロセスが示されている。検討会の中で交わされた「情報公開」についての専門家の発言も、わが国では重く受け止めなければならない課題である。「国民が自己責任を全うするだけの情報を与えられていない。こういう状況は、徹底的に日本の社会の欠陥だと思う」[8)]（村上陽一郎氏）。「原子力は、輸入された技術であって、日本人は判断の基準を持っていない。自分で作り上げたものなら、自分の国で的確な判断をすることが必要である」[9)]（西澤潤一氏）。さらに西澤氏は「政府の原子力政策が『拠らしむべし、知らしむべからず』になっているのは、歴史的な背景があるからだと指摘した」[10)]。

このような警告がすでに発せられていたにもかかわらず、国政レベルや電力会社などから発せられる原発に対する「安全神話」は深く立地町にも浸透していたし、政府や東電の中にも原発技術に対する過信があったのではないかと思う。原発災害発生以前には、原発立地地域のリーダーたちにも更なる原子炉の建設を望む声も存在していたし、新たな原子力発電所の計画も存在していた。この「安全神話」は、原発災害に遭遇して、緊急時対応、復旧・復興の取り組みに対して重大な混乱をもたらした。このことは、次章以下で詳しく検証していく。

第6節　福島原発災害を福島に封じ込めないために

2011年12月16日、政府による原発災害の「収束宣言」は、事故をもたらした原発災害の当時の状況を考えれば極めて違和感を抱かせる“宣言”であった。原発事故の全体像、つまり事故の徹底した把握と原因の解明、そしてそれらの情報開示がないままに、新たな解釈を加えた“冷温停止状態”を「収束」と表明したものであった。

この「収束宣言」とその後の政府の政策展開を見ていくと、その政治的な意図が垣間見えてくるのである。つまり、全国の原発の再稼働に向けた政府の基本方針を示したのであり、そのために福島原発事故を福島に「封じ込める」ことが必要だったのである。大手マスメディアによる福島原発災害の報道は急速に弱まっていったし、西日本ではほとんど触れることがなくなっていった。そして、2012年になって、政府は大飯原発再稼働に向けて大きくかじ取りしていったのであった。

チェルノブイリ原発事故そして福島原発事故後に発足し、ヨーロッパを主な活動地域としているNERISは、放射線防護の取り組みを進めている。そこでは原子力・放射能の緊急事態に対する準備をどのように進めていくかという課題に精力的に取り組んでいる。わが国における「安全神話」と再稼働への政策展開によって、緊急事態を想定した防災対策を地域自治体や住民とともに策定することについて、極めて消極的になっている。そして繰り返しになるが、福島に「封じ込める」ことになっている。

東南海・南海エリアを震源とする地震・津波の想定が、関係地域や自治体・住民に大きな衝撃とともに、今後の対応に大きな関心を呼び起こしている。そういう想定と原発災害の想定を結びつけた原発災害への防災対策が大きくクローズアップされていいはずである。福島原発災害は、その教訓を今後に生かしていく必要があるのだが、そこに大きな楔が入っているといわざるを得ない。いま、私たちは、率直に福島原発災害の過酷さを深く認識するとともに、少なくともわが国における原発災害に対する危機管理を進めていくことが必要であろう。それが原発立地地域における防災対策への接近の道である。

その後、地球温暖化・気候変動に対する国際的な取り組みや国連の提起するSDGsの世界的な取り組み、そして下記の著作などを通して、3つの時代的潮流に加えて、「気候変動」をきちんと受け止めるべきであると考えるようになってきた。つまりわが国の大規模災害などの課題は、

4つの時代的潮流の中で位置づけ、その対応策を考えていくべきである。とくに2015年、気候変動枠組条約締約国会議（COP21）のパリ協定とその後の動向などを注目しながら、気候変動が災害と大きく関わっていることに対して理解を深めていくことが重要である。またこの地球規模での気候変動に対してさまざまな取り組みがあるが、その中にはエネルギー資源を追い求める巨大資本の動きがあり、それらに抵抗する世界各地の地域社会の運動があることを紹介しているナオミ・クラインの著作[11)]からも示唆を受けている。

東日本大震災・福島原発災害後の被災者・自治体支援や復興に関わりながら、「はしがき」で述べた“ネガティブ・スパイラル”とでもいえる時代潮流が復興に大きく影響を及ぼしていることを深く認識しながらも、一方でこのような時代潮流を軌道修正できない背景や要因は何かということを考え続けることになった。ここで指摘しておきたいのは、ネガティブ・スパイラルを軌道修正できるようなわが国全体を支える基底的・基本的な価値観がわが国では育ってこなかったこと、未成熟であることにたどり着かざるを得ないのである。それらは例えば、以下のような価値感である。

①民主主義、②「基本的人権」、「居住権」、③「生活の質」、④地方自治、⑤コミュニティ再生、⑥「正義」・「倫理」。これらについては、第9章で改めて考察したい。

注

1　松井克浩（2021）「原発事故による避難生活を検証する視点―新潟県の「3つの検証」から―（日本学術協力財団、『学術の動向』第26巻3号、通巻300号）2021年3月。

2　2015年10月1日、5年ごとの国勢調査が実施された。国勢調査は、現地に住んでいることを前提にして調査が行われ、人口や世帯数などが確定する。この時点の国勢調査において、原発災害は、人口数がゼロあるいは限りなくゼロに近い自治体を生み出した。主に総務省が所管する地方交付税や選挙人名簿などはこの国勢調査が根拠になるが、そのまま運用すれば自治体存亡の危機に直面することになろう。2015年国勢調査は原発被災地ではそのような運用を回避して、2010年国勢調査の準用などによって市町村財政や選挙実施などを支えた。そして2020年10月1日、原発災害発生後2回目の国勢調査が行われた。その詳細な調査結果によって、どのような議論が展開されるのか、注視したい。

3　開沼博（2011）『「フクシマ」論―原子力ムラはなぜ生まれたか―』青土社、2011年。

4　福島県エネルギー政策検討会（2002）『電源立地県福島からの問いかけ　あなたはどう考えますか？～日本のエネルギー政策～』福島県、2002年。

5　佐藤栄佐久（2011）『福島原発の真実』平凡社新書、2011年。

6　佐藤栄佐久、前掲書、pp.110-111、米本昌平氏の発言。

7　佐藤栄佐久、前掲書。佐藤氏はこの「民主主義のプロセス」を検討会の基本的な課題に据えている。

8　佐藤栄佐久、前掲書、p.108。

9　佐藤栄佐久、前掲書、p.108。

10　佐藤栄佐久、前掲書、p.108。

11　ナオミ・クライン著、幾島幸子・荒井雅子訳（2017）『これがすべてを変える―資本主義vs気候変動―』（上、下）岩波書店、2017年。

参考文献

1　福島県エネルギー政策検討会（2002）「中間とりまとめ」『あなたはどう考えますか？～日本のエネルギー政策』2002年12月。

2　スベトラーナ・アレクシェービッチ著、松本妙子訳（2011）『チェルノブイリの祈り』岩波文庫、2011年。

3　日本建築学会（2012）『シンポジウム　東日本大震災からの教訓、これからの新しい国づくり』2012年3月。

4　東京電力福島原子力発電所事故調査委員会（2012）『国会事故調報告書』2012年9月。

5　FAIRDO第1次報告書（2012）『福島における除染の現状と課題』IGES、2012年10月。

6　FAIRDO第2次報告書（2013）『「除染」の取り組みから見えてきた課題』IGES、2013年7月。

7　国連防災世界会議パブリックフォーラム建築系五団体シンポジウム（2015）『いのちを守るまちづくり／家づくり』2015年3月。

8　UNWCDRR関連事業in福島実行委員会（2015）『福島の復興と被災者の生活再建に向けて』2015年3月。

9　IGES編（2016）『地域住民と原発事故の長期的影響―福島とチェルノブイリの教訓―』2016年3月。

第2章

原発災害にどう向き合うか

はじめに
―「福島復興再生特別措置法」(2012年3月)の理念―

「災害対策基本法」(1961年制定)によると、災害時の対応と復旧復興の第一次責任主体は市町村となっており、都道府県は後方支援、避難所設置、仮設住宅供与などの災害救助法の業務を担い、国はこれらの市町村や都道府県の業務が的確・円滑に行われるよう支援することとなっている。「災害対策基本法」は自然災害を想定しているが、「原子力災害対策特別措置法」(1999年制定、2014年改訂)における災害への対応も、「災害対策基本法」に準拠していて、市町村の役割は変わらない。

「東日本大震災復興基本法」(2011年6月制定)では、第4条で「地方公共団体は、(中略)東日本大震災復興基本方針を踏まえ、計画的かつ総合的に、東日本大震災からの復興に必要な措置を講ずる責務を有する」としている。

原発事故発生後1年を経て10万人を超える全国各地への避難者や、多くの被災自治体が他地域に仮事務所を設置して原発災害に対処していた。その最中に制定された「福島復興再生特別措置法」(2012年3月制定、2016年5月改訂、以下「福島特措法」)では、第2条で基本理念を以下のように謳っている。

「原子力災害からの福島の復興及び再生は、原子力災害により多数の住民が避難を余儀なくされたこと、復旧に長期間を要すること、放射性物質による汚染のおそれに起因して住民の健康上の不安が生じていること、これらに伴い安心して暮らし、子どもを生み、育てることができる環境を実現するとともに、社会経済を再生する必要があることその他の福島が直面する緊要な課題について、女性、子ども、障害者等を含めた多様な住民の意見を尊重しつつ解決することにより、地域経済の活性化を促進し、福島の地域社会の絆の維持及び再生を図ることを旨として、行われなければならない。
2　原子力災害からの福島の復興及び再生は、住民一人一人が災害を乗り越えて豊かな人生を送ることができるようにすることを旨として、行われなければならない。
3　原子力災害からの福島の復興及び再生に関する施策は、福島の地方公共団体の自主性及び自立性を尊重しつつ、講ぜられなければならない。
4　原子力災害からの福島の復興及び再生に関する施策は、福島の地域のコミュニティの維持に配慮して講ぜられなければならない。
5　原子力災害からの福島の復興及び再生に関する施策が講ぜられるに当たっては、放射性物質による汚染の状況及び人の健康への影響、原子力災害からの福島の復興及び再生の状況等に関する正確な情報の提供に特に留意されなければならない」（下線、引用者）。

このように「福島特措法」は、「多様な住民の意見を尊重」し、各自治体の「自主性・自立性」にもとづき、復興および再生を進めることを謳った。

他方、続く第3条では、「国の責務」についても、「国は、前条に規定する基本理念にのっとり、原子力災害からの福島の復興及び再生に関する施策を総合的に策定し、継続的かつ迅速に実施する責務を有する」としている[1)]。

筆者が、福島原発災害からの生活再建や地域再生の動向を総合的に総括しなければならないと考えた契機は、この「福島特措法」の理念がどう反映されてきたか、その点でさまざまな疑念を抱かざるを得なかったからである。この理念が具体的な施策の一つ一つに位置付けられていれば、原発被害に対する賠償問題などによる不信・分断などを生じなかっただろうし、復興過程における地域分断や地域格差などは乗り越えられたのではないかと思うからである。

被災地の復旧・復興や被災者の生活再建などに対して、自治体の「自主性・自立性」と向き合いながらも、政府の責任を明確にしていることを再確認しなければならない。原発事故とその災害は、自然災害と異なり、まさしく国策による原発によってもたらされた人災であり、広域性・長期性そして苛酷性という特質をもっているからである。

しかし、実態は従来の災害関連法制度を下敷きにして、原発被災地の自治体が原発事故発生直後の情報の入手、避難指示や避難支援など緊急時の対応とともに、広域避難している被災者への支援を個別に続けてきたし、復興計画の策定やその実施は市町村が主体になって取り組まれてきた。一方で、「災害救助法」（1947年）に基づいて、仮設住宅から次の定住のための住宅確保は、多くの被災者が持家を希望している中で、災害公営住宅については避難先の他の自治体に供給するために福島県が供給するものがほとんどである。

福島県内には4890戸の「復興公営住宅」（福島県では「災害公営住宅」のうち原子力災害のためのそれを「復興公営住宅」と呼称している）が建設されているが、そのうち市町村営の復興公営住宅は405戸（飯舘村23戸、本宮市61戸、桑折町64戸、川俣町40戸、大玉村67戸、葛尾村125戸、川内村25戸）で、4485戸（全体の92%）は県営である[2)]。

市町村はそれぞれ復興ビジョンや復興計画などを策定し、さらにこれらの事業化に向けてさまざまな復興事業のための「東日本大震災復興交付金」、「福島再生加速化交付金」への申請などに取り組んできた。しかし、原発災害の特質から自治体ごとの取り組みだけでは大きな限界があると言わざるを得ない。

たとえば原発災害からの避難者の多くは自宅再建を希望しているが、ふるさとに再建することが困難であるために避難先などで再建するケースが多い。被災した各市町村行政にとってみれば、当面の人口の維持や第一次産業の再建が極めて厳しく、自治体そのものの再建を長期的に考えると、帰還政策を前面に出すか、こういう避難先などでの被災者への生活再建支援や情報提供を通して連絡を保ちながら、ふるさととの絆を重視していくか、その双方を視野に置きながらも、現実の復興政策は複雑である。これらの複雑な課題にどう対応していくかは、県内の自治体間での広域的な連携、調整が不可欠となるはずである。

筆者はこれまで、復興に向けて奮闘している自治体の職員と接しながら、また時折マスコミなどで紹介される原発災害被災地の首長の声に触れながら、市町村が単独で原発災害からの復旧復興の主体として取り組み続けられるだろうかという疑問を抱いてきた。

先にみたように国や県は、災害復興に関する法制度の趣旨に基づいて市町村の復興への取り組みを支援することになっている。しかし、これまでの経過から垣間見えてきたのは、政府による制度的枠組みと予算的支援の方向性が、市町村ごとの復興計画立案、支援策定を前提としているため、各自治体間で個別的な（周辺自治体との連携性・協働性が見えない）取り組みへ傾斜させている実態である。他方、県は広域連携、調整と広域的な課題に取り組むことが本来の役割であるが、制度的には市町村側からの「要請」が前提であるという姿勢で、広域連携、調整に向けて引き気味になっている。また避難者を受け入れている自治体でも、ふるさとへの帰還をめざして奮闘している被災自治体に対して、避難住民の受入れについて、復興公営住宅の建設や宅地供給そして「二地域居住」や行政サービスの相互連携（「二重住民票」や広域連合など）を提起しにくくなっているという声も聞いてきた。しかし、最も重要なことは、被災し生活や生業が破壊され、なお苛酷な避難生活を強いられている被災者の生活再建である。自治体存続か住民生活再建か、が天秤にかけられている様相さえうかがえる（帰還者には奨励金を出すが、戻らない避難者にはそれを交付しないといってはばからない自治体もあった）。

これまで、こうした現状を転換し、当該の市町村が相互に、広域的に連携・調整して原発災害に取り組むためには何が必要かという問題意識をもち続けてきた。そしてこの間、地域居住や自治体間協力などに献身的に取り組んできた元三春町長伊藤寛氏などにもヒアリングをしてきた[3)]。それらを通して、改めて原発事故発生直後の初動期の混乱から、2017年3月、4月の「避難指示解除」などまで、節目、節目での情報開示や復興に向けた諸事業の展開などにおいて、さまざまな選択肢があり得たのではないかという疑問が生じてきている。私たちが福島原発災害を扱う最も重要な視点は、被災者の生活再建と被災地における地域再生を的確に進めることである。が同時に、原発災害という予想すらできなかったと言われている災害に直面して、これらの原因究明や被災者の生活再建や被災地や復興のあり方を検証し、全国、いや世界に存在する原発の危機管理に資することが福島原発災害に取り組む者にとっての責務ではないかと思うからである。

先に紹介した「福島特措法」には、第6条「福島県知事の提案」の項が設けられている。

「第六条　福島県知事は、福島の復興及び再生に関する施策の推進に関して、内閣総理大臣に対し、福島復興再生基本方針の変更についての提案（以下この条において「変更提案」という。）をすることができる。

2　福島県知事は、変更提案をしようとするときは、あらかじめ、関係市町村長の意見を聴かなければならない。

3　内閣総理大臣は、変更提案がされた場合において、当該変更提案を踏まえた福島復興再生基本方針の変更をする必要があると認めるときは、遅滞なく、福島復興再生基本方針の変更の案を作成し、閣議の決定を求めなければならない。

4　内閣総理大臣は、前項の規定による閣議の決定があったときは、遅滞なく、福島復興再生基本方針を公表しなければならない。

5　内閣総理大臣は、変更提案がされた場合において、当該変更提案を踏まえた福島復興再生基本方針の変更をする必要がないと認めるときは、遅滞なく、その旨及びその理由を福島県知事に通知しなければならない」。

原発災害の特質に即して設けられた条項であるが、とくに市町村が復興の主体であることと、県と市町村との連携が重要であることとを深く関連づけていくことが重要になっているというべきであろう。

福島県では継続的に人口減少、高齢社会化が進行していたが、とくに原発災害後その傾向が著しい。とくに原発災害被災地における人口減少は2015年、2020年国勢調査でも明らかである。そんな中で、双葉郡内の町村には“合併”なども非公式であるが話題になっている。ここでも広域調整機能を持つ福島県の対応が求められる。

いわゆる自主避難者を含めてなお広域避難をしている被災者が多い。避難者の生活不安など避難先自治体との調整を避難元自治体とともに福島県が対応する必要がある。

応急仮設住宅や県が主導して進められた災害公営住宅（福島県では原発災害対応の災害公営住宅を復興公営住宅と呼んできた）などは、新たな事業手法などを導入しながら、事業者公募要領の作成、予算確保、事業者選定、発注、工事監理、維持管理などの業務を県の担当課を中心に展開してきた。市町村によっては、これらの業務について県に代行を委託する場合もあった。復興が進むにしたがって、市町村が復興公営住宅などの業務を所管区域内に展開するケースが増えてきている。その際に、福島県が地域循環型住まいづくりを重視し、地元事業者への発注などの工夫を蓄積してきたが、そのような蓄積が活かされないケースが出てきている。市町村では、そのような地域経済再生の観点などを加味した業務として取り組む余力がないのかもしれない。大手のゼネコンなどへ一括発注してしまうケースが目立つようになった。新たな挑戦とその蓄積を、市町村の復興過程でも活かしていく仕組みについて県の支援が求められている。

第１節　福島原発災害復興の困難性から見えてきた今後の課題

ここではまず、福島原発災害の事態を時系列的に概観することによって、原発災害のもつ苛酷性・広域性・長期性という特性から、その克服には現在の災害関連法制度や事業制度とその運用では限界があることを明らかにし、広域的対応への手がかりを得たい。

(1)　初動期対応―情報へのアクセス、広域避難への対応―

原発事故発生後、政府・原子力災害対策本部から事故の状況や避難勧告・避難指示が出された。それらの情報発信は、停電や原発立地町かそれ以外の市町村かによる伝達の違い、SPEEDIなどによる放射線被曝とその拡散情報の遅れなどの要因によって、原発被災自治体や被災住民に速やかに伝わらなかった。また緊急時の対応のために原子力発電所サイトから離れて設置されていたオフサイトセンターも停電や室内被ばく量の増加などによって機能せず、急きょ福島県庁内にその機能を設置したのであった。市町村は手探りで情報を手に入れながら、それぞれ「孤独な政策判断」に基づいて避難指示などを住民に発信していた[4)]。避難受入先との交渉も自治体がそれぞれに行っていた。それらが結果的に、県内外へと広域的な避難を強いられたり、その後の仮設住宅も各地にバラバラに確保せざるを得ないという事態を生んだ。

被災後およそ1週間後には、福島県は避難所として県内のホテルや旅館などを確保し、自治体ごとの集団的な避難行動への足掛かりにすることに一定の効果をもたらしたともいえる。その反面、その後の仮設住宅などへの転居行動に地域コミュニティの絆の維持を反映させるなどの十分な効果を上げたとはいえない。放射線汚染の広範な広がりなどに適切に対応するためには県の広域的判断や市町村の横の連携の重要性についての更なる検証が必要である。

⑵　放射線被ばくと避難指示区域指定

原発事故後、放射線汚染の深刻さなどについての科学的・合理的な説明が十分に伝えられなかった。

三春町での取り組みやチェルノブイリの被ばく量測定と避難地域の指定について、元三春町長の伊藤寛氏は以下のように指摘している。少し長いが引用する。

「福島原発事故発生の直後、3月16日朝、NHK取材班と木村真三博士一行が三春町に立ち寄られ、モニタリングを実施中の一町民を技術指導され、そこで採取した土壌汚染サンプルの検査結果が、後日公表された（NHK ETV特集取材班『ホットスポット』講談社、p.29）。三春町は、空間線量のシーベルト値は、比較的に低いのに、実際にはそうでもなく、特に半減期の短い放射性ヨウ素やテルルは高いレベルで検出された。国や県の指示を待たないで、原発事故防災対策を取ったことが適切な判断だったことが裏付けられた。

さらに、半減期6時間というテクネチウムが見つかったことは、すでに炉心溶融が起こっていることを示していたとのことであった。核種別の健康影響や、『シーベルト』指標というものの制約を考えても、土壌汚染状況測定や核種別放射線量の測定が、放射能汚染の実態把握のためには必要ではなかったかと思われる。

福島原発の防災拠点施設（オフサイトセンター）にも、土壌検定装置や核種別測定装置、迅速にモニタリング値を広報するシステムが備えられていた。それらは、チェルノブイリ事故を前例として整備されたものと思われる。震災でそれらがどのように損傷し、どのように復旧対策がとられたのか、不明である。何故か、県モニタリングチームは一日だけで解散し、それ以降、モニタリング活動は事実上放棄されてしまった。そのような行政責任が問われるべき重大な事態の解明が、3つの事故調査報告書でも全く行われていない。未だに闇の中である。

チェルノブイリでは、土壌汚染測定ならびに核種別の測定が行われていて、事故発生から5年後に、被災3か国が決めた汚染地区分は、その測定値に基づいて決められている。

ベラルーシ政府報告書によると放射線汚染による地域区分は下表（表2-1）のようになっている。

原発事故によって、宅地、農地、山林、水域の別なしに大量の放射性物質が降り注ぎ、沈着した。それが簡単に除去できるレベルのものかどうかは、被災者がもっとも知りたいことである。チェルノブイリでは、それに即して土壌汚染測定値に基づいて地域指定された。健康への影響は、核種別でも違いがあるのだから、核種別測定値（ベクレル）で示されたことも重要である。わが国のような空間線量率（シーベルト）という漠たる数値による地域区分よりも、被災者にとってはるかに納得しやすい。

地域区分の内容は、立ち入り禁止区域（半径30km圏）、移住対象区域（5mSv/年～）、移住権利区域（1～5mSv/年）、放射線管理居住区域（1mSv/年未満）の4区域である。

表2-1　チェルノブイリ原発事故による避難指示区域の内容

区域の名称	実効線量(mSv/年)	土壌汚染濃度（kBq/m²(Ci/km²))*		
		セシウム137	ストロンチウム90	プルトニウム238.239.240
定期放射線管理対象居住区域	1未満	37～185 (1～5)	5.55～18.5 (0.15～0.5)	0.37～0.74 (0.01～0.02)
移住権利区域	1～5	185～555 (5～15)	18.5～74 (0.5～2.0)	0.74～1.85 (0.02～0.05)
第二次移住対象区域	5超	555～1480 (15～40)	74～111 (2.0～3.0)	1.85～3.7 (0.05～0.1)
第一次移住対象区域	―	1480 (40）超	111 (3.0）超	3.7 (0.1）超
避難区域（立入禁止区域）	半径30km圏に加え、第一次移住対象区域に追加された地域			

＊kBq＝キロベクレル。ベクレルは放射性物質が1秒間に崩壊する原子の個数を表す単位。
　Ci＝キュリーは放射能量を示す単位。1キュリーは約3700万キロベクレル。
出所：ベラルーシ共和国非常事態省チェルノブイリ原発事故被害対策局編、日本ベラルーシ友好協会監訳『チェルノブイリ原発事故　ベラルーシ政府報告書』産学社、2013年、p.46。

特記すべきは、移住権利区域（1～5mSv/年）の設定である。放射能汚染レベルが低い区域であっても、移住を選択する権利は認めている。移住による生活再建を国も支援するということでもあろう。わが国で、移住選択権が認められず、任意避難者扱いをされて、肩身の狭い思いをした人たちのことを思わないではいられない。

2011年12月に、避難指示区域から避難指示解除（＝帰還）時期による区域に切り替えたわが国では、避難指示解除が現在進められているが、総じて帰還を選択する人は1割足らずで、一時避難者の9割は、移住による生活再建支援を求めて悩んでいる。

個人の安全重視と基本的人権の尊重が基本にあれば、移住選択権という考え方は、当然生まれるはずである。「帰還」時期による地域区分は、国や企業者の都合優先の発想ではないだろうか。

チェルノブイリでは、原発事故にともなう移住者に対して、どのような生活再建支援策がとられたのか、私は詳しくは知らない。わが国では、除染などによって生活環境を回復させ、避難指示解除（帰還）を急ぐことが被災地復興の目標とされ、関係自治体も国や県も、もっぱらその対策に専念することになったように思われる。移住選択者に対する生活再建支援策は、どのようにおこなわれているのだろうか。ふるさとへの帰還条件は整えますから、その先の生活再建は、各自の自己責任で行ってくださいということであるとすれば、許しがたい。

放射能汚染による環境破壊は、そんな簡単なことで解消するものだろうか。避難を余儀なくされている生活者は、自然環境・コミュニティ環境・生活基盤などの回復について、もっと現実的に、もっとクールに、もっと総合的に判断している。

したがって、避難指示が解除されても、実際に帰還したのは一割足らずで、ほとんどの避難者は既に移住を選択しているか、生活再建方針を決めかねている。『ふるさと』に対する溢れるほどの愛着を感じながらである。それにもかかわらず、国や電力会社は、被災者の移住選択権を尊重することなく、それに合わせた補償基準や生活再建支援策も、十分明示してはいないように思われる」[5]。

(3)　「子ども・被災者支援法」

「序章」で触れたように、2012年6月国会全会派による議員立法で成立した「子ども・被災者支援法」が、実質的に避難者の支援をどのように支えてきたか、きちんとした検証が必要であるが、その取り組みがまだできていない。「第7章　長期的・広域的避難を支える支援のあり方」であらためて触れたい。

(4)　除染（国直轄区域と重点調査区域）と仮置き場[6]

原発事故後、一定水準以上の放射能汚染地域は、「警戒区域」（ほぼ20km圏）と「計画的避難区域」に区分された（後に「帰還困難区域」〔50mSv/年以上〕、「居住制限区域」〔20～50mSv/年〕、「避難指示解除準備区域」〔20mSv/年以下〕に再編）。この2つの区域の除染は「除染特別地域」として国直轄で実施されたが、それ以外の区域は「重点調査区域」とし、市町村が除染実施計画を策定し政府の承認と予算を得て除染を実施してきた。

それに立ち向かうための自治体ごとの判断や対策が微妙に異なった。「元の大地と元の生活を戻せ！」という被災地の声は共通でも、それを即座に行うことでふるさとと元の生活が戻せると期待していた住民と放射能汚染のため避難すべきとする住民との対立や分断も生じた。森林もすべて除染すべきであると政府に予算要求を働きかけた自治体もあった。

特に「重点調査地域」での市町村による除染は、除染後の汚染物質の仮置き場の設置について地域住民との交渉が困難をきわめた。ここでのノウハウや除染業者への発注や監理業務なども自治体間の情報共有がされずさまざまな差異が生まれた。「除染特別地域」における国の直轄除染においても仮置き場に関する地域住民との交渉などに長時間を要している。

これらの経過を辿ってみると、除染は市町村や地域住民との丁寧な合意形成プロセスを前提にして国（または東電）が一括して責任をもって実施すべきではないかと思うが、これについても検証が必要である。

⑸　「帰還困難区域」の今後

「帰還困難区域」に指定されている7つの自治体のうち、南相馬市を除く6つの自治体（飯舘村、浪江町、葛尾村、双葉町、大熊町、富岡町）では「特定復興再生拠点整備」事業が取り組まれている。その区域に指定された住民や行政区組織、そして町村の協議会などから強く除染が求められてきた。それに対する一定の方向付け、つまり「帰還困難区域」内であっても集落機能が集積していた区域などについては除染とその後のインフラ整備などを実施することにしたのが「特定復興再生拠点整備」事業であった。さらに従来からの集落を取り込んだ広い範囲に指定するような要望も根強く出されていた。それらは追加放射線量を1mSv/年を目標に、除染を進めてほしいという「帰還困難区域」からの避難者の声であった。そして「特定復興再生拠点」事業が進められるようになってから、突然2020年6月に、「帰還困難区域」の「除染なし避難指示解除」方針が政府から示された。長泥地区の「特定復興再生拠点整備」事業を抱えている飯舘村から提起されたという経過も示された。「除染なくして復興なし」は政府も掲げる方針であり、「除染」を前提に政府に要望を出してきた6町村の協議会から飯舘村が脱退することになった。そもそも「除染なし」で避難指示解除をすることが除染を「国の責務」とした「放射性物質汚染対処特措法」に抵触することになりかねないとの指摘もある（朝日新聞、2020年6月3日）。この問題は、第6章でも取り上げるが、ここでは、このような広域的な課題に対する福島県の避難指示やその解除、除染などに対する基本的な考え方とともに広域調整の役割を果たしているかどうかという課題であることを指摘しておきたい。

⑹　中間貯蔵施設と原発廃炉

双葉町と大熊町にまたがって立地する福島第一原発の事故は、その収束の見通しも、その後の廃炉の見通しも立っていない。その原発を取り巻くように1600haにおよぶ「中間貯蔵施設」が設置されている（第10章図10－2参照）。福島県内の除染による汚染廃棄物を約30年にわたって貯蔵する施設である。2400名にも上る地権者との交渉を経てようやく稼働に至っている。しかし、これで課題がなくなったわけではない。稼働後30年、2045年には、この中間貯蔵施設は役割を終え、そこの機能は他県に移設することが法律で決められている。その後の展開を展望することも遠い先のようでもあるが、確実に迫りくる課題である。

北に位置する双葉町は海岸線の北端にわずかな「避難指示解除準備区域」（この地区の従来の人口は243人であった）があるが、それ以外の地域は「帰還困難区域」であり、2021年3月現在なおほぼ全域が帰還できない状況が続いている。常磐線双葉駅とその周辺の災害以前の中心市街地は中間貯蔵施設に隣接している。

その南に位置する大熊町では「避難指示解除準備区域」と「居住制限区域」が南西部に拡がっているが、ほとんどが森林地域でそこでの従来の人口は22人だった。常磐線大野駅とその周辺の旧中心市街地も「帰還困難区域」であると同時に、やはり中間貯蔵施設予定地に隣接している。

各地から膨大な量の汚染廃棄物が搬入され、主に南北軸の主要幹線などは運搬車の交通量が激しくなり、その経路に位置する浪江町や富岡町などもその交通量によって影響は避けられなかった。この中間貯蔵施設と福島第一原発の事故収束や廃炉に向けて今後半世紀あるいは世紀単位の期間を要することになるのではないかと思われる。加えて2019年7月、東京電力は福島第二原発の4基の原子炉も廃炉を決定した。第一原発を合わせて10基の原子炉すべてが廃炉されることになった。

ふるさとの復興に大きな影響を及ぼさざるを得ないし、それらに立ち向かうことは市町村ごとの対応では到底不可能である。後に詳しく述べるが、特に双葉町、大熊町の従来からの市街地は、この中間貯蔵施設にほぼ隣接する形で存在するので、ふるさとの復興に大きな影響を及ぼすことになり、避難住民の帰還を含めて大きな困難が横たわっていると言わざるを得ない。中間貯蔵施設の今後の課題については第10章で改めて触れる。

第2節　原発災害克服の共通の課題と広域連携の方向

福島第一原発立地町であり、そのことによって中間貯蔵施設を受け入れた双葉町、大熊町の復興に向けた土地利用は大きく制限されているし、その周辺の市町村も将来に向けて、少なからず影響を受けることになろう。そういう状況の中で被災市町村がそれぞれの行政エリア内で完結的に復興への取り組みを進めることにはやはり限界があると言わざるを得ない。政府からの復興予算の確保といっても、結局政府の示した事業制度への計画づくりに追いまくられている。市町村の担当部局はそういう業務でてんてこ舞いになっている。繰り返し認識しなければならないのは、ひとたび原子力事故が起きれば、その復興は市町村ごとに立ち向かえるほど生易しいことではないということである。

(1)　生活・生業再建とふるさと再生における3つの質

以上のような、原発災害の困難性は、復興計画・事業にも大きく影を落とさざるを得ない。現行の災害関連法制度にしたがって復興計画の策定そして復興事業の実施は市町村に委ねられている。しかし、原発災害はこれまで述べてきたように、たとえ国・県による財政的な支援などがあるとしても個別市町村で克服できるような生易しい災害ではない。復興計画の前提になる居住地や中心市街地、あるいはこれまでの地域産業としての比率が高い農林業などの土地利用がどれほど再建できるのか、そもそも人口の帰還がどれほど見込めるのか、合理的な見通しと判断をすることは大変難しいと言わざるを得ない。

「避難指示区域」のうち、なお「帰還困難区域」が多く残る自治体の復興計画や復興事業は相当長期間のプロセスを想定せざるを得ないし、当該市町村以外に避難する人々のふるさとへの思いを繋ぎとめていくためにも避難先での生活・生業再建を本格的に取り組む必要がある。これらの状況が市町村によって異なっているので、市町村間の復興への取り組みの違いが、例えば競争的になったり、対立的になったりするなど、被災地全体の復興の姿に大きく影を落としていくことも危惧される。

原発災害からの克服は半世紀単位の超長期の課題であり、たとえ避難先等に持家建設が実現できたとしても、それも仮住まいである可能性が大きいのである。避難先で生活・生業再建や自宅再建に取り組んでいる避難者の中には、なお住民票を移していない人々が多いこともそのことを示している。仮住まいであっても、そこでの生活の質やコミュニティの質などは保障されなければならない。原発災害からの復興の課題は、個別のふるさとの復興だけを意味していない。

安心して帰れるふるさとの復興を進めるためには、住まいの再建をはじめ、医療・福祉、買い物、学校、雇用といった目指すべき「生活の質」を具体的な姿として示す必要がある。原発事故が奪った「コミュニティの質」や「環境の質」の再生も大事な課題である。この「3つの質」をどう実現していくか、この中で「環境の質」は原発被災地全体、被災時自治体共通に取り組むべき課題になっている。

付け加えれば、この「3つの質」を横断する危機管理、持続可能性、地域力の向上などの視点を原発災害からの教訓として位置づける必要がある。とくにこの課題は「福島特措法」にもとづいて国の責任として展開していくべきである。

「3つの質」については第8章で改めて検討する。

(2) ふるさと帰還への思いと人口減少による自治体存続の危機

上記のような長期間にわたる土地利用などの大きな制約によるふるさとの復興の困難性に対して、他の市町村との協働や連携で居住地や産業立地の再建を図ったり、営農活動の拡がりを確保したりすることが必要になるであろう。被災後数年を経て以降、3・11東日本大震災・福島原発災害の日に際しても、すでに避難解除された自治体における帰還率の低さが取り上げられてきた。災害以前の人口が戻るのは困難であるという認識のもとに、それらの自治体の首長の中から、「合併」の声が紹介されたのも2018年3月の報道の新しい動きであった。

避難している多くの人々は避難先での生活再建に取り組み、自宅を再建したりしているが、そういう人々の多くはなお住民票を移動せずにふるさとへの思いを抱き続けている。それはふるさとでの生活や生業、ふるさとの風景やふるさとの地域コミュニティの絆などへの思いである。そういう思いをずたずたに断ち切ったのが原発災害である。まずは原発災害被災者の思いを大切にしながら復興の道を歩むべきである。

つまり、それぞれの地域社会や自治体を存続させながらお互いの連携を深めていくことを前提にしなければならない。たとえ自分のふるさとのまちに戻れなくても、ふるさとと生活・生業再建拠点との二地域居住などの実体を創っていくことが、将来への不安を抱き続ける人々の心を和らげ前向きに復興に取り組んで行く筋道であろう。この課題については第9章で改めて検討する。

(3) 復興公営住宅事業の蓄積を生かして

複数の自治体が連携して取り組むことは、従来から消防・ゴミ焼却や医療などの分野でも「一部事務組合」によって対応してきた実績は全国どこでもみられる。今回の場合、もともと広域調整などを業務としてきた県も含めた広域連携の姿を模索すべきではないか。県と市町村による広域連携は、これまでも医療福祉サービスなどに取り組む「隠岐広域連合」（島根県と隠岐の島町、海士町、西ノ島町、知夫村）、人材開発や交流・確保などをめざす「彩の国さいたま人づくり広域連合」（埼玉県と県内全市町村）、さらには全国的な広がりを見せつつある高齢者福祉の課題に対する取り組みなどの蓄積がある。

たとえば、A町から避難している被災者がB町に家を再建しても、A町とB町の行政サービスをともに受けられるようにしたり、県の色々な行政サービスを従来通り避難先でも受けられるようにするという仕組みも考えられる。また県外への避難者に対する色々な支援サービスを広域連携によって統合的に提供できるようにすることも重要ではないか[7)]。

今回の連携は一案として、福島県、双葉8町村、南相馬市や飯舘村、川俣町、田村市とともに町外コミュニティ・町外拠点や復興公営住宅などを受け入れてきた県内の市町村にも加わってもらうことが考えられるが、その具体化にはなお検討が必要である。

とりわけ筆者が、上記のような広域連携を提起するのは、次のような復興事業の展開過程についての課題も抱えているからである。福島県が対応してきた木造仮設の建設やみなし仮設住宅の確保、そして復興公営住宅の建設では県内事業者による建設などが進められてきた。一方、市町村が復興主体として計画策定や事業実施、まちづくり、インフラ整備や復興公営住宅を含む住宅供給、そして施設整備などを実施していくときに、県が挑戦し蓄積させてきた県内事業者の優先的な活用などを継承して進めていけるかどうかという課題もある。

これまでのところ市町村は都市再生機構（UR）や大手コンサルタント、大手ゼネコン、大手住宅メーカーに発注することになっていく可能性が大きい。広域連携によって、県内の復興を手掛ける「地域再生機構」（仮称）のような機関を立ち上げ、市町村の復興事業を地域経済再生の観点からも広域的に支え、復興計画の策定や事業の発注業務など実施への橋渡しを進めていくことも重要ではないかと考えている。

注

1　なお、この「特措法」では、福島復興再生基本方針（第5条）、避難解除等区域復興再生計画（第7条）が、それぞれ福島県知事の申し出に基づいて策定されることになっており、その際、関係市町村の長の意見を聴くことになっている。

2　市町村営の復興公営住宅のうち、飯舘村のそれは福島市内に、葛尾村は三春町内にそれぞれ建設している。また本宮市、桑折町、大玉村の復興公営住宅ではそれぞれ原発被災地の他町村の避難者の多くを受け入れている。

3　伊藤寛（2017）「原発災害後6年間、その復旧・復興過程で考えてきたこと」（日本建築学会・web版『建築討論』）、2017年8月。

4　原発事故発災直後からの被災自治体における住民への情報伝達や避難指示、避難行動などの初動期の対応について、国や県などからの情報が十分でない中で、それぞれの自治体あるいは首長が個別に判断せざるを得なかった状況に触れ、それを「孤独な政策判断」と呼んできた。

5　伊藤寛、前掲論文。

6　筆者らは2012年6月から2か年間、IGES（公益財団法人「地球環境戦略研究機関」）によるFAIRDOプロジェクト「汚染地域の実情を反映した効果的な除染に関するアクションリサーチ」に取り組んだ。初年度の調査では、除染を妨げる諸要因について分析し、除染に関する理解、仮置き場、除染技術、情報共有、住民参加型の意思決定、市町村間の連携などを指摘した。また除染と同時に考慮すべき被災者・被災地・復興の現状について賠償の不透明さ、生活再建に向けた不安、除染・復興の連携などを提起した。以下の報告書参照。

・IGES（2012）『福島における除染の「現状と課題」』FAIRDOプロジェクト第一次報告、2012年10月。

・IGES（2013）『「除染」の取り組みから見えてきた課題―安全・安心、暮らしとコミュニティの再生をめざして―』FAIRDOプロジェクト第二次報告2013年7月。

7　ここでの「広域連携」はあくまでも被災者にとってのふるさとである市町村の主体性に基づいた連携であって広域合併や道州制などへの布石としての「広域連合」とは区別している。

第３章

「福島県復興ビジョン」2011と「電源立地県　福島からの問いかけ　あなたはどう考えますか？～日本のエネルギー政策～」2002

第１節　「福島県復興ビジョン」

2011年3月の福島第一原発事故とその後の災害は、わが国における原子力発電所事故として、また世界的な原発事故としても未曽有の被害をもたらしたが、事故後10年を迎える2021年1月現在なお事故の収束や廃炉の見通し、そして使用済み核燃料の処理の見通しも立っていない。そして、放射能被ばくを受けた被災住民は生活や生業を奪われ長期避難を強いられている。地域社会や地域経済の再建もまだ軌道に乗ったとはいえず、故郷の復興もままならない。

2011年8月、福島第一原発の災害に見舞われた直後に取りまとめられた「福島県復興ビジョン」2011（以下「復興ビジョン」という）では冒頭に復興の基本理念が3つ掲げられた。その第一に「原子力に依存しない、安全・安心で持続的に発展可能な地域づくり」が謳われている。直後の福島県議会では全会派一致で福島県内の10基の原発の廃炉を決議した。そして2019年7月24日、東電は福島第二原発の廃炉を福島県に正式に表明するに至っている。

とはいえ、わが国では54基の原子力発電所の原子炉が立地している中で、原発の危機的な爆発が発生したとしても、そこからの復興の先に原子力に依存しない社会をめざすことはエネルギー政策全般にわたって軌道修正を迫る大きな提起であった。筆者も参加した「福島県復興ビジョン検討委員会」第1回の会議では、福島県の「復興ビジョン」に向けてすべての委員からの所信が表明された[1)]。その中には「理念について―『脱原発』を宣言し、新しい自然エネルギーおよびクリーンエネルギーの先進県とする」とし、向こう10年の間に第一原発の廃炉、第二原発の炉心停止および撤去を求めることなどを主要施策とすべきであるという提起もあった。筆者は、どちらかといえば緊急時の被災者支援や被災自治体や被災地域の復興に向けたシナリオをどう描くかという観点からの提案をしていて、原発の廃炉や原子力に依存しない脱原発の道筋を示すことまでは立ち入っていなかった。しかし、上記のような提案を受けて、検討委員会では6回の会議を経て、「脱原発」の方向が全員で確認され、2011年7月8日に、福島県知事に以下のような内容を骨子とする「福島県復興ジョンについての提言」を提出した。

【基本理念】
・原子力に依存しない、安全・安心で持続的に発展可能な社会づくり
　○原子力に依存しない社会をめざす。そのために、再生可能エネルギーを飛躍的に推進。
　○何よりも人命を大切にし、安全・安心して子育てのできる環境整備、健康長寿の県づくりを通じて原子力災害を克服。
・ふくしまを愛し、心を寄せるすべての人々の力を結集した復興
　○被害を受けた県民一人ひとりの生活基盤の再建が復興の基本であり、復興の主役は住民。
　○県民、企業、民間団体、市町村、県など、あらゆる主体が力を合わせて復興を推進。
・誇りあるふるさと再生の実現
　○本県に脈々と息づく地域のきずなを守り、育て、世界に発信。
　○避難を余儀なくされた県民を含め全ての県民がふるさとで元気な生活を取り戻すことができた日こそ、福島の復興の第一歩が記されるという思いを県民全てが共有。

【主要施策】
・緊急的対応　応急的復旧・生活再建支援・市町村の復興支援
・ふくしまの未来を見据えた対応

未来を担う子供・若者の育成
地域のきずなの再生・発展
新たな時代をリードする産業の創出
災害に強く、未来を拓く社会づくり
再生可能エネルギーの飛躍的推進による新たな社会づくり
・原子力災害対応　原子力災害の克服

「復興ビジョン」では、基本理念の第1に、脱原発を打ち出したのだった[2)]。そして、福島県は8月、正式に「福島県復興ビジョン」を決定した。

上記の「復興ビジョン」の原案が、2011年7月8日に検討委員会から県知事に手渡された後に分かったことであるが、2011年7月26日、横浜で開催されていた国際会議ISAP（International Forum for Sustainable Asia and Pacific、持続可能なアジア太平洋に関する国際フォーラム）2011において、来日していたドイツの元環境大臣クラウス・テプファー氏と会う機会があり、彼が議長を務めていた「安全なエネルギーの供給に関する倫理委員会」が脱原発の方針を打ち出したことを聞いた[3)]。

この倫理委員会は、2011年4月に発足、17名の委員（科学技術界・宗教界の最高指導者、社会学者、政治学者、経済学者、実業家など）が選ばれ、公聴会と文書による意見聴取などが行われ、5月30日には報告書を提出している。

倫理委員会の報告の要点は、以下のとおりである[4)]。
・原子力発電所の安全性は高くても、事故は起こりうる。
・事故が起きると、ほかのどんなエネルギー源よりも危険である。
・次の世代に廃棄物処理などを残すのは倫理的問題がある。
・原子力より安全なエネルギー源がある。
・地球温暖化問題もあるので化石燃料を使うことは解決策ではない。
・再生可能エネルギー普及とエネルギー効率化政策で原子力を段階的にゼロにしていくことは、将来の経済のためにも大きなチャンスになる。

同年6月6日、メルケル首相は国内原発廃炉の方針を決定したのだった。

さて、筆者は福島復興ビジョンの検討にあたり、脱原発をいかに合意していくかが大きな論点であると考えていた。そして、それは以下に紹介する福島県庁内での検討結果を中間段階で取りまとめた「電源立地県　福島からの問いかけ　あなたはどう考えますか？～日本のエネルギー政策～（中間とりまとめ）」（以下、「中間とりまとめ」2002）における論点を筆者なりに確認しながら、復興ビジョン検討委員会の合意形成に参画したのであった。

福島第一原発事故が発生したちょうど10年前の2001年5月に設置された「福島県エネルギー政策検討会」が24回の検討会を経て、2002年12月に取りまとめられたものが、「中間とりまとめ」2002である[5)]。この「中間とりまとめ」2002の全容について、後に詳述するが、「検討会における主要な論点と疑問点」について6項目にわたって整理されている中で、ここで注目するのは「6　電源立地地域の将来について」において、①発電所の立地は電源立地地域の将来にわたる振興に寄与できるのか、②廃炉を見据えた地域の将来を考える時期にあるのではないか、の2点を提起していることである。

なぜ2001～2002年にわたって、このようなエネルギー政策、とりわけ原子力発電に関する詳細な検討を行ったのか、その背景と論点を教訓として確認することは、原発立地地域として今後の展望を切り拓くうえでも重要である。

ここでは「福島県復興ビジョン」において「原子力に依存しない」社会づくりをめざすこと、つまり福島県内の原発の廃炉の方向を打ち出すことになった背景として、筆者が「中間とりまとめ」の存在を関連づけて捉えていたことを整理しておきたい[6)]。

第2節　「中間とりまとめ」2002の概要と教訓

「中間とりまとめ」2002の構成は以下のとおりである（なお、「中間とりまとめ」2002は福島県庁のサイトで、「福島県エネルギー政策検討会中間とりまとめ」を検索し、ダウンロードすることができる)。

Ⅰ　エネルギー政策の検討に至った経緯
Ⅱ　原子力発電所における自主点検作業記録に係る不正問題
Ⅲ　主要な論点と疑問点
(1) 電力の需給構造の変化について
(2) 新エネルギーの可能性について
(3) 原子力政策の決定プロセスについて
(4) エネルギー政策における原子力発電の位置付けについて
(5) 核燃料サイクルについて
(6) 電源立地地域の将来について
Ⅳ　おわりに

ここでは「Ⅰ、エネルギー政策の検討に至った経過」を概略紹介し、Ⅱ、Ⅲ (1)〜(5)、Ⅳを概観しながら、「Ⅲ (6) 電源立地地域の将来について」および「Ⅳ　おわりに」の問題提起を中心に確認していこう。

1 「Ⅰ　エネルギー政策の検討に至った経緯」

「中間とりまとめ」2002では、エネルギー政策全般の検討に至った経緯について、主に次の3つの契機をあげている（詳細は省略、「中間とりまとめ」pp.2-5)。

①1989年1月、東京電力（株）福島第二原子力発電所3号機における「再循環ポンプ損傷事故」。

②1993〜1994年、東京電力（株）福島第一原子力発電所共用プール設置と「第二再処理工場」建設における国の約束反古問題。

③1995年12月、高速増殖原型炉「もんじゅ」のナトリウム漏洩事故と旧動燃による事実隠ぺい事件。

これらを受けて、1996年1月、「改めて国の明確な責任において国民の合意形成を図ることが重要である」とする「三県知事提言」を発表（新潟県、福井県、福島県）。

三県知事提言の概要

1　核燃料リサイクルのあり方など今後の原子力政策の基本的な方向について、改めて国民各界各層の幅広い議論、対話を行い、その合意形成を図ること。このため、原子力委員会に国民や地域の意見を十分に反映させることができる権威ある体制を整備すること。

2　合意形成にあたっては、検討の段階から十分な情報公開を行うとともに、安全性の問題を含め、国民が様々な意見を交わすことのできる機会を、主務官庁主導のもと各地で積極的に企画、開催すること。

3　必要な場合には、次の改定時期にこだわることなく、原子力長期計画を見直すこと。核燃料リサイクルについて改めて国民合意が図られる場合には、プルサーマル計画やバックエンド対策等の将来的な全体像を、具体的に明確にし、関係地方自治体に提示すること。

これらの事件などの他にも、プルサーマル計画に対して、福島県としての要請事項を付して事前了解をしたにもかかわらず、その後MOX燃料データ改ざんや東海村JCO臨界事故などが相次ぎ、県民の理解が後退している中で、2001年1月、プルサーマルを実施しようとする事業者の動きが報道された。

さらに2001年2月には、「すべての新規電源の開発計画を抜本的に見直し、原則3～5年凍結する」との方針が事業者から発表され、翌日には一転して「国策として進めるべき原子力発電については、今後とも計画通り推進」すると修正された。このように電源地域にとって重大な影響を及ぼす事業計画の国や事業者による一方的な進め方に対して、地域の自立的な発展を図っていくために電源立地県の立場からエネルギー政策全般について検討し、確かな考え方の下に対処する必要があると考え、エネルギー政策検討会を設置したとしている。

そして冒頭、検討会会長である佐藤栄佐久福島県知事は次のように検討を進める目的を述べている。「福島県としては、これまでエネルギー政策は国策であると受け止め、協力してまいりましたが、国や事業者が国策の名の下に立地地域の意向をないがしろにして一方的に押し進めるということでは、電源立地地域がその存在を脅かされるほどの影響を受けかねないと判断し、……エネルギー政策検討会を設置いたしました。……原子力発電の健全な維持・発展を図るためには、国は、徹底した情報公開、政策決定への国民参加など、新しい体質・体制で今後の原子力行政を進めていくべきである……」（下線、引用者）。ここではエネルギー政策、とりわけ原子力政策における隠ぺい体質を問いただすことが主たる目的であった。しかし、冒頭でも紹介し、以下でも詳しく述べるように、検討過程を通して提起された主要な論点と疑問点では、原子力発電所の安全性を脅かすほどの隠ぺい体質の指摘を通して、原子力発電所の稼働そのもの、さらに原子力行政への疑問を投げかけることになったのだった[7)]。

2 「Ⅱ　原子力発電所における自主点検作業記録に係る不正問題」

エネルギー政策検討会は2002年8月5日、第20回検討会において、国の原子力政策の最高意思決定機関である原子力委員会との意見交換を行っている。そこではそれまでの検討会を通じて浮かび上がった疑問点を提示していた。

しかし、同じ2002年8月29日に国の原子力安全・保安院および東京電力から「原子力発電所における自主点検作業記録の不正問題」が公表されたのだった。「中間とりまとめ」では「原子力行政の根幹にかかわる問題であり、さらにはこれまでエネルギー政策検討会で指摘してきたことがまさに現実の問題として顕在化したものである……」（p.10）として、特別に項目を設けて、その検討内容を取りまとめているのがこの項である。

「原子力発電所における自主点検作業記録の不正問題」の概要は以下の

通りである。

・東京電力（株）が福島第一原子力発電所、第二原子力発電所及び柏崎刈羽原子力発電所において、1980年代後半から90年代にかけてGEII社（General Electric International Inc.）に発注して東京電力が実施した自主点検作業について、シュラウド（原子炉内中心部周辺を覆う隔壁）、蒸気乾燥器、ジェットポンプなどの機器のひび割れやその兆候等の発見、修理作業等についての不正な記載等が行われていたというもの。

・2002年9月13日には、原子力安全・保安院が、東京電力が10年ごとに実施している定期安全レビューを“妥当である”とした同院の評価を撤回。

・「中間とりまとめ」以降の主な経過

2002年9月20日　原子力安全・保安院及び東京電力が、原子炉再循環系配管の点検・補修作業に係る不適切な取り扱いの疑いある事案８件を公表。

2002年10月3日　原子力安全・保安院が、福島第二原子力発電所１号機の定期安全レビューを“妥当である”とした同院の評価を撤回。

「中間とりまとめ」では、「原子力政策を“立地地域の住民を軽視して”進める国の体制・体質の問題である」と同時に、「国の検査体制は十分に機能してきたのか、国は原子力発電所の安全確保に真に責任をもって対応できているのかが、現実の問題として噴出している」（pp.12-14）として厳しく指摘している。

3 「Ⅲ　主要な論点と疑問点」

主要な論点・疑問点として取り上げているのは以下の６項目である。ここではそれぞれの問題意識とその概要に触れていこう。

①電力の需給構造の変化について

「電力の自由化が進み、電力の需給構造等が変化する中で、今後も従来のような電力消費量の伸びを前提とした電力会社による新たな電源立地は必要となるか」（p.20）。

ここでは、「電力消費量」の見通しについて、講師に招いた佐和隆光氏（京都大学経済研究所長）、吉岡斉氏（九州大学大学院教授）、両氏の今後の消費見通しについて小規模分散型電源（コージェネレーションなど）の普及などにより、電力会社が供給する電力量の減少や、いかに総消費量を減らすかという国家目標について具体的な政策を議論すべきであるという意見などを紹介している。さらに上記両氏のほかに山地憲治氏（東京大学大学院教授）を加えて、「電力会社の電源立地」について、公益事業として法律的に認定されていた電力会社が、競争する市場でビジネスを行っていく場合、今までと同じように公益性の下に担えるかどうか疑わしい、など新たな電源立地に疑問を投げかけている。そして、「総合資源エネルギー調査会報告書」や「今後のエネルギー政策について」（ともに経産省総合資源エネルギー調査会、2001年7月）などの将来見通しや予測データなどを引用しながら、「電力自由化や電力の需給構造の変化等に加え、地球温暖化問題を契機にエネルギー利用のあり方に対する国民の意識が高まる中で、今後も従来のような電力消費量の伸びを前提にした電力会社による新たな電源立地は必要なのか」という論点を提起している。

②新エネルギーの可能性について

「国は、新エネルギーの導入目標を一次エネルギー総供給の3%程度としているが、各種の導入施策を講じることにより、導入の一層の促進を図ることが必要ではないか」(p.26)。

因みに、「電気事業者による新エネルギー等の利用に関する特別措置法」(2002年5月制定）において「新エネルギーとは、風力、太陽光、バイオマス、その他石油を熱源とするエネルギー以外の熱源で政令で定めるものをいう」と規定している。今日、流布されている「再生可能エネルギー」は、「新エネルギー」に地熱や水力を加えたものである。また、この法律によって、RPS（Renewable Portfolio Standard）制度が2003年度より施行されることになった。この項では海外のRPS制度について、そのすべてが再生可能エネルギーを積極的に導入することが紹介されている。しかし、ここでは「新エネルギーについては……導入の一層の促進を図ることが必要ではないか」(p.28、下線、引用者) という表現にとどまっている。

③原子力政策の決定プロセスについて

ここでは次の４点について、論点と問題提起が示されている。

(③.1) 情報公開は十分に行われているのか。

「国民の不安感、不信感の払拭のためにも、……国民に対する情報提供のあり方について、抜本的に見直すべきではないのか」(p.32)。

(③.2) 政策に広く国民の声が十分反映されているのか。

「単純に賛成か反対かと言った意見を聴くのではなく、専門家により十分な情報や複数の選択肢を提示した上で、国民が選択できるような仕組みづくりが必要ではないだろうか。また……原子力政策決定に国民の声が正しく反映されていないのではないだろうか」(p.36)。

(③.3) 原子力政策の評価は適切になされているのか。

「巨額の投資を伴う場合が多く、……継続性を重視するあまり、環境変化に対応できず将来を見誤ることになっていないか。過去の原子力政策を適切に評価した上で、原子力政策が展開されているのか。……自己に都合の悪い情報を隠してでも推し進めようという原子力行政の体質・体制そのものが露呈したものであると考えられるのではないのか」(p.40)。

(③.4) どこで原子力政策が決定されるのか。

「原子力政策は、行政府のみで決定されているが、国会審議を経るなど政策決定過程の民主化を図るべきではないのか」(p.42)。

「原子力政策は、(「中間とりまとめ」が発表された2002年当時：引用者注) 原子力委員会、原子力安全委員会、経済産業省 (資源エネルギー庁、原子力安全・保安院) 等それぞれの役割分担のもとで決定されているようであるが、どこが中枢なのか、国民から理解しにくいとの指摘もある」(p.42)。

④エネルギー政策における原子力発電の位置付けについて

ここでも以下の4点について、論点と問題提起を行っている。

(④.1) 原子力発電推進の理由は国民に対し説得力を持つのか。

ア)「CO_2 の排出が少ない点のみを強調し、原子力発電を推進することは妥当なのか」(p.46)。

この点について、ここでは2001年7月、COP(国連気候変動枠組条約締約国会議)6ボン合意において、「CDM(クリーン開発メカニズム)のうち原子力により生じた排出枠を目標達成に利用することは控える」ことが合意され、「原子力は CO_2 削減の手法としては認められないことになった」(p.46、下線、引用者)ことが紹介されている。政府や東電などは相変わらず、CO_2 排出が少ない発電と喧伝しているが、COPでの合意が意図的に無視されているのであろうか。例えば政府機関によって、「我が国の CO_2 排出量の削減に大きな役割を担っている原子力発電を引き続き基幹電源に位置付け、最大限に活用していくことが合理的である」(原子力長期計画[8])、「発電過程において CO_2 を排出しないことから、安定供給の確保や環境保全を図るため、今後とも原子力の導入を推進していく必要があります」(資源エネルギー庁パンフレット)などの見解が示されてきた。

イ)国は、原子力発電のコスト優位性を強調しているが、コストの積算基礎が示されていないなど情報公開が不十分であり、正しく評価できないのではないか」(p.50)。

2011年3月11日の大震災によってもたらされた福島第一原発事故とその後の事故収束の困難さや廃炉の見通しの困難さ、さらに言えば放射性物質に汚染された広範な地域における除染作業とその費用、使用済み核燃料の処理の困難さなどが、誰の目にも明らかになった。「安全神話」のもとに成り立っていたコスト優位性なども、実は「電力会社の技術上、営業上の秘密に属する情報であるとして、非開示となっており、このような不十分な情報をもって国民に原子力のコストについて納得させられるのか」(p.50)などの疑問が大きく横たわっている。

(④.2) 電力自由化の中で原子力発電をどのように位置づけていくのか。

「巨額の投資を要し、資本回収が長期間を要する原子力発電は成り立っていくのか。またコスト競争が進む中、安全性の確保や適正なバックエンド対策がなされるのか」（p.54）と問題提起している。またイギリスにおける自由化の実例として、1996年民営化によって設立されたブリティッシュ・エナジー社が、電力自由化の競争に勝てず、経営難に陥り、政府に支援要請を行うに至っていることを紹介している（p.54）。

（④.3）原子力発電所の高経年化対策は適切に進められているか。

「高経年化対策は、全て事業者の自主保安活動として実施されている。しかしながら、今回の『原子力発電所における自主点検作業記録に係る不正問題』では、定期安全レビューそのものの評価の信頼性が揺らいでしまっており、……高経年化対策として十分機能していないのではないか」（p.56）。

（④.4）高レベル放射性廃棄物処分の実現見通しはどうなのか。

2000年5月「特定放射性廃棄物の最終処分に関する法律」（最終処分法）が成立している。当時の政府は「再処理によって使用済燃料から分離される高レベル放射性廃棄物を30年から50年程度冷却のために貯蔵した後、地下300mより深い地層に処分する方針」を示していた（p.59）。しかし、国はこうした法的枠組みが成立する以前から、特定の自治体に対して高レベル放射性廃棄物の最終処分地にしないとの約束をしており、今後ともその実現には相当の困難が予想されるのではないか（p.58）。

⑤核燃料サイクルについて

検討会では「ウラン資源が安定的に供給されるのならば、ウラン資源の消費を節約するために実施される再処理は、現段階では必要不可欠なものと言えるのか」という問題提起をしている（p.60）。また、「1回の再処理の場合、高速増殖炉がなければ10％程度の節約にとどまるとの指摘がされている。この程度の節約で再処理を行うのは、……果たして妥当といえるか」（p.62）と指摘する。さらに「経済性に問題はないのか」、「プルトニウムバランスはとられているか」、「高速増殖炉の実現可能性はどうなのか」、「再処理は本当に高レベル放射性物質の量を大幅に削減できるのか」、「使用済MOX燃料の処理はどうするのか」など、核燃料サイクルに関わる問題点を具体的に指摘している。

⑥電源立地地域の将来について

「中間とりまとめ」における電源立地地域の将来についての提起は次の2点である。2011年3月11日の福島第一原発の事故に直面して、被災地の復興を考えるうえで最も基本的な問題提起ではないかと考えられる。

1)　発電所の立地は電源立地地域の将来にわたる振興に寄与できるのか

ここでは、水力発電所の集積する只見川流域町村の人口推移、高齢化率の推移、そして原発の立地する双葉郡5町の人口や生産年齢人口の推移、就業構造の変化、歳入構造の変化、公共施設整備状況などのデータを示しながら、次のような提起をしている。

「これまで発電所の立地は、地域振興に寄与してきた。しかし、発電所への依存度が高いモノカルチャー的な経済から自立することが求められているのではないか」(p.86)。

「立地5町（引用者注：広野町、楢葉町、富岡町、大熊町、双葉町）は、これまで、財政、経済及び雇用等の面で発電所の立地効果を享受してきた。しかし、発電所以外の産業の集積が進んでいないことや、発電所の運転年数の経過に伴い、電源三法交付金や固定資産税等が大きく減少していることなどから、将来にわたる地域の振興を図るためには、発電所に大きく依存する、いわば、モノカルチャー的な経済から自立することが求められているのではないか」(p.88)。

2)　廃炉を見据えた地域の将来を考える時期にあるのではないか。

ここでは表3-1のように福島県内の原子力発電所の廃炉時期を示しながら、以下のように指摘する。

「固定資産税や電源三法交付金など財政上の支援措置は……廃炉後はそのほとんどが失われるとともに、就業機会の喪失や購買力の低下など地域経済に大きな影響を与えることは必至である。エネルギー政策が国策であるならば、廃炉を見据えて、その後の自立的な地域への円滑な移行

表3－1 福島県内の原子力発電所の廃炉時期（想定）

発電所施設名	出力等	所在地	運転開始年月日	操作停止時期	廃止措置期間	創業停止後の残存出力数（認可出力）
福島第一原子力発電所	1号機 46.0万kW	大熊町	1971. 3.26	2011年頃	2041年頃	863.6万kW
	2号機 78.4万kW		1974. 7.18	2014年頃	2044年頃	785.2万kW
	3号機 78.4万kW		1976. 3.27	2016年頃	2046年頃	706.8万kW
	4号機 78.4万kW		1978.10.12	2018年頃	2048年頃	628.4万kW
	5号機 78.4万kW	双葉町	1978. 4.18	2018年頃	2048年頃	550.0万kW
	6号機 110.0万kW		1979.11.24	2019年頃	2049年頃	440.0万kW
福島第二原子力発電所	1号機 110.0万kW	楢葉町	1982. 4.20	2022年頃	2052年頃	330.0万kW
	2号機 110.0万kW		1984. 2. 3	2024年頃	2054年頃	220.0万kW
	3号機 110.0万kW	富岡町	1985. 6.21	2025年頃	2055年頃	110.0万kW
	4号機 110.0万kW		1987. 8.25	2027年頃	2057年頃	0.0万kW

出所：福島県エネルギー政策検討会「中間とりまとめ」2002年12月、p.97。

が図られるよう制度を整備すべきではないか」(p.96)。

4 「Ⅳ おわりに」

この「中間とりまとめ」2002の結論部分である。重要な論点をピックアップする。

「科学技術を真に人間社会を豊かにするものとするためには、科学技術を人間や社会に関連づけて考える視点を持つとともに、住民においても、自治体においても中央依存から脱却し、自ら情報を得る努力と自ら判断し、行動することが求められる」(p.100)。

「この基盤となるのは徹底した情報公開と意思決定過程の透明性の確保である」(p.100)。

2002年時点では、なお原発の立地を前提にしながらも、事故処理や将来の廃炉を見通していた。ここでの問題提起は、2011年3月11日、福島第一原発事故後の復興を考えるうえで、その前提となる原発そのものに対する考え方を示している。

まとめ

2011年8月にまとめた「福島県復興ビジョン」によって、福島県及び福島県議会は事故を起こした福島第一原発だけでなく福島第二原発を含むすべての原子炉10基を廃炉にすべきであるという方針を掲げ、県民の大きな世論によって東京電力も福島県内の原子力発電所の廃炉を決定した。「福島県復興ビジョン」策定の際に、筆者にとってはここに紹介した「中間とりまとめ」は大きな判断材料になっていた。そして、その「主要な論点と疑問点」のうち、とくに「⑥電源立地地域の将来について」は、福島第一原発災害からの復興を考える際に根本的な問題提起として受け止めてきた。

まず、福島県が建設型仮設住宅の供給を計画する際に、筆者が提案したのは地域の大工工務店と資源を使い、被災した地域の大工や技能者を積極的にその工事に関わってもらうことだった。それは私が福島県の住宅政策に関わりながら、新しい「住生活基本法」によって、従来の住宅建設計画から住生活基本計画の策定に切り替わった2007年に、県の住宅政策検討会において「地域循環型住まいづくり」が重要な課題として位置づけられたのだった。その結果として、福島県では地域の工務店やその共同体に木造仮設住宅を発注することをめざしたのであった。その経過については第4章で詳しく紹介したい。

また、住宅建設は、経済学の素人ながら産業連関が大きい分野であることを教えてもらっていたので、福島県の復興に向けて、地域産業をどう復興していくべきかという課題に拡大して考察してきた。その点は、本書を書き上げる前に別の機会に公表しているので、そちらを紹介し、ご参考にしていただければと思う[9)]。

注

1　福島県復興ビジョン検討委員会委員発言要旨（2011年5月13日）https://www.pref.fukushima.lg.jp/download/1/sougoukeikaku_230513_4.pdf

2 「福島県復興ビジョンへの提言」(2011年7月8日)。https://www.pref.fukushima.lg.jp/download/1/sougoukeikaku_fukkouvisionteigen.pdf

3 2011年9月、再度、クラウス・テプファー氏に会うために、彼が所長を務めるIASS（Institute of Advanced Sustainability Studies）を訪ねた。そこでは彼だけではなく、チェルノブイリ原発事故以後、ドイツで進められてきた放射線防護に関する専門家たちも交えたフォーラムが用意されていた。そして、そのフォーラムで、その後、日本でもお会いするミランダ・シュラーズ氏とも面識を得た。さらに言えば、このフォーラムがきっかけとなって、地球環境戦略研究機関（IGES）において、FAIRDOプロジェクトを立ち上げることになった。この経過などについては、第8章で改めて触れたい。

4 吉田文和「原発と倫理　ドイツ脱原発倫理委員会報告の意義」(論座、2013年7月24日)。また、同倫理委員会報告は下記のように監訳されている。ミランダ・シュラーズ、吉田文和監訳（2013）『ドイツ脱原発倫理委員会報告』大月書店2013年7月。

さらにシュラーズ、吉田両氏の以下のような編著も紹介しておこう。

Miranda Schreurs, Yoshikazu Yoshida edit. (2013) "*FUKUSHIMA — A Political Economic Analysis of a Nuclear Disaster*", Hokkaido University Press, 2013.3.

5 福島県エネルギー政策検討会は、ここで取り上げる「中間とりまとめ」を発表して以降も継続されてきた。県庁のホームページには2010年2月10日開催された第39回検討会の議事録までが掲載されている。因みに第39回検討会の議題と配布された資料は以下の通りである。しかし、最終報告書が発刊されたということはまだ聞いていない。

〈議題〉1. 原子力発電の位置付けと核燃料サイクルについて
2. 国の安全規制体制と事業者の取り組みについて
3. 東京電力（株）福島第一原子力発電所3号機の耐震安全性、高経年化対策及びMOX燃料の現状について

〈資料〉1.「『中間とりまとめ』における「原子力発電所の位置付けについて」及び「核燃料サイクルについて」」に係る現状等の検証結果
2.「今後の原子力発電所における安全確保の取り組みについて」(平成17年6月）における指摘事項等に係る現状の確認結果
3.「既設原子力発電所の耐震安全性評価（バックチェック）について」、「原子力発電所の高経年化対策について」、「福島第1原子力発電所3号機のMOX燃料の現状について」

〈参考資料〉エネルギー政策検討会再開後（H21.7.6）に県民等から寄せられたエネルギー政策に関する意見等

6 筆者は2005年頃までにはこの「中間とりまとめ」を入手している。その後2011

年5月13日～同年7月2日まで6回にわたり開催された「福島県復興ビジョン検討委員会」に参加した時には、この「中間とりまとめ」の内容を思い出しながら議論に加わった。

7　欧州ではチェルノブイリ原発事故後、2010年にNERIS（原子力災害への緊急対応に関する欧州プラットフォーム）が設立され、研究機関・大学・NGOなど25か国、54の地域組織などが参画して現在なお活動を続けている。また福島原発事故後にNTW（原子力施策透明度ウォッチ）というNGOが欧州議会の超党派議員の協力を得て設立されている。15か国の市民団体が参加しており、欧州でも原子力施策の透明性に関する関心は高い。

8　1956年に初めて策定され、その後、5年程度ごとに見直しがされてきた。

9　鈴木浩「原発被災地の目指すべき地域再生の方向」（川崎興太編『福島復興10年間の検証』丸善出版）2021年1月。

第4章

原発災害

—避難所から応急仮設住宅・町外コミュニティそして復興公営住宅—

はじめに

—「災害救助法」による避難所、応急仮設住宅—

東日本大震災は地震・津波そして原発事故と複合的で深刻な災害をもたらした。なによりも、被災者は、わが国の災害史上において、これまでに類を見ない過酷な避難生活を強いられている。そして原発事故被災地の復旧復興や被害者の生活・生業再建などの過程は、わが国が総力を挙げて取り組まなければならない課題になっている。しかも、近年の地球規模での気候変動や地殻変動によって頻繁に発生する、大規模かつ複合的な災害における緊急時の住まいの確保は極めて重要である。

大規模災害時に緊急避難するための避難所や仮設住宅などは「災害救助法」（1947年10月）における「救助」として掲げられている。下に述べるように、「応急仮設住宅」については一定の基準が示されているが、避難所についての具体的な基準は示されてこなかった。体育館やコミュニティセンターなど、大規模な集会施設が利用されることが多く、実際に避難所として利用される場合には、雑魚寝であったり、簡単な食事や飲料の提供などの光景を目にする。そこではプライバシーや室内環境・衛生環境などが劣悪な状況のために、関連死などを含む二次災害すら発生する危険性が指摘されてきた。東日本大震災における各地の悲惨な避難所の状況を経験して、「避難所・避難生活学会」が発足したのだった[1)]。

応急仮設住宅は、被災地に対して都道府県が供与することになっている。その費用は原則として都道府県負担であるが、都道府県の財政力に応じて国が負担することになる。使用期間は原則2年以内。規格は19.8m²

(6坪)、29.7m²（9坪)、39.6m²（12坪）であるが、標準規格として29.7m²のものが最も多く活用されている。法定限度額は2004年現在のものが示されていて243万3000円（災害救助法施行令9条1項）であるが、実勢額を反映していないので、国交省との協議により決定されている。その結果、ほとんどが国庫負担になっている。

以上の説明は、新規に建設する建設型応急仮設住宅についてである。東日本大震災・福島原発災害における応急仮設住宅は建設型のそれだけでは間に合わなかった。それが明確になった段階で、国も民間賃貸住宅の活用を考えた。以前の大規模災害でも民間賃貸住宅や公共住宅などの活用の経験はあったが、今次の大災害における民間賃貸住宅の活用は建設型応急仮設住宅戸数を大きく上回った。この民間賃貸住宅ストックの活用は、今後、大都市型の災害が予想される中で、一層重要な役割を果たすであろう。この既存ストック活用型の応急仮設住宅についても今回の教訓として触れていきたい。

福島原発災害は、応急仮設住宅をどう確保するかという前に、原子炉建屋の爆発事故による放射性物質の飛散という事故後の緊急避難とその避難場所の確保が大きな課題になった。しかも多くの避難所は被災者の住んでいた自治体内では確保が難しく、自治体が他の自治体に依頼して避難所を確保し、そこに避難することになった。放射能汚染を恐れて被災地の人々は、個人個人の避難行動も多く、全国にばらばらの避難になったのだった。そのことによって、次に計画される仮設住宅の立地や供給・管理体制にも深刻な課題をもたらした。

長期間の復旧復興過程が予想される中で、福島県は災害救助法に基づく1万6000戸の応急仮設住宅の一部を、居住性能の向上、地元や被災者の雇用、地元資源の活用などを目指して、木造仮設住宅の建設を進めてきた。これまでの経過と今後の課題について検討しておきたい。

第1節　福島県における3.11への初動期対応の特質

福島県において被災後の仮設住宅や復興公営住宅を確保するうえで、

地震・津波と福島第一原発事故による複合災害であったことが大きな影響を及ぼした。

地震・津波などからの避難は、いわば即物的に、過去の経験や教訓の蓄積などによって個人がそれぞれの知見や経験に基づく判断で“てんでんこ”の避難などもあり得る。しかし、原発災害、つまり放射性物質の飛散は気象条件に左右されるうえに目に見えないことなどから、原発事故の状況や放射性物質の飛散状況などに対する正確かつ迅速な情報発信を被災者に届けることがまず求められたが、政府や東電の不十分な対応が被災者の避難にさまざまな混乱や困難をもたらした。

地震・津波（特に津波）直後から、行方不明になった被災者の捜索や救出に携わっていた人々は、被災者の救出を求める声を聴きながら、原発事故からの避難指示によって避難せざるを得なかった。浪江町の消防団などがその“無念さ”を伝えている。浪江町は当初の避難指示によって20km圏を超える町内の津島地区に避難・一時滞在したもののメルトダウンによって、さらに町外に避難することになった。しかも大半の人々は放射線量の高い北西の方向に避難した。浪江町の中心市街地から避難する場合、南方向の国道6号線は第一原発の方向、北方向も同じく国道6号線は津波被害を受けたエリアが広がっている。したがって北西方向の国道114号線だけが主要な避難経路になったために異常な渋滞を引き起こすことになった。飯舘村は当初、南相馬市や相馬市からの津波被災者の受け入れをしながら、後になって放射性プルーム（雲）の広がりによって、村民自らも避難を強いられたのだった。避難経路については、さまざまな複合災害が想定される中で、二方向避難の原則が丁寧に考慮されるべきであろう。

原発災害は広域避難を強いられ、当該自治体管内だけでは避難所が確保できず、独自の判断（町村執行部の個人的なつてを含めて）で、広域的な自治体への避難受け入れの要請をせざるを得なかった。双葉町は埼玉県に役場とともに集団で避難した。その他にも自治体役場を含めて避難したのは浪江町、大熊町、葛尾村、富岡町、楢葉町、飯舘村、川内村、広野町などだった。

避難のための情報が不十分な中で、被災地の多くの住民はそれぞれの判断で、身寄りや友人を頼り、場合によっては宿泊施設などに、全国的な広がりの避難を強いられた。

福島第一原発事故後、原発立地地域の地域防災計画は半径 30km 圏に含まれる自治体で策定されることになった。それらの地域防災計画では避難計画などの連携が求められるだけでなく、都道府県レベルでのより広域的な避難計画の策定とその連携が必要である。

避難所として予定される施設などでは、季節に応じた室温調整機能の確保、家族単位でのプライバシーの確保、避難時の食事、入浴、トイレ、着替え空間などの確保をあらかじめ想定しておく必要がある。大都市では教育施設、体育館、集会施設などの公共施設だけでなく、民間の事務所や半公共的な施設の緊急時の利用を平時から一定の協定などによって充実させていくことが必要であろう。その際に、何よりも大切なのは、緊急時のそのような利用について速やかに情報が提供されるシステムの充実である。

第２節　福島県における応急仮設住宅の供給

2011 年 3 月 20 日、福島県庁の応急仮設住宅を担当する部局を訪ねたときには、すでにプレハブ建築協会（以下、プレ協）の応急仮設住宅の配置計画図面が提出されていた。仮設住宅用地として県の側から提示していた公共用地におけるプレ協からの提案であった。この図面を拝見したときに、真っ先に阪神淡路大震災のときの応急仮設住宅の姿が思い浮かんだ。引きこもりや孤独死などの二次災害が指摘された、その応急仮設住宅の再現ではないかと直感的に思った。100 戸、200 戸の仮設住宅を詰めるだけ詰めてある。そこには集会所やコミュニティセンターなどの共同施設もなければ、コンビニなども配置されていない。

「福島県復興ビジョン」では、7 つの主要施策の第 1 番目に「緊急的対応―応急的復旧・生活再建支援・市町村の復興支援―」を掲げた。つまり、東日本大震災そして福島第一原発事故からの復旧・復興は長期間要することが予想されたので、避難生活やその間の雇用や生業への支援、市町村への支援などが大きな課題であることを位置づけたのであった。膨大な戸数の応急仮設住宅の建設も、このような被災地や被災者の生活再建や地域産業・雇用の復興に結びつけることを考えるべきであると提案した。

しかし、この応急仮設住宅建設導入の入り口で、大手住宅メーカーなどが主導するプレ協に一括して発注するのはなぜだろうかと考えてしまった。もちろん、緊急的な応急的仮設住宅の供給には、資材のストックや人手間の速やかな確保などが前提となっていて、それに応えうるのは大手住宅メーカーなどが妥当であろうという判断は一方で成り立つ。しかし、それ以上に重要なのは、深刻な被害を受けている被災地や被災者に寄り添うための応急仮設住宅の建設であり、居住性の向上とともに地域における供給の仕組みを活用すべきであると考えてきた。

県の担当者との議論の過程で、筆者がその時まで認識できていなかった事柄、ある意味では“ハードル”が存在していることが判明した。福島県とプレ協が1996年に取り交わした「災害時における応急仮設住宅の建設に関する協定」の存在である。因みにこの協定は、全国47都道府県で結ばれているとのことであった。プレ協が災害時の応急仮設住宅の建設について独占的に受注する仕組みができ上がっていたのである。

さて、福島県の場合、結果的にはプレ協から1万戸の供給が限界であるとの判断が示され、残りの戸数について県として独自の供給方法を展開することになり、ここで紹介する木造仮設住宅の本格的な供給に取り組むことになった[2)]。

当初、上記の経過などによりプレ協への発注を準備していたが、東日本大震災・福島原発災害における膨大な仮設住宅需要に対応しきれず、プレ協の供給可能戸数を上回る6800戸余りを地元の建設事業者に発注した(うち6300戸余りが木造)。

阪神淡路大震災時における応急仮設住宅の問題点や課題などが指摘されてきた。応急的な仮設住宅であっても、その性能や居住水準、集まって住むコミュニティとしての配慮などに取り組むべきである。

福島県では住宅マスタープラン、住生活基本計画などの策定過程を通して「地域循環型住まいづくり」が住宅政策の基本として位置づけられてきた。つまり、住まいづくりを地域の人材によって、建材・資材などを活用し、地域経済にも寄与することをめざしてきたのだった。

建設型応急仮設住宅の建設予定地を確保する課題や、被災直後から被災者が民間賃貸住宅などに避難していたり、その要望が強いことなどから、借り上げ型仮設住宅の供給を本格的に取り組んだのも大きな特質であった（福島県では借り上げ型が2万4220戸余り、全仮設住宅の6割を占めていて、岩手県22%、宮城県52%と比べても高い比率になっている）。借り上げ型仮設住宅も、災害救助法による「現物支給」の原則によって、県が家主から借り上げ、その後に被災者に供与するという方法を一般的な方法としていたが、被災者が緊急時に対応して自ら民間借家を確保するケースが大半を占めたことや、会計検査院の現物支給の非合理性に基づく勧告などから、「現物支給」のルールは崩れていった。

災害救助法による「救助」の一つとして「収容施設（応急仮設住宅を含む）の供与」が位置づけられてきた。それはあくまでも緊急避難施設として、住まいとしての居住性を確保するものではなかった。その問題性に挑戦したのも木造仮設住宅の取り組みであった。寒冷地における仮設住宅であったにもかかわらず、断熱性や遮音性などの問題が顕著であったプレハブ住宅に比べて木造仮設の居住性に対する入居者の評価も高かった。しかし、当初は供与期間2年のために建設型仮設は木杭による基礎であったり、居住期間が長期間になるにしたがって、さまざまな問題が露呈してきた。こうした実態を抱えながら、原発災害による広域かつ各地に分散的に避難した人々のための仮設住宅は、一定期間を経て、空き家などを活用した転居だけでなく、被災者の故郷に近い応急仮設住宅の移築などを契機に、コンクリート基礎を採用する事例も出てきた。これらの模索が熊本地震（2016年）後の仮設住宅におけるコンクリート基礎の木造仮設を本格的に採用するきっかけになった。

また一定戸数以上の応急仮設住宅団地では集会施設も配置され、この施設の建設においても公募型で地元事業者による木造施設として整備されてきた。

集会施設での居住者の自主的な活動をはじめ、さまざまなボランティア組織などによる支援活動が重要である。そういう活動がさまざまに取り組まれていても、孤立化してしまうお年寄りなどが多数存在していた。原発災害による被災者であることの特殊性もあるが、故郷での家庭生活の延長線上に位置づけられるような隣近所の付き合い方や畑仕事など、さらには生活再建やふるさと復興の主体者として関われる場が極度に限定されていた。それらの場づくりが極めて重要である。

福島県では木造仮設住宅の再利用も課題になった。その工法や供給方法などのシステムを含めて、災害後の仮設住宅のあり方を一定の技術基準として定着させていくことも考えられる。その際に、わが国の仮設住宅の居住水準、とくに面積基準が狭小であることが指摘されており、その点の改善が早急に求められている。

福島県における応急仮設住宅供給計画戸数は最終的には1万6800戸、そのうちの6800戸については県内事業者に広く公募をかけ、書類審査などを通して、独自に発注する仕組みを採用することになった。2011年3月下旬からの公募に際して、応急仮設住宅の標準仕様や事業者資格などについての要件とともに、公募条件の一部に、次のような条件を付している。

・下請工事については、県内企業の活用に十分配慮すること（二次以下の下請も含む）。
・工事の作業員等については、震災被災者の雇用に十分配慮すること。
・供給住宅の建設にあたり県産材の活用について十分配慮すること。

仮設住宅の必要戸数の見直しによって2回の公募になったが、それぞれの内容は以下の通りである。

①第1回公募　4000戸（標準単価600万円/29.7m²）

4月11日〜4月18日の募集期間に応募したのは27事業者であり、それぞれが提案した供給可能戸数の総数は1万6226戸になった。

4月21日の審査会では、書類と提案図面に基づく審査によって12事業者を選定した（それぞれの事業者の発注戸数はトータルで4000戸に納まるように調整した。木造仮設を基本とするように公募をかけたが、鉄

表4－1　仮設住宅の建設コスト（単位：円、2012年2月現在）

	全　体	木　造	木造以外
戸数（戸）	15,789	6,956	8,833
戸当たり単価（本体）	4,063,772	4,511,514	3,711,174
戸当たり単価（追加工事）	364,607	172,590	515,820
戸当たり単価（浄化槽）	121,929	127,358	117,653
戸当たり単価（外構）	1,099,081	806,986	1,329,106
戸当たり単価（集会所）	87,561	131,528	52,937
合　計	5,736,950	5,749,976	5,726,690

注1：基本的には、浄化槽の有無や造成の有無など、敷地条件で建設費は異なってくるので本体の構造毎の単価の比較をするのは不適切である。
　2：6坪、9坪、12坪などの色々なパターンがあるが、上記はすべて合算して建設戸数で除している。
　3：この時点以降にも追加工事が継続しているため、確定値ではなかった。
出所：福島県の資料による。

骨やプレハブ工法を一部採択せざるを得なかった）。

②第2回公募（追加）　1000戸（標準単価560万円/29.7m²、最終的には2000戸に拡大、募集期間7月12日～7月19日）

③地域高齢者サポート拠点建設事業候補者の公募

応急仮設住宅の建設が始まる中で、厚労省の事業として「地域高齢者サポート拠点建設事業」が展開されることになった。200戸程度の応急仮設住宅団地を対象に、福島県内では10数か所設置という計画であった。実は、この福島県の所管は高齢福祉課であるが、応急仮設住宅の担当部局との連携のもとに、このプロジェクトについても県内事業者に対して公募することになった。

2011年5月30日～6月10日までの募集期間に36事業者が応募、6月22日の審査では8事業者を選定した。したがって、選定された事業者の中には、応急仮設住宅の建設とともに、この高齢者サポート拠点も2か所の建設を受託した事業者も含まれている。

因みに木造仮設住宅とプレハブ仮設住宅（木造以外）の建設コストの比較は表4－1の通りになっている。

第3節　木造応急仮設住宅の可能性
―今後の課題―

福島県内の仮設住宅の実態調査と今後の展開方向を探るために、2011年10月25日に「仮設住宅等生活環境改善研究会」を発足させた。県の仮設住宅担当部局と福島大学災害復興研究所とを事務局として、木造住宅・居住環境・室内環境に関する研究者・専門家、林業に関する専門家、社会福祉の専門家などを構成メンバーにしていた。そこでは次のような実証調査と今後の展開方向に関する調査研究を実施した[3)]。

①仮設住宅の居住性能調査

②仮設住宅団地のコミュニティ・高齢者などのサポート

③仮設住宅等の今後の展開方向についての研究

繰り返し指摘してきたように、今回の災害は復旧・復興に長期間を要する。しかも原発災害は、ふるさとから遠く離れたところで、しかも建設型仮設住宅や借上げ仮設、さらには自主避難や県外避難などの避難生活を強いられている。またいくつかの自治体自体も避難し仮設役場での業務を行ってきた。

したがって、木造仮設住宅を中心に、その再利活用計画（災害公営住宅への転用、自力建設用の払い下げなどをも視野に入れて）を検討していった。もちろん、長期間の避難生活をも考慮した漸進的コミュニティの再生に取り組まなければならないが、借上げ居住や自主避難などの被災者の意向も踏まえて立地場所や再建設戸数、そこに求められる諸機能や施設なども考慮しなければならない。

しかも仮設住宅の移設をともなう漸進的コミュニティ再生計画は、現在の仮設住宅居住が双葉郡8町村をはじめ、複数の自治体の住民が複合している仮設団地もあるために、市町村をまたぐ広域的な協働・協議の場を構築していくことや受入れ自治体との協議の場も必要である。

過酷で長期間を要する復旧・復興に向けて、木造仮設住宅は新たな展開を迫られていたし、そのことは木造だからこそ可能であると考えてきた。地域に根ざした持続的な供給システムの発展にも結びつけていくことが今後とも課題になっていくであろう。

「仮設住宅」に関する当時の訪問記を以下に示しておく。

仮設住宅めぐり（2012年1月5日）

飯野町にある飯舘村仮設住宅の「管理人」さんに、お話を聞いた。飯舘村が独自に臨時職員として採用している管理人制度によるもの。親身になって相談に当たっている姿は、やはり居住者にとっては大きな救いになっているようだ。しかし、長い間、村づくりの基礎になっていた「行政区」単位にコミュニティが再生されることができればと話されていたことが印象的だった。

桑折町にある浪江町仮設住宅では仮設住宅団地ごとに組織されている自治会長さんにお会いした。それぞれに，時間の経過とともに一定期間戻れないことを覚悟し始めているようにも見受けられた。しかし、やはり現在の仮設住宅生活には限界があるという。できれば従来の地元のコミュニティ単位ごとに再集結して一年に何度かの町や村全体としての行事をやることなどの要望が少しずつイメージとしても示されるようになってきていた。この仮設住宅ではご高齢のＳさんともお話できた。彼女は長い間、語り部活動などを積極的にやってこられた方で，今回の災害後に自費出版で『恐ろしい放射能の空の下』という本を出されている。この本の結びの部分の次のような渾身の記述が胸を打つ。「大震災以後、『がんばれ福島・がんばれ東北』と書かれているのを見ることが多い。しかし、私はどのように頑張ればいいのか、これ以上何を頑張るのか、分からない。教えてください、どうしたらいいのですか」。今でも自分で車を運転して出かけたりしているとのこと。話を頼まれたらどこにでも出て行きたいと元気に話しておられたのが印象的だった。

※その後、2012年5月に再びＳさんをお訪ねした時に、彼女は浪江町昼曽根の2階建ての自宅の模型を見せてくれた。段ボールや割りばしなどでつくったものであるが、長い間過ごしてきた住まいを

もう一度胸に刻み込みたいという思いだったのかもしれない。彼女はまもなく病院に入院して帰らぬ人になってしまった。

仮設住宅などの過酷な避難生活を強いられている人たちの生活再建や生業再開も待ったなしであった。これらについての住民の覚悟も時間の経過とともに徐々に見えてきているように感じていた。これが仮設住宅訪問とヒアリングを通しての実感であった。そして、今後の対応として国や県との関係で難しいのだが、仮設住宅の移転や復興公営住宅、そして生活関連機能などの再集積を図った避難コミュニティの構築を図っていく必要があるのではないかと強く考えるようになった。それらを受け入れる自治体との協議も必要だし、双葉郡や飯舘村などの何らかの連携（仮設住宅の相互の住み替えなど）も必要になるはずである。仮設住宅を木造にし、買取り方式を導入したのはこのような目論見もあったからでもある。これらの方向性をどう合意形成していくのか。仮設住宅居住者や借上げ仮設に住んでいる人たちの意見を丁寧に集約していくことが前提である。そしてどこに立地するかは、放射線量のより精緻なマップを政府に作成させ、住民自身がそれを頼りにどの範囲に避難者のコミュニティが可能かを判断できるようにすることが前提であろう（これは浪江町馬場有町長が政府に要求したことでもあった）。

第4節　民間借上げ住宅

表4－2は、福島県において仮設住宅として提供された戸数を示している。3時点だけを抜き出しているが、県のデータによると建設型仮設住宅の管理戸数は2013年3月に最多戸数1万6800戸に達しており、入居戸数は2013年4月に1万4590戸とピークに達している。表における「借上げ仮設住宅（一般）」は、災害救助法の「現物支給」の原則に従って、県が民間賃貸住宅の賃貸借契約を結び、被災者に対して仮設住宅として供与するものである。

しかし、膨大な津波被災者、原発災害被災者の発生によって、あらか

表4－2　福島県における応急仮設住宅・借上げ住宅・公営住宅の入居戸数

	2011.9.29		2015.9.30	2019.9.30
	地震・津波による被災者	原発事故による避難者		
建設型仮設住宅	4,074	6,908	10,491	108
借上げ仮設住宅（一般）	906	1,025	621	58
借上げ仮設住宅（特例）	6,941	13,280	15,130	1,895
公営住宅（入居戸数）	255	132	249	11

注1：2014年以降、「地震・津波による被災者」と「原発事故による避難者」の区分をしていない。
注2：いわゆる「自主避難」は含まれていない。
出所：福島県ウェブサイト［応急仮設住宅・借上げ住宅・公営住宅の進捗状況（東日本大震災）］より筆者作成。

じめ県が民間賃貸住宅の家主と賃貸契約を結ぶ事務手続きが被災者の緊急を要する仮設住宅の確保に間に合わず、特例的に被災者が民間賃貸住宅と契約し入居した場合も借上げ仮設住宅とみなしたのだった。つまり、「借上げ仮設住宅（特例）」は、自らが県内の民間賃貸住宅に入居した避難住民の賃貸借契約を県との契約に切り替え、県借上げ住宅とする特例措置による借上げ仮設住宅である。福島県によると2011年5月30日からほぼ毎月、入居状況の推移をサイトに掲載している。それによると、先に示した建設型仮設住宅の入居戸数のピークが2013年4月であるのに対して、「借上げ仮設住宅（一般）」のピークは災害直後の2011年6月で2267戸に対して、「借上げ仮設住宅（特例）」は2012年4月に2万3971戸を記録している。その後、2018年から2019年にかけて、仮設住宅全体の供与戸数は1万戸を下回り、2019年9月には**表4－2**にみるように合わせて2072戸まで減少した。

いずれにせよ、今回の東日本大震災、福島第一原発災害では、民間賃貸住宅のストックを「借上げ（みなし）仮設住宅」として運用しなければ、被災者に仮設住宅を行き渡らせることはできなかった。

今後、発生することが予想される都市型災害後の応急仮設住宅の供給は、建設型仮設住宅の用地の確保が困難であると考えられることなどから、民間賃貸住宅などの利用可能な空き家ストックを活用することが否応なしに迫られるに違いない。今次の借上げ（みなし）仮設住宅の実態を検証し、民間賃貸住宅などのストックを活用する場合に、耐震性や居住性能などの一定の目安を設ける必要があるのではないかと思われる。今次の災害対応では、「借上げ仮設住宅（一般）」と「借上げ仮設住宅（特例）」との間に、さまざまな問題点が生じた。つまり、行政が事前に賃貸住宅の契約をする際には、民間賃貸住宅の質についての一定の基準（耐震性・耐久性、面積、設備など）に基づいて契約の可否を判断していた。しかし、「借上げ仮設住宅（特例）」では、耐震性や面積、設備などについての基準が反映されていない可能性が大きかった。そのような契約手続きも「借上げ仮設住宅（特例）」として追認することとなった。さらに被災者、家主、仲介業者との間にさまざまなトラブルが発生したりしていた[4)]。今回の「借上げ（みなし）仮設住宅」とくに「借上げ仮設住宅（特例）」の教訓を活かして、民間賃貸住宅ストックを災害時などの社会資産としての役割を果たすために、その質の水準を高め確保する仕組みが求められていると言えよう。さらに言えば、災害時か否かに関わらず、住宅セーフティネット法が整備された背景には、わが国には幅広い居住貧困が横たわっている。民間賃貸ストックを幅広く社会的資産として活用するために、長年議論されてきている「家賃補助」制度の実現が待たれるところである。今次の「借上げ（みなし）仮設住宅」は、言ってみれば災害時の家賃補助制度である。

第5節　長期化する避難生活と暮らし・地域の再生に向けて
—町外コミュニティ（「仮の町」）の形成—

ここでは、避難生活が長期化する中で、役場機能の避難と避難者の仮設住宅などの分布を結び付けて、町（村）外の避難先でのふるさとの絆や行政との連携のために取り組んできた「町外コミュニティ（町外拠点）」の経験を記しておきたい。筆者が直接関わってきた浪江町の復興ビジョン検討委員会で提起された「町外コミュニティ」と双葉町における「町外拠点」の議論の経過とその内容を中心に触れることにする。

1　大震災と原発事故
―復旧・復興初動期における緊急対応の重要性―

①復旧・復興の長期化

東日本大震災は、極めて広域的かつ複合的な地震・津波の被害をもたらしただけでなく、福島第一原発事故がもたらした放射性物質の拡散によって、2021年3月、10年を経た今日においてもなお福島県の被災者を中心に多くの人々が過酷な避難生活を強いられている。とりわけ、高濃度の放射線量に汚染されている「帰還困難区域」では、除染の困難さによって、復旧・復興過程の見通しすら立っていない。

福島県復興ビジョン（2011年8月11日策定）では7つの主要施策の第1番目に「緊急的対応　応急的復旧・生活再建支援・市町村の復興支援」を掲げた。困難を極める被災地への帰還、被災者や被災事業者の過酷な避難先での緊急対応、被災自治体の困難な行政運営、などに対する特別な支援が必要になっていると考えたからであった。

②避難生活における「生活の質」（Quality of Life）の確保

避難所から応急仮設住宅へ、あるいは放射能汚染の恐怖によって、人々は全国津々浦々までの避難を強いられている。双葉町役場と住民はなお、ふるさとに戻ることができず、役場はいわき市の仮役場で町民への行政サービスとふるさとの復興に取り組んでいる。2021年3月現在では、常磐線双葉駅が利用できるようになり、駅に隣接する双葉町の公共施設を町の出先機関として活用するようになっている。今次の災害救助法による応急仮設住宅はその直接供給だけでなく、既存の民間賃貸住宅もその対象として認められ、家賃補助が受けられることとなった。そのために、少しでも利便性の高い、市街地の民間賃貸住宅へのみなし仮設住宅としての入居が直接供給された応急仮設住宅を大きく上回ることになった。避難所におけるプライバシーや生活物資の支援、仮設住宅における居住性の問題や高齢者などの引きこもり、さらにはコミュニティとしての諸機能の欠如などにおいて、多くの教訓と今後の課題を突きつけている。

これらの避難生活におけるさまざまな生活支援と「生活の質」の確保は、その後の復旧・復興過程に向けた持続的な復興のエネルギーの蓄積になっているかどうかの分岐点になっているといっても過言ではない。生活の基盤であるコミュニティと住まいの質確保と生業の再建や雇用の確保がとくに重要であることを改めて指摘しておきたい。

2　放射能汚染の実情と収束・除染計画の見通し

2011年12月18日、政府は福島第一原発による放射線汚染について、1年間の蓄積線量予測マップを提示し、それまで指定してきた「警戒区域」、「計画的避難区域」などに替えて、「帰還困難区域」（50mSv/年～）、「居住制限区域」（20～50mSv/年）、「避難指示解除準備区域」（～20mSv/年）の3区分の指定にすることを現地自治体に申し入れた。

原発立地町の双葉町、大熊町はもちろん、浪江町も高放射線量の区域が多く、ほとんどが「帰還困難区域」、「居住制限区域」に含まれた。これらの政府の申し入れは、浪江町復興検討委員会において町の「復興ビジョン」が検討されている途上であった。「いつ戻れるのか」、「もう戻れないのではないか」、「ふるさとの復興だけでいいのか、避難している住民の生活支援も位置づけるべきではないか」などの意見が交わされていたが、この蓄積放射線量マップは、多くの人々にある種の「決意」、「観念」をもたらしたのではないかと感じた。そうであれば、なおさらのこと、明確な指示もなく散り散りに避難し、県内約30か所に及ぶ応急仮設住宅団地にばらばらに避難することになった（さらにもっと多くの借上げ仮設や個別避難の人たちがいる）浪江町の人々にとって、避難生活がそのまま長期に及ぶことは耐え切れないほどの苦難の道であるに違いなかった。

3　避難生活（仮設・借上げ・県外避難など）の実情と町外コミュニティ計画

仮設住宅は5年も10年も想定されているものではない。まして、浪江町などでは、従前の地域コミュニティなどが仮設住宅への入居には反映されていない（図4−1参照）。浪江町の住民はとくに県内の広範な仮設住宅や借り上げ住宅に分散して避難していた。一方で、高濃度の放射線量が確実視される地域には戻ることもできない。

原発災害による厳しい状況が続く中で、福島県では仮設住宅供給について新たな方向を打ち出すことになる。つまり、居住性の向上、地域循環型住まいづくりの考え方に基づく仮設住宅供給、地元大工・工務店そして職人などの仕事確保などを目指して、木造仮設住宅を地元に発注する仕組みに取り組むことになった。しかし、プレハブであれ木造であれ、仮設住宅の供給においてコミュニティ形成の観点は十分ではなかった。

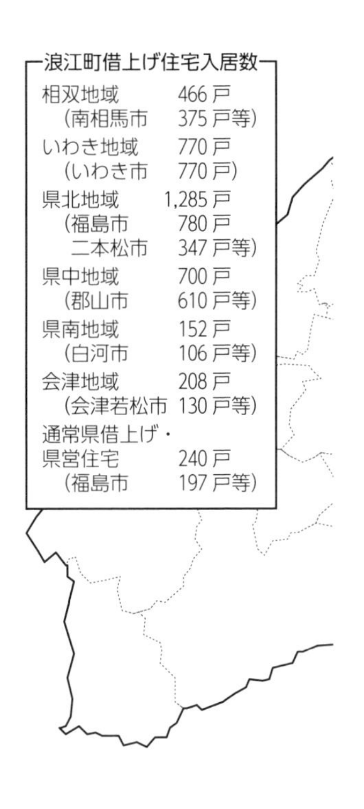

出所：浪江町作成の地図をもとに筆者加工。

筆者は災害発生後１か月を経た４月上旬段階で、仮設住宅の二段階方式を提起していた。つまり、各地にばらばらに供給されている仮設住宅を、放射能の除染などの動向を踏まえて、すぐにはふるさとへの帰還は難しいかもしれないが、もう一段階、従前の地域コミュニティ単位に仮設住宅団地（その際には長期間暮らせる災害公営住も組み合わせる必要性もでてくるかもしれないが）を再編移設するという考え方である。実は、仮設住宅の供給が始まる前に、ばらばらに広域避難を強いられている被災者には、避難生活を市町村単位に近づけようという取り組みが福島県によって進められた。福島県内のホテル・旅館などの宿泊施設を借上げ、市町村毎の入居に近づけるような工夫していた。しかし、緊急避難的な対応で、その後の仮設住宅団地の入居などにどれほど効果を上げたかという検証はできていない。

蓄積放射線量マップが示され、長期にわたる帰宅困難な状況を受け入

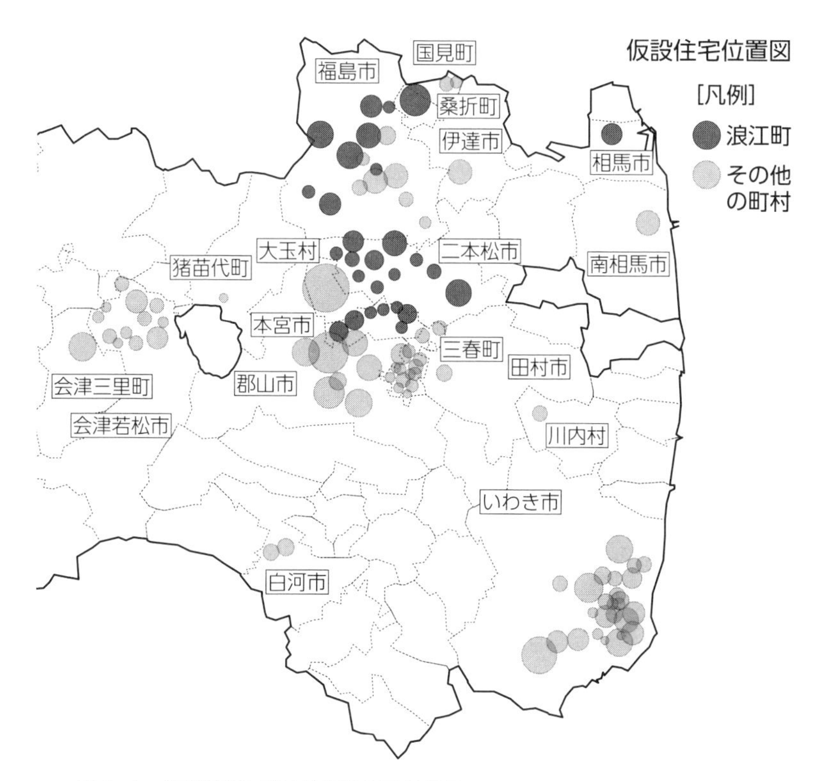

図４－１　福島県内における仮設住宅の分布

れざるを得ないとなれば、いよいよこの避難生活の改善を考えなければならない。ふるさとへの帰還という観点からは、なおさら「本設」住宅というわけにはいかないが、以下のような課題として対応が迫られることになっていた。

・仮設住宅の居住性能の向上（特にプレハブ仮設は木造仮設への建て替えもありうるのではないか）。
・仮設住宅の移設や改善など二段階利用（その中には、２戸を１戸に改修して災害公営住宅に転用したり、払い下げなどのオプションも考えられる）。
・全国に避難している人たちの意向（帰還や町外コミュニティなどへの

希望）を把握しながら、一方で借上げ賃貸の継続性やそれぞれの生活拠点での居住や雇用などに対する支援をどうするか。

・従前のコミュニティを継続できるような町外コミュニティへの移行、購買・医療福祉・教育文化・行政サービスなどの生活利便性の向上をどう実現するか。

・受け入れ自治体における行政サービスやコミュニティとの協調をどう実現するか。

などであった。

4　暫定的な目標としての「町外コミュニティ」

浪江町の復興検討委員会では、放射線量分布やその除染計画を踏まえながら、以下のようなふるさとの町内、あるいはその近くに暫定コミュニティを形成することが一つのテーマになった。その時に作成したものが図4－2である。

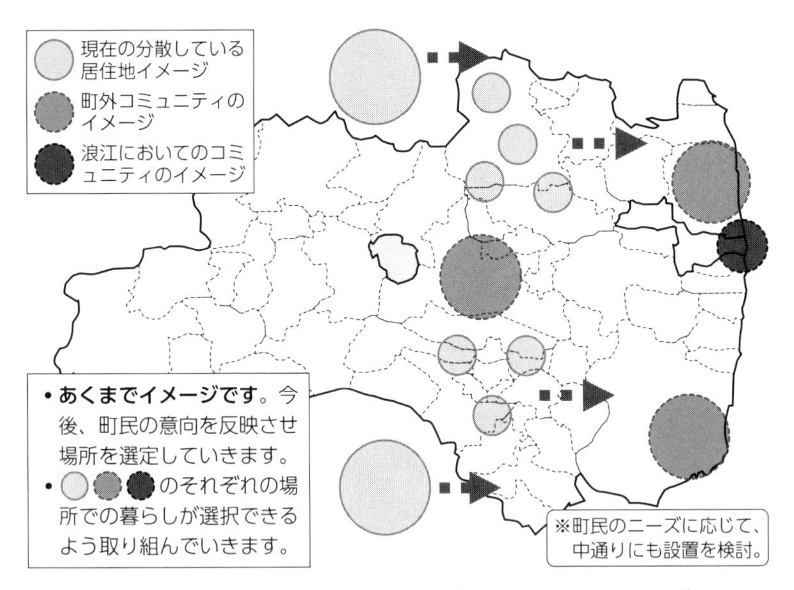

図4－2　浪江町の分散避難の状況と町外コミュニティのイメージ

出所：「浪江町復興ビジョン」（2012年4月19日策定）。

①浪江町内の放射線量の少ない区域（国道6号線以東で、津波被害のなかったエリア）

②浪江町内の元の住宅などに帰宅しやすい立地条件のエリア（いわき市、南相馬市など）

③これまでの仮設などの集積を活かせるエリア（二本松市、福島市など）

そこでは、数百戸から千戸単位、つまり従前のコミュニティ単位に近い世帯数を確保したものを目安にする。そして、集会所（コミュニティセンター）、ショッピングセンター、医療・福祉拠点、行政サービスなどの配置を考慮すること。

2012年3月27日答申された「浪江町復興ビジョン」（案）では、これらの検討を踏まえて、「町外コミュニティ」の考え方を積極的に位置づけ、提案したのだった。

5　実施に向けて

福島第一原発事故とその後の避難指示などによって、被災者は当該市町村から他自治体への避難生活を強いられていた。ふるさとでの家族や地域社会のきずなを寸断され、放射能汚染による不安が続き、今後の見通しが立たない避難生活の中で、被災者は避難元自治体からの情報や行政サービスの提供は極めて重要であった。加えて、行政区や町内会・自治会などを中心とした地域社会の結びつきも彼らの避難生活を支えていた。

避難生活が半年、一年と長引く中で、役場自体が避難している町村では、その周辺の仮設住宅などへの避難者とともに、避難先でのコミュニティをどう形成していくかが大きな課題になっていった。

①町外に避難している自治体と避難者による町外でのコミュニティ・拠点の形成

原発事故による避難を強いられていた市町村の多くは、将来の帰還を目指しながらも、町外でのコミュニティ形成を漸進的に進める計画を立案しつつあった（図4－3参照）。

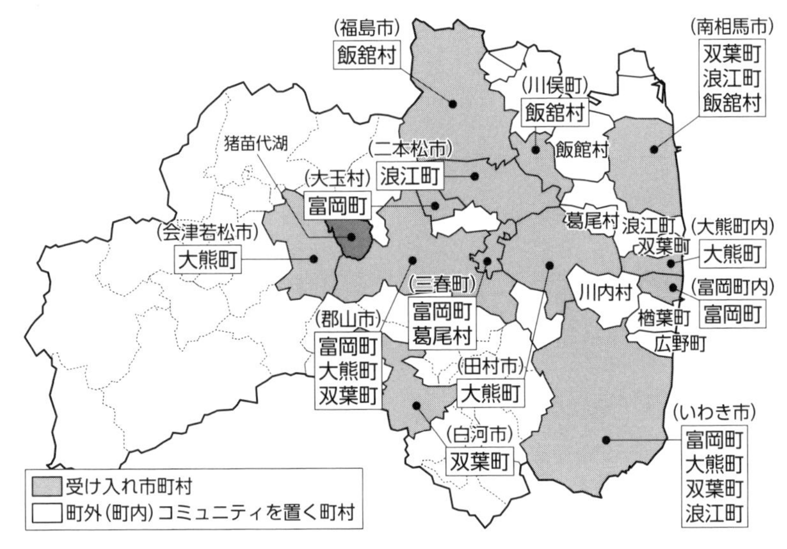

図4－3　町外コミュニティ計画

出所：『福島民報』2014年2月28日付。

さらに、町外コミュニティ形成の適地について、双葉8町村を中心に、いわき市への立地を候補に挙げている町村が多い。それはすでに多くの仮設住宅がいわき市に立地していたことからもうかがい知ることができる。会津若松市に避難していた大熊町や会津美里町に避難していた楢葉町などでは、気候風土の違いから、とくに浜通りのいわきへの移設の要望は大きかった。いずれにせよ1万6000戸弱の仮設住宅をどのように次の段階に使い回していくのか、自治体間の協議も必要であった。「町外コミュニティ」は、その名の通り、受け入れ自治体があって成り立つ。とくに「町外コミュニティ」の形成を希望している自治体と、受け入れ自治体との協議が必要であるが、その際に、個別に協議していくことは、複数の自治体からの希望が出されている受け入れ自治体にとってもさまざまな障害を生み出すことが想像できた。双葉8町村、そして県や国との制度的な枠組みなどの協議を平行させながら進めていくことが必要であると考えていた。場合によっては地方自治法の枠内で時限的な運用になるかもしれないが、「広域連合」的な組織を立ち上げて、「町外コミュニティ」の取り組みをしていくことも有効ではないかとも考えた。それによって、保育所や義務教育、ごみ処理や救急消防、医療福祉などさまざまな業務を効率よく住民に提供することができるからである。しかし、膨大な仮設住宅ストックを町外コミュニティ形成のために再編することや避難自治体と受け入れ自治体そして国や県とが連携して「町外コミュニティ」を整備していくことを具体的に議論する機会はなかった。

そして、大きな課題として横たわっていたのは、「町外コミュニティ」において、商工業・農林漁業などの産業立て直しと雇用の確保をどのように展開していくかという課題である。浪江町では、避難先の二本松市の工業団地の一角を浪江町の製造業の工場再開用地として確保したり、さまざまな努力をしていたが、「町外コミュニティ」を本格的に展開しようとすると避難元の市町村にとっても産業復興は大きな課題であったので、緊急措置としての避難先での産業立て直しや雇用確保は最低限に留まった。町外コミュニティが当面する課題の中に産業復興はきちんと位置づけられていなかった。それは放射性物質の除染活動の進捗とあいまって従前町村内の土地利用の方向を探る中でも、農林漁業そして商工業さらに新たな再生可能エネルギー関連の土地利用や産業振興などと組み合わせて考えていく重要な課題でもあった。

「町外コミュニティ」は、被災した住民の避難実態や要望もあり、複数の受け入れ自治体との協議が必要になる場合も考えられた。旧村や行政区などに依拠した従前コミュニティの結びつきも強く、そういう基礎単位のコミュニティを重視して、「町外コミュニティ」を複数の受入れ自治体に形成していくことも考えられた（浪江町では、二本松市、福島市、いわき市、南相馬市などが被災者の要望として挙げられていた）。建設型の仮設住宅団地では、従前コミュニティは活かされない形で緊急避難していて、それぞれに団地自治会などが設置されている場合が多かった。仮設住宅団地自治会は、それなりの役割を果たしていたので、「町外コミュニティ」を考える場合には慎重な対応が必要であった。

浪江町の復興検討委員会では、従前の旧村や行政区のコミュニティ組織が、人々の生きる絆として重要であるとの意見も出されていたが、避難生活後は日常的なものとは言えなかった。長い時間の経過の中で、身近なコミュニティ活動と意識を高めていくことが必要である。しかし、当面はこの二つのコミュニティの、それぞれの紐帯を大切にしていくことが重要ではないかという意見も出ていた。つまり、従前のコミュニティの役割として、年中行事やふるさと特有の歴史・文化に基づく伝統行事などを丁寧に継続することも意識されていたのである。

②被災自治体における「町外コミュニティ」(「町外拠点」) の取り組み

浪江町の復興ビジョン策定過程では、2011 年 9 月～10 月の福島大学災害復興研究所による双葉 8 町村の避難住民へのアンケート調査（配布 2 万 8184 世帯、回収 1 万 3576 世帯、回収率 48.2%)、2011 年 11 月の浪江町による全世帯アンケート調査（配布 1 万 8448 人、回収 1 万 1001 人、回収率 59.6%)、さらに 2012 年 1 月の浪江町による小中学生アンケート調査（配布 1697 人、回収 1217 人、回収率 71.7%）などの意向調査が実施されていた。復興検討委員会にも県外避難をしている住民も委員として参加している。アンケート調査の結果や復興検討委員会での発言などを経て、浪江町は「ふるさと浪江町の復興」よりも「一人ひとりの暮らしの再建」を最上位の理念として掲げることになった。したがって、「町外コミュニティ」は、ふるさととの位置関係で展開されることになったが、その後も逐次アンケート調査などを実施し、全国に避難している町民の意向を正確に把握しながら、その規模や内容などを確定していくことが必要であった。浪江町役場の職員は、平常時の行政サービスに加えて復旧・復興に向けた業務などで過酷な勤務状況であった。公務員 OB や全国からの公務員などの支援やさまざまな専門家受入れを含めて人材の確保が前提であったが、避難している住民たちとの密接なコミュニケーションが大きな課題にもなった。

「町外コミュニティ」の形成は、一方で原発事故の収束と放射性物質汚染の除染などのきわめて困難な課題に対応しながら、またふるさと再生の可能性を追求しながら、被災者の生活と生業を支える地域社会の再生の一階梯に踏み出す計画でもあった。すなわち、配慮しなければならない要素が極めて多岐にわたる複雑な漸進型の地域再生計画である。したがって、ここに関わる専門家もさまざまな分野からの参加が求められた。そういう専門家があらかじめ、「町外コミュニティ」の意義や内容を共有するとともに、行政や住民との意思疎通を図っていくというプロセスの設計や適切な展開に向けて協働していくことが重要な役割であると考えられた。「町外コミュニティ」のプロジェクトには、少なくとも次のような専門家集団の形成が構想されたのだった。

・住まい・コミュニティに関わる専門家（住宅設計と施工―とくに既存の応急仮設住宅の解体、改善型移設、そして地域コミュニティの形成に向けた集団やプログラムなど）
・広域連合など今回のプロジェクトに沿った行政の仕組みを踏まえた基盤整備と公共施設整備に関する専門家（広域連合による自治体相互の連携体制、広域処理をすべきライフラインなどの公共施設の整備と維持管理、それらを配慮した土地利用計画）
・放射能物質除染と安全管理（リスクコミュニケーション、除染、健康管理）
・医療・福祉（町外コミュニティにおける医療・福祉サービスのあり方）
・教育・文化（幼稚園・義務教育の運営そして高等学校の受け入れ定員の調整、地域における伝統文化など、コミュニティの紐帯になる文化の掘り起こしと継承など）
・雇用・地域経済（町外コミュニティと住民の生業や新たな事業化など地域経済振興策）
・エネルギー政策（地域を支える新たなエネルギー技術の適用や供給の仕組みなど）

すでに紹介したように、2011年9月、福島県土木部建築住宅課と福島大学災害復興研究所が事務局になって「福島県応急仮設住宅等の生活環境改善のための研究会」を発足させた。その研究活動は、仮設住宅の居住性の向上だけでなく、その後の利活用の方法にまで広げていくことが検討されていた。

浪江町の復興ビジョンでは、住民の強い要求を受けて、以後の3年間でできることを明確にすることが大きな柱になった。それを受けて「町外コミュニティ」が盛り込まれた。

被災地や被災者の生活再建とコミュニティ再生に向けて、厳しい道程を歩みださなければならなかった。

実は、浪江町の「町外コミュニティ」構想は、同町の「帰還困難区域」を除く避難指示区域が解除され、役場機能が浪江に戻り、ふるさとの復興に大きく舵を取るようになって消滅した格好になった。「町外コミュニティ」に大きな期待をかけてきた町民も多く、大きなしこりを残し続けていると言わざるを得ない。

「町外コミュニティ」は、長期的、広域的避難を強いられていた被災者の生活・生業をどう持続させていくかという課題に対する緊急避難的なアイディアであった。人々の生活の質を継続的に維持し、守っていくためのアイディアであった。しかし、時間の経過の中で、復興公営住宅の建設や「避難指示解除」が逐次進んでいく中で、そのアイディアは十分に展開したとは言えない。残念ながら、被災者の生活の質を犠牲にしたまま、ふるさとの復興にエネルギーが注がれていった。

浪江町における「町外コミュニティ」と同様に、町外に多くの被災者が避難し、しかも長期化することが見込まれる自治体において、同じ趣旨で検討が進められ、国、県との間でも協議が行われてきた[5)]。その経験から、長期避難を強いられている自治体の中には「町外拠点」を具体的に展開してきた実績も生まれている。

双葉町の復興まちづくり検討委員会において、筆者も「町外拠点」（当初は「仮の町」と呼んでいた）の議論に参加した。詳細は拙稿を参照いただきたい[6)]。その際に、いわき市を想定しながら、「町外拠点」をいわき市の既存の地域コミュニティにどのように有機的に、融和的に配置するかという議論が蓄積されていた（**図4－4**参照）。

ここで注目しておきたいのは、双葉町が2021年現在、北東部の浪江町に隣接する地区のごく一部を除いてほとんどが「帰還困難区域」であり、いわき市に移っている役場機能がなお機能せざるを得ないこと、多くの双葉町の被災者がいわき市に避難していること、などによって「町

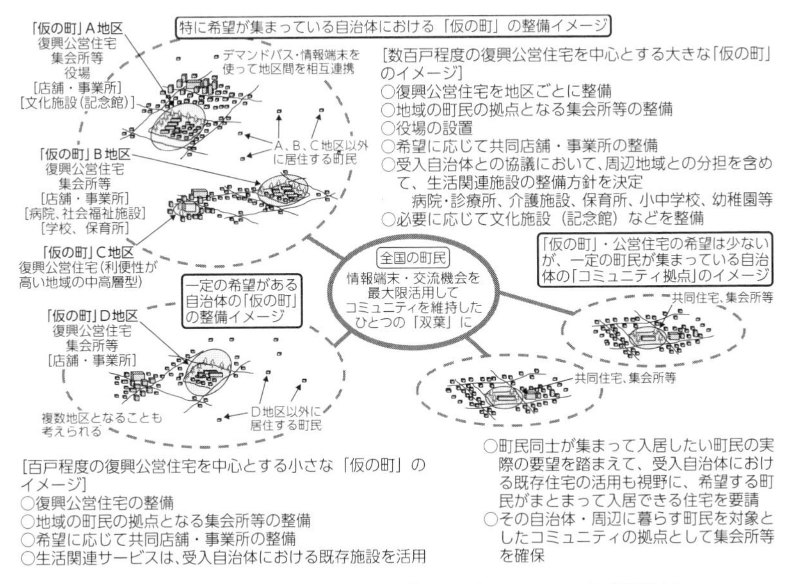

図4-4　避難先自治体における「仮の町」のイメージ（双葉町）

出所：双葉町第10回復興まちづくり委員会（2013年4月）配布資料「『仮の町』の整備の考え方について」から転載。

外拠点」は、浪江町に比べてみると正面から取り組まなければならない課題であったということである。2016年に策定された「双葉町復興まちづくり計画（第二次）において、「双葉町町外拠点の整備」を重要な課題として取り上げている。県が事業主体として整備を進めた勿来酒井地区復興公営住宅団地を「町外拠点」の中心として位置づけている。そこには180戸（予定）の復興公営住宅とともに医療施設、高齢者等サポート施設、共同店舗、広場・公園などが計画されていた。

以上のように「町外コミュニティ」、「町外拠点」などは、避難自治体のさまざまな状況によって、その具体的な展開は異なっていたが、原発災害によって長期的・広域的避難を強いられてきた自治体において長期間を要する復興過程の重要なエポックであったし、さまざまなジグザクコースを辿らざるを得なかったということができる。

第6節　復興公営住宅の供給

福島県では、地震・津波の被災者に対して市町村が供給する「災害公営住宅」と、原発災害被災者に供給する「復興公営住宅」とを区別して呼称している。「復興公営住宅」は広域的な避難者への公営住宅なので、主に県が供給主体になってきた。

復興公営住宅の供給においても、工期の短縮、地元事業者の参入などを意図して、地元事業者などからの買取方式（宅地は県が用意し、その計画地に対する公営住宅の住戸計画や工法、さらに団地計画などのアイディアを公募し、採用された事業者が建設を進め、完成後に県が買い取る方式）などを採用してきた。

復興公営住宅の実績などは以下のとおりである。

［復興公営住宅計画戸数合計4890戸］

- ・県の直営方式（RC［鉄筋コンクリート］造2091戸、木造98戸、その他157戸）
- ・買取方式（木造768戸、中層共同住宅＝鉄骨造584戸・CLT工法［クロス・ラミネイティド・ティンバー工法：板の各層を直交するように積層接着した厚型パネルを活用する工法］57戸、UR都市機構＝プレキャスト工法722戸・木造10戸）
- ・町村営住宅（県代行、280戸）
- ・整備保留（123戸）

公募型の買取方式では、地元事業者の連携によるグループからの提案がほとんどであったが、その中には居住者相互の近所づきあい、コミュニティ形成などに対する配慮や街並みの形成、沿道や公共用地における植栽などの維持管理などに対する提案も多かった。それらには公営住宅の管理のあり方に対する積極的な提案も見られた。例えば、入居開始後に地元高校生などが団地内緑道などに対する小鳥箱・餌台の設置や高齢者の訪問などのボランティア活動に取り組んでいる団地もある。

復興公営住宅や災害公営住宅においても、入居者への生活支援活動は極めて重要である。原発災害の被災者に対する復興公営住宅のほとんどは故郷を離れた市町村などに建設されてきた。受け入れた基礎自治体が自ら復興公営住宅を建設し原発被災地の避難者を受け入れている場合もある（上記の県代行による市町村営住宅であり、本宮市、大玉村、桑折町などが他市町村からの避難者を受け入れた）。それらの事例は、今後故郷を離れて生活再建に取り組む被災者と受け入れ自治体における地域コミュニティとの共存のあり方についての蓄積とその教訓を引き出すことが大切である。

わが国では、今日公営住宅の供給は抑える状況にあるが、災害公営住宅は東日本大震災への対応の特例により7/8の国費の補助率になっている。被災者の自力再建などの対策の不十分さもあり、市町村などで災害公営住宅の建設に拍車がかかったのではないかとも考えられる。加えて、「東日本大震災復興特別区域法」（2011年12月14日制定）によって、公営住宅の被災者への譲渡期限期間を耐用年数の1/4から1/6に短縮する特例が設けられている。すでに福島県内の自治体では、東日本大震災後の「災害公営住宅」を払い下げた事例もあるし、その意向を示している自治体もある。公営住宅の供給と維持管理が抑制されるなかで、供給と維持管理責任をもつ自治体を中心に、これらの公営住宅の今後の方向付けについての動向を注目していく必要があろう。

まとめ

筆者は災害発生以前から福島県の住宅政策に関わる機会があり、個人的なテーマとしては、それまで積み重ねてきた「地域居住政策」についての実践の場でもあった。福島県における「応急仮設住宅」、「復興公営住宅」の供給に際しても、2007年「住生活基本計画」策定前後から委員会などで議論してきた「地域循環型住まいづくり」を進めていく場にもなった。それが福島県における木造仮設住宅の供給や復興公営住宅における地元事業者に対する公募型・買取方式に繋がっていたと考えている。また、災害以前から、鈴木浩・下平尾勲・丹治惣兵衛・佐藤英雄ほか（2006）のように、経済学の専門家とともに循環型地域経済の形成を目指す調査研究にも関わっていた。そして第3章で触れたように、福島県エネルギー政策検討会「電源立地県　福島からの問いかけ　あなたはどう考えますか？～日本のエネルギー政策」（2002年）による「発電所への依存度が高いモノカルチャー的な経済から自立することが求められているのではないか」という提起に改めて接したのだった。

災害時の住まい確保の問題から敷衍させて、循環型地域経済の姿を素人なりに俯瞰してみたいと考えるようになった。本書で扱うことができなかったが、下記参考資料・文献、鈴木浩（2021c）でその概要について触れているので、また別の機会にさらに深めたものに取り組んでみたい。

注

1　避難所・避難生活学会理事、榛沢和彦氏の文献を紹介しておく。
・榛沢和彦（2018）「人道的な避難所設営と運営を」（視点・論点）（NHK解説委員室、解説アーカイブス）2018年6月25日。
・榛沢和彦「避難所の健康被害を防ぐ『TKB48』―市民社会保護の理念で避難環境の改善を―」（『月刊保団連』NO.1341）2021年3月。
2　福島県における建設型仮設住宅の供給の経過については下記の文献を参照されたい。
・西田奈保子（2015）「東日本大震災における木造応急仮設住宅供給の政策過程―福島県を事例に―」（日本地方自治学会編『地方自治叢書27　基礎自治体と地方自治』、敬文堂）2015年10月。
3・福島県応急仮設住宅等の生活環境改善のための研究会（2012）、「平成23年度福島県応急仮設住宅等の生活環境改善のための研究会成果報告書」2012年3月。
・福島県応急仮設住宅等の生活環境改善のための研究会（2013）、「平成24年度福島県応急仮設住宅等の生活環境改善のための研究会成果報告書」2013年3月。
4・斎藤隆夫（2014）、「福島県居住支援協議会被災者への住情報提供支援の取り組み」（都市住宅学会シンポジウム）、2014年12月。
・福島県居住支援協議会（2014）、「災害救助法に基づく借り上げ住宅対象アンケート―応急仮設民間借り上げ住宅に関する意識調査―」2014年3月。
5　「町外コミュニティ」については、復興庁・福島県などでも検討されることになった。
・復興庁「双葉地方及び福島県と国との協議会」（2012年8月19日）、配布資料。

「『町外コミュニティ』の検討の進め方（イメージ）」。
・角田英昭（2015）「原発避難自治体の『町外コミュニティ』構想と自治体再建の課題—国策で推進された原発の事故で被災自治体が存続の危機—」（地方自治問題研究機構『研究機構・研究と報告』No.107）2015年2月。

6　鈴木浩（2021a）「福島第一原発災害—プロセス・プランニングから見た復興の現状と課題—」（自治体問題研究所『住民と自治』2021年5月号）2021年5月。

鈴木浩（2021b）「福島で復興まちづくりを進めていくために」（建築資料社『造景2021』）2021年8月。

参考資料・文献

・鈴木浩（2021c）「原発被災地のめざすべき地域再生の方向」（川崎興太編『福島復興　10年間の検証—原子力災害からの復興に向けた長期的な課題—』丸善出版）2021年1月。
・福島県土木部（2020）「福島県応急仮設住宅記録集—東日本大震災に係る『住まいの応急救助』—」2020年3月。
・福島県土木部（2018）「復興公営住宅整備記録—原子力災害による避難者の生活再建に向けて—」2018年3月。
・福島県土木部建築住宅課（2016）「福島県応急仮設住宅の再利用に関する手引き」2016年4月。
・内閣府（防災担当）（2013）「避難所における良好な生活環境確保に向けた取組指針」2013年8月。
・鈴木浩（2013）「福島復興の課題と展望」（大西隆・城所哲夫・瀬田史彦編著『東日本大震災復興まちづくり最前線』学芸出版社）2013年3月。
・福島県土木部（2012）、「東日本大震災における復興公営住宅の供給に関する制度・技術マニュアル」2012年8月。
・鈴木浩（2011）、「原発災害と復興まちづくりの課題」（佐藤滋編『東日本大震災からの復興まちづくり』大月書店）2011年12月。
・鈴木浩ほか（2009）「会津若松郊外住宅団地における既存住宅の改修・住み替えの円滑化に関する調査研究」超学際的研究機構、2009年3月。
・鈴木浩・三宅醇・真嶋二郎・松本恭治・中島明子・阿留多伎真人・長谷川洋ほか（2009）「自治体における地域居住政策の展開に関する研究」（科研費補助金研究報告書）2009年3月。
・鈴木浩ほか（2007）「地域循環型住まいづくりに関する調査研究」超学際的研究機構、2007年3月。
・鈴木浩（2006）「地域再生をめざす地域居住政策の展望」（都市住宅学会『都市住宅学』VOL.53）2006年4月。

・鈴木浩・下平尾勲・丹治惣兵衛・佐藤英雄ほか（2006）「循環型地域経済の形成に関する調査研究報告書」超学際的研究機構、2006年3月。
・鈴木浩（2005a）「地域再生をめざす地域居住政策と多様な連携」（建築学会建築経済委員会『これからの地域居住政策の展望』）2005年9月。
・鈴木浩（2005b）「地域再生をめざす地域居住政策の展望」（眞嶋二郎・住宅の地方性研究会編『地域からのすまいづくり―住宅マスタープランを超えて―』ドメス出版）2005年3月。
・鈴木浩（1996）「地域居住政策の胎動と展望」（鈴木浩・中嶋明子編『講座現代居住 3居住空間の再生』東京大学出版会）1996年9月。
・鈴木浩（1994）「地域住宅政策論の構図」（玉置伸俉編『地域と住宅』勁草書房）1994年7月。

Ⅱ部　真の復興への課題

第5章

原発災害からの克服に向けて

原発事故発生後、2011年5月から7月にかけて福島県復興ビジョン検討委員会において「福島県復興ビジョン」の策定に参画した。政府による復興構想会議は4月に発足、6月25日に「復興への提言」をまとめているが、復興庁の発足は2012年2月なので復興の具体的な枠組みはまだ示されていなかった。

福島県では災害救助法に基づく仮設住宅建設が始まったばかりで、従来から続けてきた地域循環型住まいづくりの議論の蓄積を反映させていくことに取り組んでいた。したがって「復興ビジョン」は、復興の枠組みや事業制度が具体的に示されない中で、地震津波被災地の被害とともに刻々と知らされる未曾有の原発事故と放射能汚染の広がりの深刻な状況、さらに広域避難を強いられた膨大な避難者の生活不安にどう立ち向かうかという基本的なビジョンを示したのだった。原発災害からの復興ビジョンは被災自治体においても全国に広範に避難する被災者へのメッセージとして策定されていた。それから次第に原発災害の長期性や広域性そして過酷性が明らかになり、復興事業などの枠組みや運用が具体化する中で、ビジョンの中で謳いあげられた理念とふるさとの復興・避難者の帰還を中心に据えた復興計画や復興事業との乖離が目立っていった[1)]。

原発事故の収束や廃炉の見通しも立たない中で、放射線量の低下を根拠にふるさとへの帰還が呼びかけられてきた。なお不安を抱き広域避難を強いられている被災者の住まいの確保や生活・生業の再建に対する支援は次々と打ち切られてきた。

第5章及び続く各章では、復興庁の設置、福島復興再生特措法制定後に本格化していった原発災害被災地における復興事業の経過とその課題、さらには復興の基本に位置づけられにくい「人間の復興」、被災者の生活・生業再建の課題などにも言及していきたい。

第1節　福島における原発災害とその復興過程の特質

1　原発災害の特質

原発災害の実相とその特質についてはすでに第1章で触れてきた。繰り返しになるが、原発災害はその長期性・広域性・過酷性が明らかである。

①　事故を起こした原子炉の処理の収束の見通しがついていない。その上、ほぼ10年を経過した2021年2月13日、マグニチュード7.1、双葉町や大熊町などで震度6強を記録した地震によって、原発サイト内に並ぶ膨大な数の処理水のタンクの一部がズレていたり、地震計が稼働しなかったことなどが明らかになった。そして、政府は2021年4月、タンクにたまり続ける処理水の海洋放出方針を発表し、それまで「関係者の理解なしには処理水を処分しない」としてきた約束も無視されようとしている[2)]。多くの漁業関係者が指摘していることは、このような相互に確認した約束ごとをなぜいともたやすく反故にするのかということであった。

②　中間貯蔵施設の汚染土壌は30年後の2045年には福島県外搬出が法律的に定められているが、その見通しはついていない。また、汚染土壌の減量化・線量低下によって土壌の再利用事業を県内で実施しようとしている（現時点では二本松市、南相馬市、飯舘村）。

③　被災者の避難生活の長期化と避難先での生活・就業・就学などの不安、「戻りたい・戻らない・分からない」を揺れ動く被災者、ふるさとの除染後の仮置場の汚染土壌の搬出の遅れ、汚染家屋などの除却・再建の見通しが立たない、などの問題がなお山積している。

④　放射線被ばく量による「避難指示区域の指定」→「除染」→「避難指示区域の解除」→「帰還」という単線型シナリオのもとに復興を進めてきたが、そのことが被災地や被災者、さらには避難者受入れ地域との分断

や対立を引き起こしてきた。「子ども・被災者支援法」の積極的な活用、二重住民票、二地域居住など、どこに避難していても市民としての権利を享受できるための複線型シナリオを充実させることが求められているが、被災者の生活の不安はなお解消できていない。

2011年5月以降、「福島県復興ビジョン」、「福島県復興計画（第一次）」に関わる機会を得た。そこではまず基本理念の第1として「原子力に依存しない地域づくり」を掲げた。悲惨な原発事故に遭遇したからこそ掲げられた基本理念ではあるが、その前に福島県が福島県下の原子力発電所や東海村JCOの事故などを検証しながら2002年にまとめた「電源立地県　福島からの問いかけ　あなたはどう考えますか？～日本のエネルギー政策～」（福島県エネルギー政策検討会）の提起が、少なくとも筆者にとっては大きな理論的な拠り所になっていた（第3章参照）。

2　復興期間（「集中復興期間」、「復興・創生期間」）10年の終了期を迎えて

①　2021年3月、原発事故後10年を経過する中で、避難生活の過酷さ、地域と人々の分断の実情やふるさと存立基盤の危機（地域コミュニティ、地域経済、地方自治など）の実態が明らかになってきた。

②　6つの自治体（飯舘村、浪江町、葛尾村、双葉町、大熊町、富岡町）で「帰還困難区域」の一部において「特定再生拠点整備事業」が進められているが、避難している被災者が展望を持てるような復興事業になっているかどうか、住民の不安は大きい。

③　10年の時限的措置による「復興庁」の廃止、その後の継続方針、さらに政府の「『復興・創生期間』後における東日本大震災からの復興の基本方針」（2019年12月）による原発被災地の不安。

④　2020年10月に実施された「国勢調査2020」は、さらに厳しい人口減少の結果が示されるだろう。国勢調査の結果に基づいて算定される地方交付税交付金が平常時の原則通りに配布されることになれば、被災自治体の地方財政は立ち行かなくなる。今後の医療・福祉・介護・教育をどう維持していくか、財政危機とともに深刻な課題に悩まされている。

⑤　新潟県における原発災害の検証作業や、山形県などでの被災者支援活動などが進められていることを福島県はどう受け止めていくべきか。

⑥　あらためて、原発災害後10年の検証と被災者・被災地からの復興ビジョンが必要ではないか。

第2節　復興とはどうあるべきか

1 「人間の復興」vs「惨事便乗型復興」

被災者の住まいの確保と生活・生業の再建を最優先すべきである。それは関東大震災以来「人間の復興」として叫び続けられてきたが、復興事業が大規模プロジェクト中心となり、「惨事便乗型復興」を強行することになっている。それがまた「復興災害」という二次災害を引き起こすことになる。避難所や仮設住宅の水準を向上させる取り組みなどによって徐々に改善の兆しはあるが、今後も被災者の立場に立った復興のあり方が求められている。

第1章、**図1-1**において、筆者は福島原発災害の特質を、「原発事故収束・廃炉」、「ふるさとの復興」、「避難生活支援」という3つのフェーズによって説明した。10年を経て、あらためて「避難生活支援」すなわち「人間の復興」が、不十分なまま推移していることを指摘せざるを得ない。

2　原発事故による賠償訴訟と原発差止め裁判を巡って

原発被災者に対する賠償は、財物補償と精神的賠償という個人への賠償に留まっており、地域共同体としての被害への賠償が認められていない。ADR（裁判外紛争解決手続）による集団賠償要求が東京電力によって門前払いになっていることも大きな課題になっている。

また現在進められている原発差止め裁判において、「原発の安全性を求める社会通念の探究は、ドイツの“安全なエネルギーの供給に関する倫理委員会”の例のように、すぐれて哲学的、歴史的、社会的営みであり、原子力規制委員会の規制基準がこの社会通念に一致する根拠はない」（井戸謙一弁護士）[3] との指摘は重要である。

3 「原発事故」の費用とその負担

2016年12月、政府は福島第一原発事故処理費用が22兆円になるという試算を発表した。その後、日本経済研究センターは2017年3月には70兆円、2019年3月には80兆円という推計値を発表している。これらは廃炉・汚染水処理、賠償、除染の費用に限定されたものであり、被災者の生活・生業再建、ふるさとの復興などは含まれていない。ひとたび原発事故を引き起こせば、国家予算に匹敵するほどの莫大な費用が必要になる。それだけではない、使用済み核燃料の安全な保管と処理のためにも莫大な費用と時間がかかることは明らかであり、決して持続可能な発展を実現するエネルギーでないことを肝に銘ずるべきである。さまざまな災害が多発するわが国において原発の廃炉は避けては通れない喫緊の課題である。

第3節　広域的・長期的災害からの復興のめざすべき方向

①　基礎自治体による“復興の競争”のような状況を生み出してはならない。復興交付金や加速化交付金制度が具体的に運用されるようになり、「ビジョン」が掲げていた被災者に寄り添う課題は軽視され、帰還政策を推進するための「除染」、「被災地の復旧・復興」などが重視されている。そのために、基礎自治体ごとに事業の認可・実施が進められていて、それぞれの事業手法や事業内容にさまざまな違いが生じており、被災者の不安をあらためて生じさせている。原発災害において、避難者を受け入れている自治体を含めた広域的・長期的な調整が求められており、自治体間の協議や県の広域調整機能が重要である。

②　復興事業が展開される中で、被災者や地域社会が復興の基本目標として掲げるべきものは何か、という議論が十分ではなかった。人々の

生活の基礎、基本的人権の基礎としての「生活の質」、「コミュニティの質」、「環境の質」などの具体的な内容が蓄積されてこなかったために、復興過程ではインフラ整備や企業立地などに重点が置かれてしまう傾向が強い。「惨事便乗型復興」を是正するための基本的要件としても、人々の「生活の質」、地域社会の「コミュニティの質」、「環境の質」を具体化していく必要がある。これは被災地のみならずわが国の地域社会に共通する課題でもある。この内容については第8章で詳しく触れる。

③　国や県の役割を見直し、再認識すべきである。当初から復興の主体は基礎自治体であると言われてきた。しかし、原発災害という広域的・長期的な取り組みが求められる課題において広域調整や長期的な制度運用などの観点から県の役割や国の役割を見直すべきである。

第4節　福島県民・被災者に寄り添った復興に向けて

1　原発依存からの脱却のために

①　福島県では福島県内の原発10基すべての廃炉の方針を決定した。そして県内の電力消費を再生可能エネルギーへ転換する対策が大きな課題である。しかし、県内各地に設置される太陽光パネルの中には巨大なメガソーラーが目立ち、これまでの農業や地域環境などとの共生に疑問を投げかけている。大玉村では2019年6月「大規模太陽光発電所と大玉村の自然環境保全との調和に関する宣言」を発表し、同年12月議会ではメガソーラーを規制する条例案が可決された。

②　地域社会・地域経済の再生に向けて、とくに地域経済を担ってきた中小企業や農林漁業などの支援を本格的に進める必要がある。福島県で進められている「イノベーションコースト構想」が果たして、地域経済を支えてきた地元の産業をどう立て直し活性化させていくか、という視点が明確に示されているかどうかが大きな課題である。

これらの再生可能エネルギーへの転換と地域経済の再建との課題を密接に結びつけてその方向づけをしていく必要があろう。

実は、2011年の災害発生直後から、地元の事業者を中心とした仮設住宅の供給に取り組んだ。この直接的なきっかけはもちろん、仮設住宅の質の確保であるが、それを進める際には、住宅建設計画法から住生活基本法に転換され、福島県が最初の住生活基本計画を策定する過程で、地域循環型の住まいづくりを位置づけたことが背景として存在していた。

2　県民参加の長期的な「県民版復興ビジョン」が求められているのではないか

2021年3月には原発災害後10年を経過し、「集中復興期間」、「「復興創生期間」の10年が終了しようとしていた。そして、広域的・長期的避難を強いられてきた被災者はそれぞれ避難先での生活や生業・就業、そして子どもたちの就学や高齢者の医療や介護などに必死になって取り組んできた。もちろんそれぞれの避難先での地域社会のさまざまな支援が届けられてきた。曲がりなりにも国による被災者支援制度なども生活を支えてきたが、10年を契機にそれらが終了されようとしている。たとえ遠隔地での復興公営住宅に入居してもふるさとへの想いはなお強い。しかし、それらの被災者はすでに「避難者」として位置づけられていない。

広域的・長期的避難を強いられている被災者の生活・生業再建の課題に対して、個別の状況に対応した支援策とふるさとの地域社会再生の課題を今一度再点検し、今後の課題と方策の見直しをしていくことが極めて重要である。2011年11月以来取り組んできた「ふくしま復興支援フォーラム」は2021年7月で第183回と回を重ねてきた。それに取り組んできた友人たちと、あらためて被災者や被災地はもちろん、県民目線での復興ビジョンが必要ではないかということが議論になってきた。この10年を契機に、あらためて被災者と県民の想いを繋げる長期的な「県民版復興ビジョン」が求められている。2021年3月、10年を節目にした「県民版復興ビジョンの策定をめざして」を発表したが、本書では2019年段階で、私自身が取りまとめた「県民版復興ビジョン」(案)の骨子を取り上げている。最終的なビジョンは、なおタウンミーティングなどを積み重ねながら収斂させていく予定であるが、それらの内容と対比しておこうと思った次第である。「県民版復興ビジョン」については第12章で改めて詳述する。

なお、2020年2月に郡山市で開催された衆議院予算委員会地方公聴会において、地元から発言する機会を得た。その時の筆者の発言要旨を紹介して、本章のまとめとする。

衆議院予算委員会地方公聴会
2020（令和2）年2月14日

「集中復興期間」・「復興・創生期間」の終了を1年後に控えて
―被災者の生活再建と被災地の地域再生をめざした復興政策の展開を―

鈴木浩
（福島大学名誉教授・元福島県復興ビジョン検討委員会座長）

1. 原発災害から9年を経て

1－1　福島第1原発の事故収束の見通しはついていない（デブリの取り出し、汚染水の処理、使用済み核燃料の取り出し、排気塔の除去など）、廃炉の見通しはさらに厳しい。

1－2　仮置場からの汚染土壌の県内各地からの中間貯蔵施設への運搬はなお継続中である。また中間貯蔵施設の汚染土壌は30年後の2045年には県外搬出が法律的に定められているが、搬出先の見通しは立っていない。減容化・線量低下などによる汚染土壌の再利用事業が新たに示され、具体的な事業を示された地域住民からは大きな不安が示されている。

1－3　全国に広域的に避難した被災者の避難生活の長期化と避難先での生活・就業・就学・医療・福祉・介護などに対する不安、「戻りたい・戻れない・分からない」を揺れ動く被災者、「避難指示解除」後であっても、ふるさとの汚染土壌の搬出の遅れはもちろん、日常生活の上で必要な公共サービスや購買・医療・教育などが整わないなど、ふるさとに戻ったとしてもなお過酷な状況が続いている。

1－4　福島県において災害関連死者、自死者が増加していることが原発災害の特徴である。

1－5　避難者数の食い違いはなぜ？　4万2706人（2019年7月、福島県災害対策本部)、6万3386人（2019年10月、被災12市町村の調査による。住民登録数―居住者数)、6万6651人（2019年3月、地元メディア)。県などの公式発表は自主避難者、避難指示解除後の自治体外の復興公営住宅入居者・持家取得者などが除かれる仕組みになっている。

1－6　「除染」→「避難指示解除」→「帰還」という「単線型シナリオ」が被災地や被災者の分断・対立を引き起こしてきた。「子ども・被災者支援法」(2012年6月施行）の活用など、どこに避難しても市民的な権利が享受できるような「複線型シナリオ」を充実させることを求めてきたが、十分な効果をあげているとはいえない。

1－7　原発被災者に対する損害賠償は、財物補償と精神的賠償という個人への賠償に留まっており、地域コミュニティとしての被害への賠償が認められていない。ADRによる集団賠償請求が東京電力の判断で門前払いになっていることが大きな課題になっている。

1－8　2020年10月、国勢調査が実施される。国勢調査の結果は、総務省による地方交付税交付金や選挙人名簿の根拠になる。2015年国勢調査の結果は被災地の実情を踏まえて、2010年国勢調査の結果を準用した。今後の総務省の方針はまだ示されていないが、被災自治体は、今年の国勢調査の結果をそのまま活用しないことを要望している。

2.「復興ビジョン」後の「復興交付金」・「福島再生加速化交付金」などの事業展開へ

2－1　福島県復興ビジョンの策定に関わった。後に福島県民の総意として県内10基の廃炉を実現することになった。その後、浪江町、双葉町の復興ビジョンや復興計画に関わった。いずれも原発災害後初動期であり、長期的避難を強いられることを受け止め、何とか町民の絆を維持し、避難地であっても地域コミュニティを再生させていこうという「町外コミュニティ」、「町外拠点」の考え方を打ち出したのだった（浪江町は県内30か所ほどの仮設住宅に散在して避難、双葉町は埼玉県に役場ごと避難、全町村避難は6町村だった）。

2－2　その後、復興庁発足、復興交付金事業や福島再生加速化交付金事業などが展開されるようになった。福島県、原発被災地に対しては、除染関係補助金以外の分野では、「福島再生加速化交付金」、「福島原子力災害復興交付金」、「中間貯蔵施設整備等影響緩和交付金」、「福島特定原子力施設地域振興交付金」などが設けられた。それらを通して、広域的・長期的そして過酷な避難生活を強いられている被災者に寄り添う生活支援策よりも、ハード（と除染）に偏った復興事業になっていった。因みに、加速化交付金は、県では農業農村関係に、市町村では産業団地整備に集中し、社会福祉関連は皆無である（2018年10月時点）。

2－3　被災自治体では、復興庁の提示する復興関連事業の申請、計画作成、事業実施に追いまくられ、結果的に復興事業の選択の結果による市町村間の復興の進捗や内容に大きな違いを生じさせている。

2－4　医療・福祉・介護、教育、購買などの復興が立ち遅れており、なお帰還に不安を感じている被災者は多い（被災地自治体の介護保険料の高さが報じられている）。

2－5　これらの復興や被災者支援の被災地間の違いに対して、あらためて国や県による広域調整の役割が重要である。

3. 広域的・長期的災害からの復興のめざすべき方向

3－1　被災者や地域社会に寄り添い、ハードに偏っている復興事業を軌道修正するためにどうすべきか。被災者や地域社会が復興の基本目標として掲げる視点を早急に確立する必要がある。それはそれぞれの自治体で、共通のゴールとして「生活の質」、「コミュニティの質」、「環境の質」を具体的な指標として策定していくことである（国連が提唱するSDGsになぞらえて、SRGs（Sustainable

Recovery Goals）として提案している）。これらは基本的人権に属する課題、地域社会や地域環境がそなえるべき基本的な条件である。これによって、基礎自治体による“復興の競争”のような状況を生み出さないことが重要である。

3−2　原発依存から脱却するために福島県内の原発10基は廃炉にすることが決定した。県内の電力消費も再生可能エネルギーへの転換が大きな課題である。しかし、県内各地の設置される太陽光パネルの中には巨大なメガソーラーが目立ち、それぞれの地域の農業や地域環境との共生に疑問を投げかけている。大玉村では2019年6月「大規模太陽光発電所と大玉村の自然環境保全との調和に関する宣言」を発表、12月には条例を制定している。

一方、地域社会・地域経済の持続的再生に向けて、地域経済を担ってきた中小企業や農業などの支援を本格的に進める必要がある。

これらの再生可能エネルギーへの転換と地域経済の再建との課題を密接に結びつけながら、地域循環型経済のあり方を探っていくことが重要である。

3−3　あらためて、原発災害後10年の検証と被災者・被災地からの復興ビジョンの策定が必要ではないか。「集中復興期間」、「復興・創生期間」の10年の終了期を1年後に控えて、原発事故対応、避難指示やその方法、仮設住宅の供給、除染、「子ども・被災者支援法」と被災者支援、損害賠償、復興事業、特定復興再生拠点事業等々、改めてそれらの検証を行い、今後の課題と方策を見直していくことが重要であろう。それは、全国でなお過酷な避難生活を強いられている被災者の声を反映させていくことであり、全国の原発立地地域や世界の取り組みとの連帯にも繋がっていくであろう。

最後に、2012年9月国会事故調査委員会が広汎かつ詳細なヒアリングやデータに基づく報告書が公にされた。事故後10年を経るにあたってもう一度、国会が事故や原発災害の実相に迫る検証に取り組むことをぜひお願いしたい。

注

1　原発災害からの復興過程において、当初の「復興ビジョン」とその後の事業制度が具体化する中での「復興計画」との乖離について、以下の拙稿でも取り上げた。

・鈴木浩（2021d）、「福島原発災害―復興ビジョンと復興事業の展開―」（日本学術協力財団『学術の動向』2021年3月、通巻第300号）、2021年3月。

・鈴木浩（2021e）、「福島の復興計画の課題」（日本建築学会『建築雑誌』2021年3月号）、2021年3月。

2　朝日新聞「記者解説　地元理解なき海洋放出」（2021年5月31日付）。

3　井戸謙一（2018）「原発差し止め訴訟判決の成果と課題」（第4回原発と人権　全国研究・市民交流集会 in ふくしま）、2018年7月28日。

第6章

帰還困難区域が抱える問題

原発事故発災後、福島における地域再生のための復興過程で最も困難で重要な課題のひとつは、3つの「避難指示区域」のうち、今日なお避難指示解除が難しい「帰還困難区域」の復興である。

第1節 「帰還困難区域」とは
—避難指示区域の変遷—

原発事故発生直後の2011年3月11日19時03分、「原子力緊急事態宣言」が発令された（10年を経過した2021年3月現在なお、この「原子力緊急事態宣言」は解除されていない。ちなみに2011年3月12日に宣言が出された福島第二原発の緊急事態宣言は2011年12月に解除されている）。翌日の3月12日18時25分、総理大臣名で半径20km圏内の住民の避難指示が発令され、さらに3月15日11時には、20〜30km圏内に屋内退避指示が出された。

そして事故後およそ40日経過した4月22日には、緊急時の被ばく状況で放射線から身を守るための国際的な基準値（年間20〜100mSv）を参考にして3つの避難区域を決定した。福島第一原発から半径20km圏内の区域を「警戒区域」とし、立ち入りを禁止した。次に20〜30km圏内を「緊急時避難準備区域」とし、緊急時に屋内退避か避難すべき区域とした。そして20km圏外で年間20mSv以上が予想される区域を「計画的避難区域」として指定した。加えて、警戒区域や計画的避難区域以外で、風向きや地形などの影響で事故後1年間の蓄積線量が20mSv以上になることが予想される地域（ホットスポット）として「特定避難勧奨地点」を指定した（図6－1参照）。

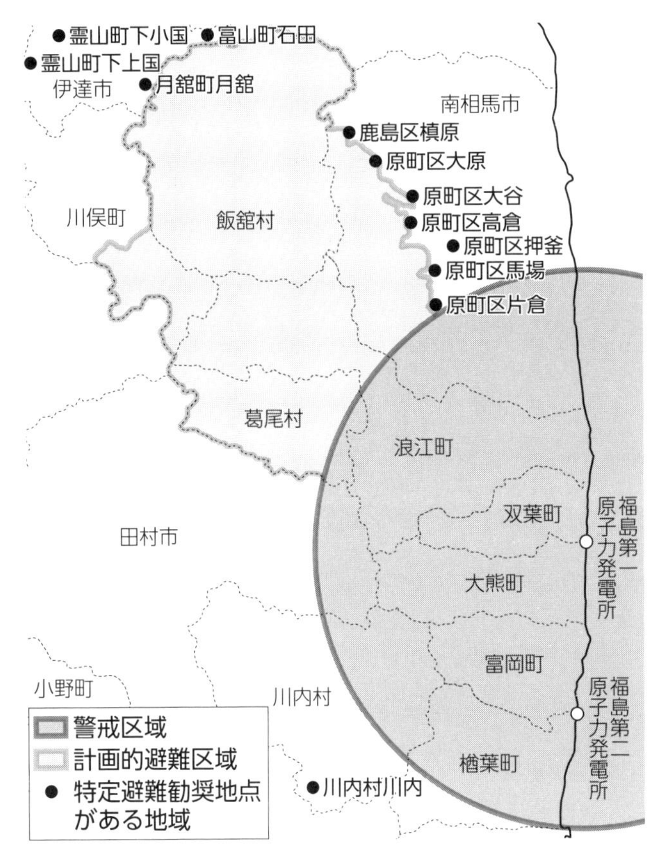

図6－1　最初の避難指示区域（2011年4月22日）

出所：福島県ウエブサイトより。

［図6－1の解説］

・「警戒区域」＝第一原発から20km圏内の立ち入り禁止区域

・「緊急時避難準備区域」＝第一原発から20～30km圏内、緊急時に屋内退避か避難する区域（2011年9月30日、解除）

・「計画的避難区域」＝事故後1年間の被ばく線量の合計が20mSv以上になりそうな区域。区域内の住民には避難を指示。

・「特定避難勧奨地点」＝警戒区域や計画的避難区域以外で、風向きや地形などで事故後1年間の積算線量が20mSv以上になると予想される地域（ホットスポット）で、区域内の住民には避難を促した（2014年12月28日、すべて解除）。

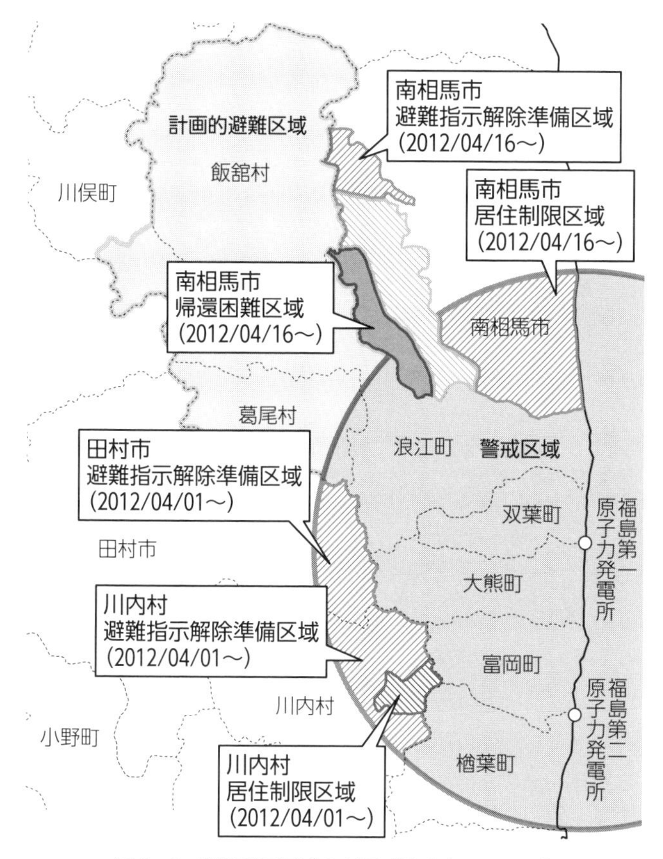

図6－2　避難指示区域の変更（2012年4月1日）

出所：福島県ウエブサイトより。

さらにおよそ1年後の2012年4月1日には、避難指示区域を見直し、その一部を年間積算線量の状況に応じて次の3つの区域区分に再編している（図6－2参照）。

・「避難指示解除準備区域」——年間積算線量が20mSv以下になることが予想される区域——区域内への立ち入りが柔軟に認められるようになり、住民の一時帰宅（宿泊は禁止）や医療・福祉施設、店舗などの一部の事業や営農が再開できるようになった。

・「居住制限区域」――年間蓄積線量が20～50mSv以下と予想される区域――引き続き避難の継続、住民の一時帰宅や復旧工事のための立ち入りは可能。

・「帰還困難区域」――年間蓄積線量が50mSv以上と見込まれる区域――引き続き避難の徹底が求められる区域。337km²、避難対象住民は約2万4000人にのぼる。

その後、2013年8月、警戒区域および計画的避難区域についても避難指示解除準備区域、居住制限区域、帰還困難区域に再編成された。そして今日まで徐々に避難指示準備区域、居住制限区域を中心に避難指示が解除されてきた。

2014年4月　1日　田村市、「避難指示解除準備区域」（旧避難指示区域）の解除
2015年9月　5日　楢葉町、「避難指示解除準備区域」の解除
2016年6月12日　葛尾村、「帰還困難区域」を除いて解除
2016年6月14日　川内村、「居住制限区域」解除（「避難指示解除準備区域」については2014年10月に解除）
2016年7月12日　南相馬市、「帰還困難区域」を除いて解除
2017年3月31日　飯舘村、浪江町、「帰還困難区域」を除いて解除
　　　　　　　　川俣村、「避難指示解除準備区域」の解除
2017年4月　1日　富岡町、「帰還困難区域」を除いて解除
2018年4月24日　大熊町、「帰還困難区域」を除いて「準備宿泊」を実施

図6－3は、2020年2月1日現在の「帰還困難区域」を抱える自治体の人口の変化を示したものである。

帰還困難区域を抱える7つの自治体の帰還率は、南相馬市（29.5%）、飯舘村（21.6%）、葛尾村（27.6%）、浪江町（5.7%）、双葉町（0%）、大熊町（6.4%）、富岡町（7.6%）となっていて、とくに福島第一原発が立地する双葉町と大熊町、そしてその両町に隣接する浪江町、富岡町の帰還率は10%に達していない。避難指示が解除された町村では川俣町・山木屋28%、楢葉町49.1%を除いて、70%前後の帰還率となっている。

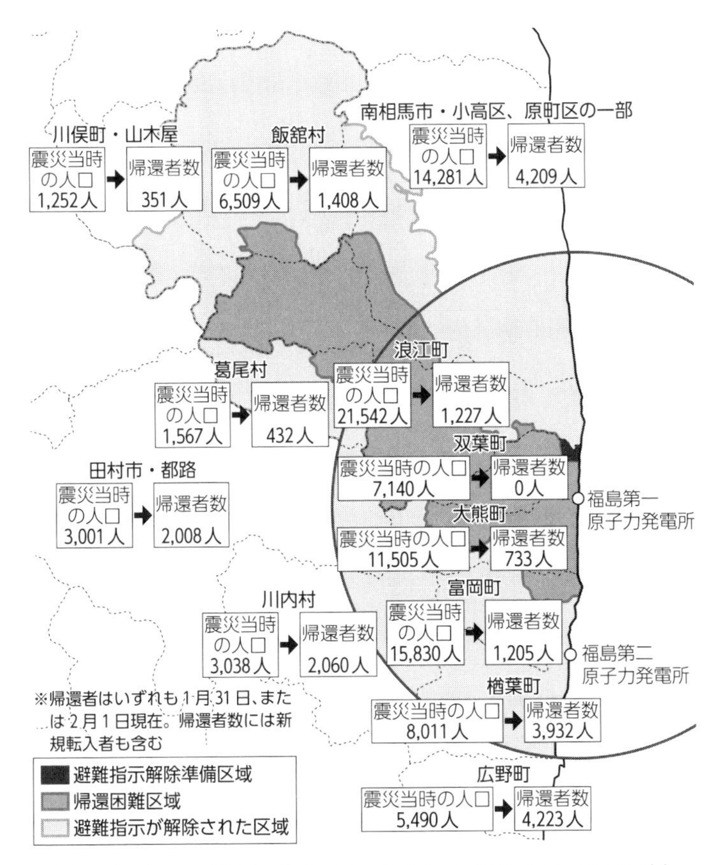

図６－３　帰還困難区域を抱える自治体の人口（2020年２月１日現在）

出所：『福島民友』2020年３月１日。

[図６－３の解説]

それぞれ震災当時の人口→帰還者数

・南相馬市（小高区、原町区の一部）　14,281人→4,209人
・飯舘村　6,509人→1,408人
・浪江町　21,542人→1,227人
・葛尾村　1,567人→432人
・双葉町　7,140人→0人
・大熊町　11,505人→733人
・富岡町　15,830人→1,205人

この図にはすでに避難指示が解除された自治体の震災当時の人口と帰還者数も示されている。

・川俣町（山木屋）　1,252人→351人
・田村市（都路）　3,001人→2,008人
・川内村　3,038人→2,060人
・楢葉町　8,011人→3,932人
・広野町　5,490人→4,223人

因みに、図に示されているように、富岡町と楢葉町にまたがって福島第二原発が立地しており、すでに廃炉が決定している。そこでの使用済み核燃料の処理や廃炉作業も長い時間を要することになるであろう。

第2節　避難指示区域と除染計画

「放射性物質汚染対処特措法」(「平成23年3月11日に発生した東北地方太平洋沖地震に伴う原子力発電所の事故により放出された放射性物質による環境の汚染への対処に関する特別措置法」2011年8月30日公布）の制定に続き、2011年11月11日、同法に基づく基本方針を閣議決定し、以下の2つの地域指定を決定した。

1　「除染特別地域」
(警戒区域又は計画的避難区域―その後の区域再編による「居住制限区域」と「避難指示解除準備区域」―の指定を受けた地域)

避難指示区域のうち「避難指示解除準備区域」と「居住制限区域」は国による直轄除染が進められることになった。国が除染計画を策定し、除染事業を進める（2012年2月28日までに11市町村［4市町村は一部地域］)。2012年1月26日、環境省が発表した「除染特別地域における除染の方針（除染ロードマップ）について」では、避難指示区域の区分ごとに除染実施の手順と除染の目標が示されている。

①「避難指示解除準備区域」

・2012年度内を目途に、年間10mSv以上の地域で除染をめざす。

・2012年度内を目途に、年間5mSv（毎時1μSv）以上の地域にある学校等の除染を目指す。

・2013年3月末までを目途に、年間5～10mSvの地域の除染を目指す。

・2014年3月末までを目途に、追加被ばく線量が年間1～5mSvの地域の除染を目指す。

除染の目標は以下のように示されている。

・2013年8月末までに、2011年8月末に比べて、年間追加被ばく線量を約50%減少させる。
・上記の期間に子どもの年間追加被ばく線量を約60%減少させる。
・除染等の結果として、追加被ばく線量が年間1mSv以下となることを長期的目標とする。
・年間10mSv以上の地域については、当面年間10mSv未満となることを目指す。また、学校再開前に校庭・園庭の空間線量率を毎時1μSv未満とすることを実現する。

②「居住制限区域」
・2012～2013年度にかけての除染を目指す。
・除染によって年間追加被ばく線量20mSv以下となることを目指し、20～50mSvの地域を段階的かつ迅速に縮小することを目標とする。

③帰還困難区域
・まずは国が除染モデル実証事業を実施して、効率的・効果的な除染技術及び作業員の安全の確保方法を確立する。

しかし、この段階では「帰還困難区域」は追加被ばく線量が高い地域であることから除染作業についての具体的な工程は示されていない。

ただし、2013年3月7日原子力災害対策本部会議において、避難が長期化せざるを得ないと見込まれる地域の復興に係る取り組みを検討するにあたっての基礎データを収集するため、帰還困難区域を対象として除染による線量低減効果の把握を目的として、除染モデル実証事業を実施することとした。浪江町（赤宇木地区約8ha、大堀地区約7ha、井出地区約12ha）、双葉町（ふたば幼稚園約2.5ha、双葉厚生病院一帯約4.5ha、双葉町農村広場約1ha）の6地区について2013年10月～2014年1月に実施した[1)]。

除染の見通しもない帰還困難区域から避難している被災者からは、元の大地を取り戻してほしいという声は強く、後述するように帰還困難区域内に「特定復興再生拠点」を定め、除染などを進め、5年をめどに避難指示を解除することをめざすことになった。

2 「汚染状況重点調査地域」（年間追加被ばく線量が1mSv以上の地域）

「避難指示区域」以外の市町村で、年間追加被ばく線量が1mSv以上の区域について、「汚染状況重点調査地域」（図6－4）を指定し、当該市町村が除染実施計画を定め、除染を実施することになった（当初104市町村を指定したが、後に5市町村の指定を解除、2014年11月17日現在、

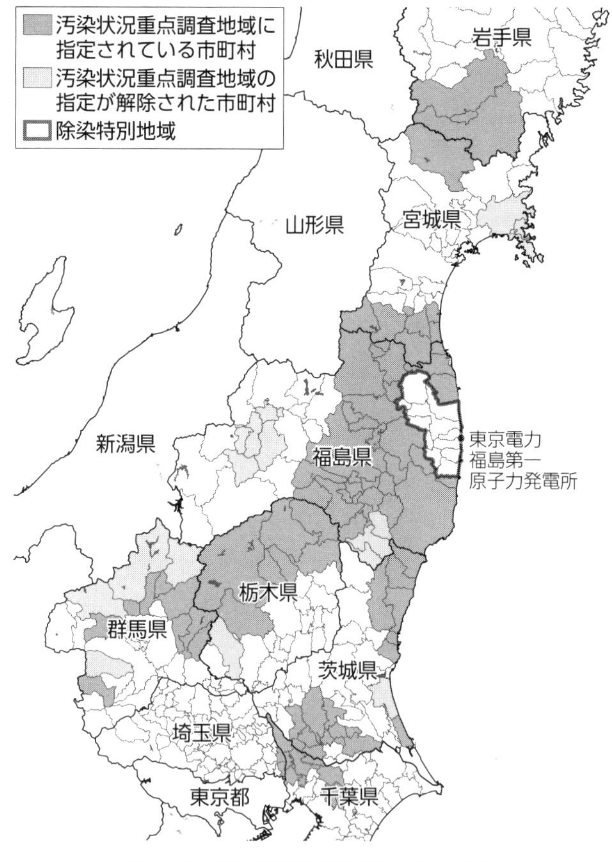

図6－4　汚染状況重点調査地域の広がり

出所：福島県ウエブサイトより。

99市町村が指定された）。

しかし、すでに説明した「避難指示区域」において、年間20mSvを目安に「避難指示解除」が実施されてきたことと、ここでの年間1mSvを目安にした除染実施との間には被災地の住民にとって十分説明がされてこなかったギャップがある。確かに「避難指示区域」では国による直轄除染が実施されたことによる被ばく線量は低下しているであろう。しかし、その結果として1mSv以下になったというデータは公表されてきたのだろうか。20mSvを目安に「避難指示解除」をしていることに不安を抱く被災者は多い。つまり、「避難指示区域」のうち年間20mSv以下になる見通しのある区域は「避難指示解除準備区域」に指定していたが、2012年1月に環境省が示した「除染ロードマップ」では、その区域における除染計画は、年間10mSv以上、同5～10mSv、同1～5mSvの区域に区分し、年間1～5mSvの区域においても2014年3月末までに除染を終了させることにしていた。つまり、「汚染状況重点調査地域」においても市町村が除染に取り組んだように、年間1mSv以下を目指していたと考えるのが妥当であろう。しかし、その後の「避難指示区域」は、年間20mSv以下になったことをもって解除するという公表の仕方であった。手続き的には「避難指示解除準備区域」への区域指定替えをしてから「避難指示解除」とするのが妥当な手続きではなかったか。説明不足と受け止められても仕方あるまい。

第3節　「帰還困難区域」と「特定復興再生拠点区域」

帰還困難区域に指定され、長い間避難し続けている被災者の多くから除染に対する根強い要望があった。2017年には福島復興再生特別措置法を改正して「特定復興再生拠点区域」を定めることが可能となった。市町村が整備計画を作成し、①除染によりほぼ5年以内に避難指示解除に支障のないレベル以下に放射線量が下がること、②帰還者の目標数が住民の意向を反映して的確である、③計画的で効率的な整備が可能である、④計画で想定した土地利用の実現可能性が十分見込まれる、⑤生活や経済活動に適した地形で、帰還困難区域外とのアクセスが確保できる、⑥計画に記載された事業が具体的でスケジュールが適切、などの基準を満たせば、内閣総理大臣がその「特定復興再生拠点区域整備計画」を認定する。

整備計画を円滑に進めるため、認定を受けた自治体、福島県、復興庁で構成する特定復興再生拠点整備推進会議を設置。国費で除染や廃棄物の処理、家屋の解体などを行い、道路、上下水道、公園などのインフラや、農園、住宅団地、医療・福祉施設、体育館、公民館、図書館などの公共施設を整備し、認定から5年後をめどに避難指示を解除する。

2018年5月11日までに認定されたのは**図6－5**に示すように、双葉町、大熊町、浪江町、富岡町、飯舘村、葛尾村の6町村の「帰還困難区域」内である。

「特定復興再生拠点区域」に指定された6町村の2020年4月1日現在の整備状況は**表6－1**のとおりである。

この6町村において、従来の中心市街地や中心集落と「特定復興再生拠点区域」との位置関係がかなり異なっている。

双葉町と大熊町においては、それぞれ常磐線の双葉駅と大野駅と従来の中心市街地が含まれるエリアである。浪江町はすでに避難指示が解除されたエリアに町役場や常磐線浪江駅そして国道6号線などが位置していて、「特定復興再生拠点区域」に含まれるエリアは常磐道浪江ICなど物流・防災拠点の要として位置づけられている室原地区、近郊型の農業地域に位置づけられる末森地区、そして中山間地域に位置づけられる津島地区に分かれている。

飯舘村及び葛尾村の「特定復興再生拠点区域」は、それぞれ村の中心集落や役場などからは離れた中山間地である。

筆者は、2019～2020年にかけて、双葉町における「特定復興再生拠点区域」整備計画のうちの第1期計画、双葉駅西側地区の計画づくりに参画した。双葉町の中心市街地は主に双葉駅を含む常磐線東側に広がっていた。その中心市街地に隣接して東側に中間貯蔵施設（双葉町500ha、大熊町1100ha）が広がっている。そして双葉町はいわき市に仮役場を

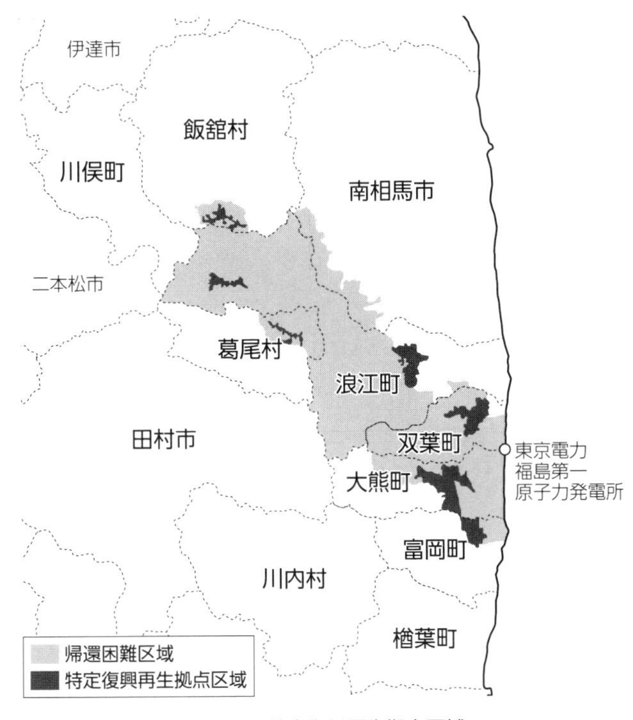

図６－５　特定復興再生拠点区域

出所：福島県ウエブサイトより。

[図６－５の解説]

帰還困難区域のうち、５年後をめどに居住や農業などの再開を目指す区域。

・双葉町 2017. 9.15 認定、約 555ha
・大熊町 2017.11.10 認定、約 860ha
・浪江町 2017.12.22 認定、約 661ha
・富岡町 2018. 3. 9 認定、約 390ha
・飯舘村 2018. 4.20 認定、約 186ha
・葛尾村 2018. 5.11 認定、約 95ha

含めて「町外拠点」を形成している。10年を経て、この復興のための拠点整備がどのような道筋とその先導役になるかは極めて重要であると考えている。まず頭に思い浮かぶのは、ふるさとに「戻れない」、「戻らない」そして「分からない」避難者の気持ちにどう応えられるかというこ

表6－1　特定復興再生拠点区域の整備状況

町村・認定日	区分	状況
双葉町 2017. 9.15 認定	避難指示解除	○JR 常磐線双葉駅周辺の一部区域：2020.3.4 解除
	解体・除染	○復興シンボル軸（県道井手長塚線等、(解体 55 件、除染約 7ha)：2017.12.25 着工 ○駅東地区等（解体 640 件、除染約 90ha)：2018.2.13 着工 ○羽鳥地区等（解体 200 件、除染約 120ha)：2019.5.8 着工 ※駅西地区（約 40ha)：先行除染済
	施設整備等	○常磐自動車道常磐双葉インターチェンジ：2017.6.17 着工、2020.3.7 開通 ○双葉駅西側地区一団地の復興再生拠点市街地形成施設：2018.3.30 都市計画決定、2018.7.31 一部事業認可、2019.10.1 着工 ○JR 常磐線双葉駅：2018.8.6 着工、2020.3.14 開業
大熊町 2017.11.10 認定	避難指示解除	○JR 常磐線大野駅周辺等の一部区域：2020.3.5 解除
	解体・除染	○下野上西地区等（解体 460 件、除染約 160ha)：2018.3.9 着工 ○駅周辺西地区、国道 6 号沿線、下野上南地区等（解体 300 件、除染約 140ha)：2019.2.28 着工 ※下野上周辺地区の一部（約 147ha)：先行除染
	施設整備等	○常磐自動車道大熊インターチェンジ：2017.6.17 着工、2019.3.31 開通
浪江町 2017.12.22 認定	解体・除染	○津島地区の一部（除染約 4ha)：2018.5.30 着工、完了 ○津島・室原・末森の 3 地区の一部（解体 160 件、除染約 290ha)：2018.8.6 着工
富岡町 2018. 3. 9 認定	避難指示解除	○JR 常磐線夜ノ森駅周辺の一部区域：2020.3.10 解除
	解体・除染	○夜ノ森駅周辺（除染約 0.3ha)：2018.7.6 着工、完了 ○拠点北地区等（解体 300 件、除染約 80ha)：2018.8.10 着工 ○拠点南地区等（解体 200 件、除染約 100ha)：2019.8.8 着工 ※夜ノ森地区の一部（約 44ha)：先行除染済
	施設整備等	○JR 常磐線夜ノ森駅：2019.4.4 着工、2020.3.14 開業
飯舘村 2018. 4.20 認定	解体・除染	○居住促進ゾーン等（解体 20 件、除染約 30ha)：2018.9.28 着工 ○国道東側地区等（解体 50 件、除染約 28ha)：2019.5.10 着工
	施設整備等	○環境再生事業：除染土壌再生利用技術等実証事業実施中
葛尾村 2018. 5.11 認定	解体・除染	○野行地区（解体 33 件、除染対象全域)：2018.11.20 着工

出所：2020 年 4 月 1 日現在、復興庁資料による。

とであった。因みに、復興庁・福島県・双葉町による住民意向調査の最新版（2020年8〜9月実施）によると、「戻らないと決めている」（62.1%）、「まだ判断がつかない」（24.8%）を合わせると86.9%に及んでいる。これらの双葉町の避難者にとっても、ふるさとの復興がどのように進んでいくかは重要な関心事であろう。ふるさとの復興過程を、逐次発信していくことが重要であるが、この「特定復興再生拠点区域」の整備においても、このような避難者のふるさととのつながりをどう位置づけていくかが重要な課題であると考えたのだった。この最初の計画地に隣接する場所に、比較的新しい東京電力の社員宿舎が存在している。もちろん現在は使われていないが、除染や清掃などをすれば十分に再利用できる施設である。この拠点計画で、その宿舎を譲り受け、筆者があちこちで提案し続けている「ふるさと住宅」（避難者が年末年始、彼岸やお盆に一時訪れ、墓参りや自宅などの訪問、友人知人との再会の機会に利用できるようにする一時滞在型の住宅）を提案したのだった。帰還できない双葉町の被災者にとって、ときおりふるさとに戻り、復興の様子を確かめる機会を用意することが重要であると考えている。

大熊町は大野駅周辺の既成市街地を取り囲んで復興再生拠点計画が動き始めている。もちろんそのエリアに元の役場や大野病院などがあった。そして、現在は大川原地区に復興公営住宅などの整備とともに役場が移転し本格的な活動を始めている。とはいえ、仮役場があった会津若松市などにまだ多くの避難者や子どもたちの教育機関などが残っている。そして、この復興再生拠点計画が、これらの役場機能や教育機関、医療機関などをどう再配置するかが今後の大きな計画課題になっていくであろう。

第4節　「特定復興再生拠点区域の避難指示解除と帰還・居住に向けて」（原子力災害対策本部、2018年12月）

福島県内6町村におけるすべての「特定復興再生拠点区域」の計画が

実施に移されてから、2018年12月、原子力災害対策本部は「特定復興再生拠点区域の避難指示解除と帰還・居住に向けて」を公表した。ここでは「特定復興再生拠点区域」における避難指示解除に向けた重要な方針が示されている。冒頭、以下のように「特定復興再生拠点区域」制度創設までの経過が示されている

・2011年12月26日、原子力災害対策本部、「ステップ２の完了を受けた警戒区域及び避難指示区域の見直しに関する基本的考え方及び今後の検討課題について」

ここでは避難指示解除の要件が以下のように示されている。

①空間線量で推定された年間積算線量が20mSv以下になることが確実であること。

②電気、ガス、上下水道、主要交通網、通信など日常生活に必須なインフラや医療・介護・郵便などの生活関連サービスがおおむね復旧すること、子どもの生活環境を中心とする除染作業が十分に進捗すること。

③県、市町村、住民との十分な協議。

これまで避難指示区域のうち、避難指示が解除されてきた地域において、「年間積算線量20mSv以下」が前面に出され、人々の生活関連サービスが「おおむね復旧すること」などが実現されているとはとても言えない。「県、市町村、住民との十分な協議」がどのように進められたのか、この点も判断に至った客観的な資料が見当たらない。しかし、「帰還困難区域」は「将来にわたって居住を制限する区域」として位置づけてられており、この段階では、避難指示解除の対象にはなっていない。

以下、時系列にみる。

・2013年11月20日、原子力規制委員会、「帰還に向けた安全・安心対策に関する基本的考え方」

・2013年12月20日、原子力災害対策本部、「原子力災害からの福島復興の加速に向けて」

これらの方針は、避難指示解除についての基本的な考え方が時系列的に示されているが、やはり「帰還困難区域」の避難指示解除の条件まで言及したものではない。

・2016年8月31日、原子力災害対策本部・復興推進会議、「帰還困難区域の取扱いに関する考え方」が公表され、5年を目途に、線量の低下状況も踏まえて避難指示を解除し、居住を可能とすることを目指す「復興拠点」の整備等を行うことが提案されるに至っている。

・2017年5月19日公布・施行「福島復興再生特別措置法の一部を改正する法律」では、上記の考え方を受けて、「特定復興再生拠点区域」が制度として創設された。

・2018年12月21日、原子力災害対策本部、「特定復興再生拠点区域の避難指示解除と帰還・居住に向けて」では、冒頭部分で以上のような「帰還困難区域」の取り扱いの経過と「特定復興再生拠点区域」整備の導入までの経過を詳しく説明したうえで、「特定復興再生拠点区域の避難指示解除と帰還・居住に向けた取り組み」において、2022年～2023年にかけて計画されている特定復興再生拠点区域全域の避難指示解除と帰還・居住に向けた取り組みを(1)～(3)のように提示している。

(1) 特定復興再生拠点区域の整備

(2) 特定再生拠点区域への帰還に向けた安全・安心対策

ここでは、内閣府・復興庁・環境省・原子力規制庁によって策定された「特定復興再生拠点区域における放射線防護対策について」を、原子力規制委員会、「帰還に向けた安全・安心対策に関する基本的考え方」(2013年11月20日) に沿ったものと認定している。つまり、「基本的考え方」[2)]を基本としつつも、帰還困難区域としての厳しい規制や住民の不安に対してきめ細かな対応をしていくとしている。

①特定復興再生拠点区域における帰還準備段階の取り組み。

②特定復興再生拠点区域における避難指示解除に向けた取り組み。

(3) 避難指示解除の具体的な手順の提示

ここでは、原子力災害対策本部、「ステップ2の完了を受けた警戒区域及び避難指示区域の見直しに関する基本的考え方及び今後の検討課題について」(2011年12月26日) に指摘されている避難指示解除の要件 (再掲：①空間線量率で推定された年間積算線量が20mSv以下になることが確実であること、②電気、ガス、上下水道、主要交通網、通信など日常生活に必須なインフラや医療・介護・郵便などの生活関連サービスがおおむね復旧すること、子どもの生活環境を中心とする除染作業が十分に進捗すること、③県、市町村、住民との十分な協議）が「おおむね充足された地域において、個人線量の把握や専門家による健康相談等の体制を整え、帰還準備のための宿泊を実施する。その上で、地元との協議の上で、避難指示を解除する」としている。

これまでの避難指示解除の経過を通して、被災者の安全・安心に対する年間積算線量 20mSv の妥当性、インフラや生活関連サービスが“おおむね復旧している”かどうかの妥当性、県・市町村・住民との十分な協議が行われたかどうかの妥当性、などが課題として存在していると思わざるを得ない。それは復興庁がほぼ毎年行っている住民意向調査においても、被災者がふるさとに戻らない大きな要因として指摘されているからである。

第５節　「除染なき帰還困難区域の避難指示解除」方針の発表

2020 年 6 月 3 日、『朝日新聞』において、「除染せず避難指示解除可能に　非居住や地元要望条件」の見出しで、帰還困難区域の避難指示解除を可能とする方針が政府から示されたことを伝えている。また、「除染して再び人が住める地域に戻す政策に、初めて例外を設けることになる。除染を『国の責務』とした放射性物質汚染対処特措法と矛盾することにもなりかねない」とも指摘した。さらに、「原発から 40 キロ離れた福島県飯舘村では、線量がほぼ 20 ミリ以下となり、除染抜きでも避難指示を全面解除してほしいと国に要望していた。与党も新たな解除の仕組みをつくるよう政府に求めていた」とも指摘。しかし、上記の 2020 年 4 月段階の進捗状況によれば、飯舘村長泥地区では合わせて 70 件の家屋の解体と約 58ha の除染が進行中であった。因みに、村のこのような要望は、「特定復興再生拠点区域」以外の「帰還困難区域」についての除染なき避難指示解除の要望であるが、明らかに既定の方針とは異なっている。

上記の記事をきっかけに地元紙でも大きく取り上げられることになった。「帰還困難区域」を抱える町村の意向を伝えている。

・『福島民報』（2020年６月４日付）、「政府・未除染でも解除検討、地元首長・地域の実情に配慮を」「復興に除染欠かせない　住民　広がる困惑」。

・『福島民友』（2020年６月４日付）、「帰還困難区域『除染なく解除』政府検討……地元意見を丁寧に聞く」として帰還困難区域を抱える７市町村、早期の方針求める声を紹介している。

浪江町・吉田数博町長「現時点で除染せずに解除することは検討していない。（復興拠点外についても）早急な解除に向けた方針の明示を求めていく」

大熊町・吉田淳町長「（解除の見通しの立っていない帰還困難区域は）放射線量が高く面積も広い上、住宅も多数残る。除染のほか、解除までの時間軸も速やかに示すよう今後も要請する」。

葛尾村・篠木弘村長「放射線量の低下やインフラ整備、除染、地元との協議など従来通りの対応を求めていく」。

富岡町は帰還困難区域全域の除染を求める方針に変わりはないが、これまで国の動きが鈍かった経緯を踏まえ、担当者は「町の考えは別として、解除の選択肢が示されることは議論が進むきっかけになる」と一定の評価をした。

双葉町・伊沢史朗町長「事実関係を把握していない」。

南相馬市・門馬和夫市長「国から正式な方針が出されていない」。

飯舘村・菅野典雄村長「完全な除染を待っていたら何年かかるか分からない。一歩進めるためには住民に納得してもらう必要がある」。ただ除染について「少なくとも解体した家屋周辺などはする必要がある」と強調した。

・『福島民報』（2020年６月７日付）「帰還困難区域　除染前提の解除求める　将来像検討会で５町村」、さらに福島県知事が「飯舘は特殊事情」と説明しているとのこと。

・『福島民報』（2020年６月25日付）内堀雅雄福島県知事の意向を示

す記事概要は以下の通り。

内堀雅雄知事は6月24日、東京電力福島第一原発事故による帰還困難区域全域について、除染を徹底した上で避難指示を解除するよう政府に引き続き求めていく考えを示した。

飯舘村が特定復興再生拠点区域（復興拠点）内外の避難指示の一括解除を要望。政府は除染していない地域でも解除できる仕組みを検討している。これらの動向について、内堀知事は、避難指示の解除は除染や生活環境整備が大前提としながらも、飯舘村については「別のやり方を望まれる場合は、別の手法もあり得るかと思う」と述べ、否定しない考えを示した。

第6節　帰還困難区域への政府対応と被災自治体の対応

「除染なき帰還困難区域の避難指示解除」問題の急浮上をきっかけに、政府においてもさまざまな動きが出てきた。

・『福島民報』（2020年6月30日付、下線、引用者）

「東京電力福島第一原発事故による帰還困難区域内に整備する特定復興再生拠点区域（復興拠点）を巡り、田中和徳復興相は29日、『<u>（復興拠点の）認定基準を満たせば区域拡大は制度上可能</u>』との認識を示した。復興相が公の場で復興拠点拡大の実現可能性に言及したのは初めて。<u>双葉地方町村会と双葉地方町村議会議長会が復興拠点の拡大、拠点外の除染・家屋解体と避難指示解除方針の明示を求めたのに対し</u>明らかにした。

政府は将来的に、復興拠点外も含めた帰還困難区域の全ての避難指示を解除する方針だが、<u>拠点外については除染や解除方針を現時点で示していない</u>。復興相が拠点拡大に言及したことで、帰還困難区域を抱える自治体にとっては現実的な選択肢となる可能性が高い。

一方、田中氏は『まずは既存の復興拠点の整備を着実に進めていくことが重要』と強調。『拠点外については地域の実情、自治体の要望などを踏まえて関係省庁と連携しながら検討を進めていく』と述べ、拠点拡大は復興の進捗（しんちょく）や住民の帰還動向などを踏まえて段階的に検討すべきとの見方を示した。

吉田淳大熊町長は福島民報社の取材に『復興拠点の拡大が認められるのはいいこと』と歓迎した。その上で、『(帰還困難区域を抱える）我々が示してほしいのは、拠点外の除染・解体に着手する時期や避難解除の見通しといった時間軸だ』と改めて求めた。

復興拠点は首長が拠点の範囲などを盛り込んだ整備計画を策定し、首相が認定する仕組み。認定から五年後をめどに避難指示解除の基準（空間放射線量率で推計した年間積算線量が20ミリシーベルト）以下に線量が低減することを柱に、住民の帰還や営農再開の意向、企業誘致の見通しなどが認定基準となる。

認定されれば国費で除染とインフラ整備を一体的に進められる。富岡、大熊、双葉、浪江、葛尾、飯舘の6町村が2022（令和4）年春から2023年春にかけて復興拠点の避難指示解除を目指している。

自民、公明両党の東日本大震災復興加速化本部は今夏、復興拠点外の方向性を盛り込んだ提言を政府に出す方針。これまでの提言は政府の復興施策の根幹を成してきた経緯があり、拠点外の在り方についてどこまで踏み込むかが注目される」。

・『朝日新聞』(2020年7月4日付、下線、引用者)

「東京電力福島第一原発の周辺に残る帰還困難区域を除染せずに解除する新たな方針について、政府の原子力被災者生活支援チームは1日、原子力規制委員会で検討内容を説明した。しかし、支援チームは『除染が不要』という核心について、まるで既成概念かのように説明を省いた。背景には何があるのか。

〈土地利用のための解除を追加〉

政府の委員会での説明によると、これまでの避難指示解除の目的は『住民の帰還・居住』だったが、今後は居住を除く『土地活用』のための解除方式を加えるという。

具体的には、これまでは①放射線量が年20ミリシーベルト以下になる②十分な除染とインフラ整備をする③地元と十分協議する、の3要件をすべて満たして解除してきた。追加する新方式では、①と③は採用しながら、人が住まないことが想定される場所について、 地元が土地活用を要望していれば、『線量低減措置』を講じて解除するという。

帰還困難区域となり、バリケードが設置された当時の福島県飯舘村の長泥地区。村は2023年に一斉解除してほしいと国に要望している。

問題はこの線量低減措置に除染が含まれるかどうかだ。支援チームは、規制委に対する説明資料でも口頭説明でも、『除染をしない』という表現は一切使わなかった。

〈規制委委員長「除染要件　科学的でない」〉

逆に、規制委側が支援チームの意をくみ、『除染なしの解除』を前提に意見を述べた。事前に政府の新方針について報道があったためと見られる。

伴信彦委員は『除染は放射線を防護する手段にすぎないのに、目的と化してしまった』、更田豊志委員長は『除染を（解除の）要件とするのは科学的とは言えない』と発言。線量が自然に年20ミリに以下に下がっていれば、除染は必要ないとの考えを支持した。

石渡明委員は「（帰還困難区域の）放射線量が下がったといっても普通の土地の10倍高い。表面の放射性物質を取り除く努力はするべきだ」と、除染を不要としたい支援チームの考えにクギを刺した」。

・『朝日新聞』（2020年7月7日付、下線、引用者）

「飯舘村、『原発事故による帰還困難区域を抱える町村の協議会』を脱退」。

「飯舘村が帰還困難区域を抱える6町村でつくる「原発事故による帰還困難区域を抱える町村の協議会」を脱退したことが、3日わかった。政府は同村の帰還困難区域のうち、特定復興再生拠点（復興拠点）外を除染せずに避難解除する方向で調整しており、従来通りの全面除染を求める5町村と路線の違いが出ていた。

飯舘村の菅野典雄村長と、同協議会長で葛尾村の篠木弘村長が先月25日に協議して決めた。政府は飯舘村の要望を受け、帰還困難区域のうち復興拠点を外れた地域を除染せずに避難解除する方針で、人は住まないが、立ち入りは制約しないことを想定する。原子力規制委員会が妥当性について審議を始めた。

飯舘村は復興拠点外に『復興公園』を設ける意向をもっている。菅野村長は取材に『復興拠点外の避難指示解除について、5町村と方法論に違いが出てきた。〈一緒にやっていくのは大変でしょう〉というお話が篠木村長からあったので、抜けさせていただいた』と話した。

協議会は今年5月、復興拠点外の除染や避難指示解除の方針を、来年3月の「復興・創生期間」終了前に示すよう国に求めている。従来通り、復興拠点外も除染を行った上での解除を求めており、飯舘村との路線の違いが明白になりつつあった。

篠木村長は取材に『(飯舘村は) 協議会が国や県に要望してきたこととは違う方向に進んだ。他の首長から (飯舘村は) 脱退してはどうかとの話が出ていた』と話した。

協議会は2018年12月、一日も早い避難指示の解除と住民の帰還を実現するため、富岡、大熊、双葉、浪江の4町と、葛尾、飯舘の2村の6町村で設立された」。

・『朝日新聞』社説 (2020年7月20日付)

「福島の除染　地元の声を最優先に」は、「帰還困難区域約3.3万haのうち解除する予定になっているのは、6町村の計2700haに過ぎない」とし、「飯舘村以外の町村では全区域の除染を求める声が根強い。新たなしくみを採用するかどうか踏み絵を迫るようなことをすれば、地域社会の分断につながる。地元自治体だけでなく住民の要請が、採用の前提であることを忘れてはならない」と警鐘を鳴らす。

これらの経過からは、広域連携の方向や被災者・住民などとの合意を見いだせないままに、除染なしに避難指示を解除する方向が、国の復興に対する考え方に近づいているということになるのではないか。現原子力規制委員会委員長の「避難指示解除における除染要件は科学的でない」とする発言などは、昨今の混乱に乗じた発言に思えなくもない。

2020年7月5日、飯舘村菅野村長が10月の村長選に出馬しないことを表明した。

第7節　帰還困難区域を抱える原発被災自治体の連携の方向

「除染なき帰還困難区域の避難指示解除」に向けた一部の動きは、「原発事故による帰還困難区域を抱える町村の協議会」からの飯舘村の脱退など原発被災自治体に混乱を生じさせた。

一連の動きから、今後の展開方向を探ってみたい。

政府にしてみれば、飯舘村がその突破口を開いてくれたと考えるのかもしれない。

飯舘村は、それなりの地域振興策に向けた補助金や助成事業などを要求している。

「地区では拠点外でも、除染しない状態で国の避難基準の放射線量をほぼ下回っている。拠点外は公園として整備する。住民が折にふれて訪れられるよう、地区で一斉に避難指示を解除してほしい――。これを、人が住まないので除染しなくていいという意味だと政府側は受け止めた」(『朝日新聞』社説、2020年7月20日付)。

落としどころとして、帰還困難区域を抱える自治体ごとに、その方針を尊重する形で、除染なしでも避難指示を解除するということを狙っている。

これまで、何度か飯舘村村長のお話を聞く機会があった。また復興への村長の取り組みを紹介した著書もいただいた。

そこで一貫しているのは、「美しい村づくり」「までぃな（丁寧な）村づくり」で培われた蓄積を生かし、他の自治体では取り組んでいない独自の復興事業に取り組んでいるという自負である。それは自治体首長が、政府関係者や政治家、そして復興庁などの中央官庁と直談判して、独自の事業についての予算を勝ち取ってくるという手法を蓄積させていった。

飯舘村では繰り返し、復興計画を策定してきた。その中で、村の核になる拠点を20の行政区のうちの3地区（草野、臼石、飯樋）としてきた。20行政区を平等に予算配分して行政区の活動を支えていくといっているが、この拠点の位置づけが今後の村づくりにどう関わっていくかが重要ではないかと思っている。その中から、帰還困難区域「長泥地区」の位置づけが少しずつ透けて見えてくるような気がする。

私は70年代、80年代に当時の経済企画庁が取り組んだ農村過疎地における集落移転事業を思い出した。代表的な例は島根県匹見町（ひきみちょう）であり、もう一つは岩手県沢内村であった。偶然であったが、1990年福島大学行政社会学部に赴任した折に、同じ時期に島根大学から赴任してきた教授から、島根大学時代に匹見町の事例に関わってこられたことを聞いた。後者は私自身が大学院生時代に所属していた研究室が受託調査として取り組んでいた。過疎地であり、豪雪地域である沢内村の山あいの集落・長瀬野地区が、冬場の生活利便性を確保するために主要道路沿いに集落ごと移転するという事業である。長瀬野地区は色々の経過を辿りながらも、最終的に集落移転を実現している。

長泥地区は、村として「集落移転」を考えているのではないかと想像するに至った。11世帯が戻らないという意向を示しているという、しかし、農業継続などの意向を受け止めながら、拠点集落への移転などを考えていくこともあり得るのではないかと、想像している。もちろん合意形成のプロセスをきちんと辿ることが前提である。とはいえ、帰還困難区域が存在する7つの自治体、その中で「特定復興再生拠点区域」の事業が取り組まれるのは南相馬市を除く6つの町村であり、この町村では「原発事故による帰還困難区域を抱える町村の協議会」を組織していた。

これまでの一連の動きを通じて、原発災害からの復興に向けて、その広域性と長期性に対応していくための広域連携の必要性と、帰還困難区域などの放射能汚染被災地における復旧と復興の時間軸を重視した復興プログラム、そしてそれらのための合意形成の仕組みの重要性があらためて明確になってきたのではないかと思う。

原発災害被災自治体と被災者は当初から山林を含めて除染を実施することを要求してきた。飯舘村も被災直後には全村除染の要求を国に要望していた（すぐに撤回しているが）。帰還困難区域の大半を占める森林地域は、除染の困難さからなおその方針が示されていない。「原発事故による帰還困難区域を抱える町村の協議会」が、復興拠点外の除染や避難指示解除の方針を政府に求めているのは、このような切実な課題があるからである。少なくとも、これらの政府への要望活動では6町村が足並みをそろえていたはずである。帰還困難区域を抱えるもう一つの自治体、南相馬市においても帰還困難区域の見通しをつけることは重要な課題である。それらの帰還困難区域では「特定復興再生拠点区域」による一つの活路が開かれたとはいえ、それ以外の集落などもその区域に含むべきであるという意見などが出されていた（例えば、浪江町）。

したがって、帰還困難区域全体について、被ばく以前の土地利用（森林、里山、耕作地、畜産あるいは山菜・菌茸類の栽培地など）、集落の配置――公共施設などとの位置関係や森林や里山、耕作地との位置関係など、道路や鉄道などの位置、河川や水源地の位置など――を再確認しながら、それらの再生の方法や時間的なプロセスの見通しなどについての検討をしていくことこそが重要な課題である。これらの共通の方向性に関する課題を共有せずに、個別自治体の方針を局地的に取り上げる方法の妥当性については、先の『朝日新聞』の社説のように、地域社会や自治体間の分断を生み出すことに細心の注意を払う必要がある。加えて、原発災害の広域性・長期性を踏まえた、広域調整の役割を担っている福島県の役割は重要である。

福島復興再生特別措置法（2012年3月31日制定、4月1日施行）の基本理念（第2条）、そして福島県知事の提案（第6条）などは、10年を経過する今日、改めて確認する必要がある。

因みに「基本理念」と「福島県知事の提案」は以下のとおりである。

（基本理念）

第二条　原子力災害からの福島の復興及び再生は、原子力災害により多数の住民が避難を余儀なくされたこと、復旧に長期間を要すること、放射性物質による汚染のおそれに起因して住民の健康上の不安が生じていること、これらに伴い安心して暮らし、子どもを生み、育てることができる環境を実現するとともに、社会経済を再生する必要があること、その他の福島が直面する緊要な課題について、女性、子ども、障害者等を含めた多様な住民の意見を尊重しつつ解決することにより、地域経済の活性化を促進し、福島の地域社会の絆（きずな）の維持及び再生を図ることを旨として、行われなければならない。

2　原子力災害からの福島の復興及び再生は、住民一人一人が災害を乗り越えて豊かな人生を送ることができるようにすることを旨として、行われなければならない。

3　原子力災害からの福島の復興及び再生に関する施策は、福島の地方公共団体の自主性及び自立性を尊重しつつ、講ぜられなければならない。

4　原子力災害からの福島の復興及び再生に関する施策は、福島の地域のコミュニティの維持に配慮して講ぜられなければならない。

5　原子力災害からの福島の復興及び再生に関する施策が講ぜられるに当たっては、放射性物質による汚染の状況及び人の健康への影響、原子力災害からの福島の復興及び再生の状況等に関する正確な情報の提供に特に留意されなければならない。

（福島県知事の提案）

第六条　福島県知事は、福島の復興及び再生に関する施策の推進に関して、内閣総理大臣に対し、福島復興再生基本方針の変更についての提案（以下この条において「変更提案」という。）をすることができる。

2　福島県知事は、変更提案をしようとするときは、あらかじめ、関係市町村長の意見を聴かなければならない。

3　内閣総理大臣は、変更提案がされた場合において、当該変更提案を踏まえた福島復興再生基本方針の変更をする必要があると認めるときは、遅滞なく、福島復興再生基本方針の変更の案を作成し、閣議の決定を求めなければならない。

4　内閣総理大臣は、前項の規定による閣議の決定があったときは、遅滞なく、福島復興再生基本方針を公表しなければならない。

5　内閣総理大臣は、変更提案がされた場合において、当該変更提案を踏まえた福島復興再生基本方針の変更をする必要がないと認めるときは、遅滞なく、その旨及びその理由を福島県知事に通知しなければならない。

まとめ

原発災害の復興過程で最も困難な課題の一つが「帰還困難区域」の課題である。もちろん、多くの原発災害被災者の生活・生業再建とふるさとの再生、そして原発事故収束のための汚染水問題、デブリの取り出しやその処理、使用済み核燃料の処理、さらには中間貯蔵施設の見通しなど困難な課題が山積しているが、「帰還困難区域」は今なお本格的な除染ができず、避難し続けざるを得ない被災者の将来にわたる見通しが立っているとは言えない。それどころか、政府や東電に対する疑問・不安・不信が募ってきたのだった。

「帰還困難区域」を除く「居住制限区域」、「避難指示解除準備区域」は、ほとんど避難指示が解除されている。その解除は、「居住制限区域」では年間追加被ばく放射線量が20mSv以下になったことに拠っている。上記の「避難指示区域」は原発事故直後の「警戒区域」および「計画的避難区域」を2012年4月に区域指定を再編したものであった。年間追加被ばく線量が少ない「避難指示解除準備区域」は20mSv未満、そして「居住制限区域」20～50mSv、「帰還困難区域」50mSv以上となっていた。しかもこの宮城県や栃木県・千葉県などにも広がる広範なエリアで年間追加被ばく線量が1mSv以上の地域では「汚染状況重点調査地域」が指定され、市町村主体の除染が実施されたのだった。1mSv以上の「避難指示区域」以外では除染が行われていたにもかかわらず、「居住制限区域」では20mSv以下になったという説明で、避難指示が解除されていった。一気に1mSv以下になったという説明は聞いていない。この1～20mSvの間の取扱いが明確に示されているのであろうか。機械的に判断しても「居住制限区域」の放射線量の低下によって、次のランクの「避難指示解除準備区域」への変更という過程を踏むことが自然ではないか。とくに

「帰還困難区域」の被災者には、「汚染状況重点調査地域」における除染活動をみて、最終的にはそのレベルでの除染まで取り組むことを期待していた人々が多かった。

とはいえ、多くが森林に占められ除染作業もままならないことから、除染の見通しは示されてこなかった。この被災者の強い要求や被災自治体の要望が、「特定復興再生拠点」整備事業を生み出したと言ってもいいのではないか。したがって、たとえ一部の自治体からの提起であったとしても、一気に「除染なし避難指示解除」は強引すぎると言わざるを得ない。とすれば、一つの有力な方法は、地政学的な状況や集落の分布状況などを精査し、「特定復興再生拠点」整備のエリアを広げることではないかと思う。その意味で第6節冒頭に紹介した2020年6月29日の田中和徳復興相の発言は重要である。

いずれにせよ、広範に放射線被ばくを受けたエリアにおける除染やその後の復興の進め方について、もっと丁寧な住民や自治体との協議が必要であろう。その際に改めて、前節で「福島復興再生特別措置法」を引用したように、福島県の広域調整の役割を発揮してもらうことが重要である。

注

1　環境省除染チーム（2014）「帰還困難区域における除染モデル実証事業の結果報告」2014年6月10日。

2　「基本的考え方」において、①帰還後の住民の被ばく線量の評価に当たっては空間線量率から推定される被ばく線量ではなく個人線量を基本とすべきこと、②住民が帰還し生活する中で個人が受ける追加被ばく線量を長期目標として年間1mSv以下になることを目指していくこと、③避難指示の解除後に被ばく線量の低減・健康不安対策をきめ細かく講じていくことなどの考え方を取りまとめている。

第７章

長期的・広域的避難を支える支援のあり方

本章では、長期的・広域的な避難を強いられている被災者・避難者の実情や被災者・避難者支援の取り組み、そして原発事故被災者支援に関する制度運用などを通して、被災者・避難者に寄り添うとはどういうことかを考察してみたい。

第１節　被災者・避難者の実情

2021年３月、原発事故後10年を経て、原発被災地のうち７つの市町村（南相馬市、飯舘村、浪江町、葛尾村、双葉町、大熊町、富岡町）は、なお「帰還困難区域」を抱えている。とくに福島第一原発立地町の双葉町・大熊町は、それぞれの従来の中心市街地がなお帰還困難区域になっている。さらに双葉町・大熊町にまたがり、1600haにわたって立地する中間貯蔵施設は、除染などによる汚染物質の貯蔵施設として稼働開始して30年後、2045年には県外に搬出されることになっている。

前章ですでに紹介したように、これらの７つの原発被災地自治体のうち、南相馬市を除く６つの町村では「帰還困難区域」の住民による除染とふるさと再生への強い要求などを踏まえて、「特定復興再生拠点整備計画」を実施することになった。とはいえ、双葉町、大熊町での居住人口はそれぞれ避難前の人口の0％（2020年３月４日現在）、2.7％（2019年４月10日現在）、その両町に隣接する浪江町、富岡町では、それぞれ9.1％（2017年３月31日現在）、12.8％（2017年４月１日現在）に留まっている。因みに、この帰還の実情を伝える東京新聞Web版の見出しは「縮みゆく自治体―住民帰還の今―」となっている[1]。

復興庁が2013（平成24）年度以降、ほぼ毎年実施してきた「原子力被災自治体における住民意向調査」の2019（令和元）年度調査結果によると、双葉町、大熊町、富岡町、浪江町では「戻らない」と回答した避難者はそれぞれ63.7%、59.9%、49.0%、54.8%を占めている。

また同調査による設問「帰還を判断するための必要な条件」によると、4町ともに第1位は、「医療・介護福祉施設の目途」があげられている。そして「商業やサービス業などの再開・新設」などの見通しの他、「放射線量の低下の目途や除染成果」、「原子力発電所の安全性」に関する情報（事故収束や廃炉の状況など）があげられている。そしてこの4町では「どの程度の住民が戻るか」についての関心が高いこと（4町では必要な条件の中で5位以内になっている）が特徴的である。さらに「帰還しないと決めている理由」では、「すでに生活基盤ができている」が第1位を占め、被災地の状況に関しては「医療環境」、「生活用水」、「原子力発電所の安全性」、「生活に必要な商業施設」などの不安があげられている。

放射線量の低下を基準にして「避難指示地域」の解除を先行させてきたが、被災者・避難者にとって、生活を継続的に再建させることに必要な条件がなお整備されていないことが帰還を妨げていることがわかる。

地方自治総合研究所と朝日新聞社が共同で実施している「原発災害避難者の実態調査」（第1次～第9次）の最新版（第9次報告）の特徴は、これまでの9年間を振りかえり、最終章「これからの10年の展望」で今後の10年を展望する足がかりを得ようとしていることである[2)]。

この実態調査の結果で注目すべき点は以下のような指摘である。

・7割の原発災害避難者が健康被害を想定している（日本全体の感覚とは大きく異なる結果ではないか）。

・これから10年間にするべきこと。①原状への復帰、②事故収束と着実な廃炉、③生活支援・健康調査、④生活環境（汚染水処理問題、医療・介護、自治体は避難指示解除を止めてほしい、など）、⑤事故責任・エネルギー政策、⑥あきらめ。

・いまの気持ち。「気力を失っている」が一段と増加。「頑張ろうと思う」は低下傾向。「怒りが収まらない」は９年間という時間を経ても減っていない。

さらに2020年６月19日、「震災支援ネットワーク埼玉」と早稲田大学災害復興医療人類学研究所が共同で実施した首都圏の避難者調査の中間結果を発表している[3)]。

首都圏に避難しているすべての世帯（4255世帯）に送付し、2020年３月５日段階で集計できた400世帯分の調査結果である。そこでは避難者が高いストレス状態にあること、約４割がPTSD（心的外傷後ストレス障害）の可能性があること、約２割が抑うつ不安障害、約１割が直ちに医療的支援が必要、などを明らかにしている。さらに、回答者の46.1%が持病の悪化、62.6%は新たに疾患を患っている。13.9%が家族を失っており、そのうち73.7%が震災関連死。40%を超える人が孤独を抱えていること、こういう高いストレス状態が今も続いていることを復興庁など行政が把握していないことが問題であると指摘している。また、福島県外に避難している人々への医療費の支援が削減され続けており、住宅支援も打ち切られてきたことについても指摘している。

そもそも「被災者」、「避難者」はどのように把握されているのだろうか。これまでの福島第一原発事故による避難者数の推移について、復興庁・福島県発表の避難者数は実態を反映しているのか、という指摘がされてきた。佐藤政男氏は、2019年現在のデータを使って、以下のように３種類の「避難者数」が存在していると指摘している[4)]。つまり、福島県による公式発表（4万3201人）、福島県避難地域復興課による発表（6万1452人）、各自治体のデータによる集計（『福島民報』掲載）（6万6651人）である。また、県内避難者数と県外避難者数の内訳も福島県の集計と各自治体のデータを集計した『福島民報』の報道（2019年３月）とでは大きく異なっている。前者（県内避難者１万54人、県外避難者３万3147人）に対して、後者（県内４万8098人、県外１万8553人）となっている。これらの「避難者数」の食い違いはなぜ生じるのか。これまでの避難指示区域とその解除などが大きく関連しているのである。「帰還困難区域」、「居住制限区域」、「避難指示解除準備区域」の避難指示区域に指定された区域からの避難者は「避難者」としてカウントされた。これらの避難指示区域に含まれない地域からの避難者は「自主避難者」として扱われることになり、避難者に対するさまざまな支援制度が著しく区別され制限されてきた（次節以降で詳しく述べるが、「子ども・被災者支援法」による「被災者」として支援制度が用意されている対象は「避難指示区域」を除く福島県内の浜通り・中通りである）。そして、その後、避難指示区域が徐々に解除されるたびに、解除された地域からの「避難者」は「自主避難者」として扱われることになった。例えば、そのような取り扱いの変更が、復興公営住宅の家賃減額の解消につながっている。客観的な事実として避難している被災者を政策的に「避難者」として選別することがさまざまな「避難者数」を生み出すことになった。

第２節　被災者支援と避難者支援
—原発災害が提起した問題—

広域避難と長期避難そして過酷な避難生活が原発災害の特質の一つである。その避難者には、放射線量に基づく「避難指示区域」の指定によって、指定区域以外からの「自主避難者」が多く含まれている。しかし、この「自主避難者」という呼称は、放射能汚染の不安からいやおうなしに避難を強いられている被災者に対して、政府や県などが避難者への支援などについての線引きに基づいているのであって適切な表現とは思えない。2012 年４月、それ以前の半径 20km 以内の「警戒区域」と年間被ばく線量 20mSv に達する恐れのある「計画的避難区域」を再編して、年間 50mSv～を「帰還困難区域」、20～50mSv を「居住制限区域」、20mSv 以下を「避難指示解除準備区域」に指定した。その際に、「避難指示区域」以外の地域から避難している被災者を「自主避難者」と呼び、その後の対応にさまざまな差別をもたらすことになった。

後述するように「子ども・被災者支援法」の基本方針が法制定後１年３か月要した背景には、この放射線量に基づく科学的な基準を設けようとしたことによっている。同法に基づいて「支援対象地域」を設定しているが、そこでは「一定量の幅をもった相当の線量」を示す地域として、「避難指示区域」を除く福島県内の浜通りと中通りとしている。さらに、「放射性物質汚染対処特措法」(「平成 23 年 3 月 11 日に発生した東北地方太平洋沖地震に伴う原子力発電所の事故により放出された放射性物質による環境の汚染への対処に関する特別措置法」、2011［平成 23］年 8 月 30 日制定）に基づく、「汚染状況重点調査地域」の指定は長期的に実現することが望ましい年間放射線量 1mSv 以上の地域としていることから、広範に指定されたこれらの地域の人々も放射能汚染に対する不安から避難する人たちが多かったことは容易に想像できることであった。これらの避難者を「自主避難者」として区別し、さまざまな避難者支援を限定し差別化してきた経過が存在している。

原発災害の被災者・避難者の生活・生業の再建や彼らのためのふるさとの再生は、10 年を経過して改めて長期的かつ広域的な課題として受け止めざるを得ないことを深く認識する必要がある。彼らの生活・生業の再建は、ふるさとの再生と時間軸や空間軸が一致しているわけではない。被災自治体も、ふるさとの復興は当面する大きな課題であるが、合わせて全国に避難している被災者への支援をどう続けていくかは避けては通れない課題である。が、ふるさとの復興に重きを置くあまり、遠くに避難している被災者のふるさととの結びつきや接点を見失いがちになっていく可能性もないわけではない。「町外コミュニティ」や「町外拠点」は、避難の広域性や長期性に対処しようとして考え出された復興プロセスの特質を示しているが、国の復興制度などによって、ふるさとへの帰還や復興に重点が置かれ、「町外コミュニティ」などへの施策、言い換えれば広域的避難者への生活・生業支援などは尻すぼみになってきている。

福島県が中心になって発足させた特定非営利活動法人「超学際的研究機構」(2004 年 3 月設立～2017 年 3 月解散）では、自主活動「復興再生を目指す情報プラットフォームと車座会議」を 2015 年度、2016 年度の 2 か年にわたって取り組んだ。それは主に二本松市、本宮市、福島市などの仮設住宅で生活している浪江町からの被災者を中心に避難生活の実情やふるさとの復興に対する思いなどを話し合う場として準備したものである。仮設住宅における課題や要望そして避難先地域コミュニティとの共生のあり方などの他、浪江町で復興計画の策定や町内での復興公営住宅の計画が進行中だったこともあり、ふるさとの復興のあり方、復興公営住宅への要望などを自由に話してもらった。印象的だったのは、帰還困難区域などで、帰宅の許可をもらって自宅に戻った際の無残な獣害の様子、町外に自宅を建設したものの住民票はそのままにしていることなど、原発災害からの避難生活の複雑さ、深刻さをうかがい知ることができた。また本宮市の社会福祉協議会などと協力して浪江町の原発災害の現地視察を企画するなど避難先との連携が進んできていた。しかし、この時の車座会議の役割は、避難生活の実情や故郷への思いを自治体の復興計画や復興公営住宅に反映させていくことであった。と同時に、桑折町の仮設住宅団地への訪問で、避難元の被災者の連携だけでなく、避難先地域社会との共生（例えば桑浪食堂や町有地の農地としての運営など）の取り組みなどを実践的な展開方向として目の当たりにすることができた。しかし、これらの経験と教訓を引き出すことが被災者に「寄り添う」ことになっていたのだろうか。避難者の生活・住まい・健康・仕事などの課題にどう立ち向かうか。支援制度の拡充やふるさとの復興に反映させていくことだけでよいのか、という疑問を抱えつづけていた。原発災害の被災者は誰か、避難者はどこまで含めるべきか、10年経過した時点でも、長期的・広域的避難の姿を通して問われ続けていると言えよう。

第３節　避難支援の法制度はどこまで充実してきたか

被災者の生活・生業再建の支援の課題は、災害直後の個別避難先や避難所・仮設住宅の確保とそこでの生活再建や復旧・復興過程とともに進む自宅再建や災害公営住宅建設や生活再建支援など、広範に及ぶ。

「福島復興再生特別措置法」（2012年３月30日成立、以下「福島特措法」）においても、被災者支援に関する規定が以下のように定められている。

・放射線による健康上の不安の解消、その他安心して暮らすことのできる生活環境の実現のための措置（健康管理調査の実施、健康増進等を図るための財政上その他の措置、農林水産物等の放射能濃度の測定、除染等の迅速な実施、放射能の人体への影響等に関する研究及び開発の推進、国民の理解の増進、教育を受ける機会の確保、医療及び福祉サービスの確保）

・福島の復興及び再生に関する施策の推進のために必要な措置（避難指示区域から避難している者及び避難指示解除により避難指示解除区域に再び居住する者について、生活の安定を図るための措置、保健・医療及び福祉にわたる総合的な措置、住民の健康を守るための基金に係る財政上の措置等）（下線、引用者）

ただ、「福島特措法」は「福島の復興・再生の特別法」と位置づけられており、ふるさとの復興、帰還促進が大きな柱になっているし、上記のように「避難指示区域」からの避難者や帰還者が施策の主な対象者になっている。

原発災害から広域に避難している被災者のための支援に向けた法律は「東京電力原子力事故により被災した子どもをはじめとする住民等の生活を守り支えるための被災者の生活支援等に関する施策の推進に関する法律」（以下「子ども・被災者支援法」）である。議員立法によって、ようやく2012年6月制定された。この「子ども・被災者支援法」では、被災者生活支援の施策については同法第8条～第11条にその概要が示されている（詳細は省略）。

（第8条、支援対象地域で生活する被災者への支援）

（第9条、支援対象地域以外の地域で生活する被災者への支援）

（第10条、支援対象地域以外の地域から帰還する被災者への支援）

（第11条、避難指示区域から避難している被災者への支援）

しかし、「子ども・被災者支援法」第5条第1項によって、政府は、被災者生活支援等施策の推進に関する基本的な方針を定めなければならないとしているが、政府による基本的方針の決定には1年3か月ほどを要している。この間、同法の趣旨を踏まえた被災者支援施策を前倒しで進めることが求められていた。政府による「自主避難者等への支援に関する関係省庁会議」を経て、2013 年３月、関係省庁連名による「原子力災害による被災者支援施策パッケージ～子どもをはじめとする自主避難者等の支援の拡充に向けて～」（以下「パッケージ」）が公表された[5)]。このパッケージは「子ども・被災者支援法」の理念の実現としては十分ではないという指摘もないわけではない。

そして、2013 年 10 月 11 日、「子ども・被災者支援法」第５条第１項の規定に基づく「被災者生活支援等施策の推進に関する基本的な方針」が閣議決定された。基本方針決定に時間が割かれたのは「支援対象地域」の決定基準であった。法律が制定された当時の民主党政権下の平野達男復興大臣は「支援対象地域をどのように決めるかについては、なかなか難しい問題」[6)]と述べていたし、基本方針の策定過程における根本匠復興大臣（自民党政権）は「支援対象地域は、年間積算線量が 20 ミリシーベルト以下であって一定の基準以上の地域であるが、一定の基準については、専門的、技術的、科学的な知見から検討すべき」[7)]との見解を示していた。そして最終的な「基本方針」では「年間積算線量が 20 ミリシーベルト以上に達する恐れのある地域と連続しながら、20 ミリシーベルトを下回る相当な線量が広がっていた地域……福島県中通り及び浜通りの市町村（避難指示区域等を除く）とする」とした。また、「支援対象地域」に加え、施策ごとに「支援対象地域」より広範囲な地域を「準支援対象地域」として定めることとしている。結局、「一定の基準以上の地域」は「相当な線量が広がっていた地域」となった。このことについて根本復興大臣は、線量数値で国が勝手に線を一方的に引くことでコミュニティを分断してはならず、画一的な線量数値で支援対象地域を定めることが適切とは言えないという考え方を「基本方針」に示したと述べている。このような考え方が「科学的な合理性」に基づいたものであるとも答えている[8)]。ここで述べられていることは地域コミュニティとしての分断を避けるためにも積極的な見解と言えるのではないかと思う。

この「支援対象地域」の決定基準について、注５で紹介した泉水健宏氏の論文では除染を進めるために指定された「汚染状況重点調査地域」

との関係についても言及している。「汚染状況重点調査地域」は、「平成23年3月11日に発生した東北地方太平洋沖地震に伴う原子力発電所事故により放出された放射性物質による環境の汚染への対処に関する特別措置法基本方針」（2011年11月11日、閣議決定）において「追加被ばく線量が年間20ミリシーベルト未満である地域については……長期的な目標として追加被ばく線量が年間1ミリシーベルト以下になること」をめざすとして、「同法の汚染状況重点調査地域については、追加被ばく線量が年間1ミリシーベルト以上となる地域について、指定するものとされた」[9]（下線、引用者）のであった。

「除染は放射線の影響による住民の健康上の不安を解消すること等のため行われることから、同地域を子ども・被災者支援法の支援対象地域にすること等、その整合性を図った上で、健康管理対策等の施策を行う必要性を指摘する見解もある（我孫子市長の見解、2013年9月)。この点に関し基本方針は、準支援対象地域で実施される施策の例示として除染を挙げ、『除染については汚染状況重点調査地域において除染実施計画に基づき適切に実施すること』としている。そして、『準支援対象地域』で実施される各施策と『支援対象地域』において実施される施策とあいまって、放射線による被災者の健康上の不安を解消し、安定した生活の実現に寄与することとなるとしているものの、支援対象地域と汚染状況重点調査地域との関係については必ずしも明確ではないように見受けられる」[10]。

このあいまいさが、「子ども・被災者支援法」だけでなくさまざまな施策に影響を及ぼしている。

つまり、「除染」を行う地域において、子どもを育てることに不安を抱く家族は多く、広域的・長期的に避難している。これらの地域から避難する人々に対して「自主避難者」という扱いが適切かどうか、彼らへの日常的な生活上の支援を行うことが同法の趣旨ではないのかと思う。

同法による主な施策は以下のとおりである。

・自然体験活動等を通じた心身の健康の保持。

・住宅の確保：借上げ仮設の供与期間を2015年3月まで延長、同年4

月以降については、代替的な住宅の確保等の状況を踏まえて適切に対応することとした。また支援対象地域に居住していた避難者について、新規の避難者を含め、公営住宅の入居の円滑化を支援することとなった。

・就業の支援：福島県へ帰還して就職することを希望する者に対する相談窓口の設置に加えて、福島県及び福島近隣県に避難して就職を希望する者への合同面談会等が実施されることになった。

・放射線による健康への影響調査等：福島県の全県民に対して外部被ばく線量調査や、事故時18歳以下の子どもに対する甲状腺検査等必要な健康管理を継続することが明記された。福島近隣県においても汚染状況重点調査地域の住民等に健康上の不安を抱えているものもあり、新たに以下のような施策を実施することとしている。

・福島近接県における個人線量計による外部被ばく調査。

・有識者会議の開催。

・民間団体を活用した被災者支援の拡充：NPO等による県外自主避難者へのニュースレター発信等の情報支援事業。

泉水健宏氏は、今後の課題について、以下のように指摘している。

「汚染状況重点調査地域と支援対象地域との整合性の問題は、……新規に実施される福島近接県における個人線量計による外部被ばく調査や有識者会議の開催が重要な意味を持っている。……被災者・避難者等の意見の反映について重ねて規定されている（第5条第3項、第5項、第14条等）ことを鑑み被災者・避難者等の意見・要望等を適時適切に聴取し、必要に応じて迅速な見直しが図られる体制を整えておく必要もあるのではないか」[11]。

「子ども・被災者支援法」が施行されて以来、「自主避難者等への支援に関する関係省庁会議」が毎年開催されてきた（2014年4回、2015年3回、2016年以降年1回）。復興庁ウエブサイトによると2019年7月5日に開催された会議では次のように議事が進められている。

議事：「被災者生活支援等施策の推進に関する基本的な方針」に関する施策とりまとめについて

・事務局より、「被災者生活支援等施策の推進に関する基本的な方針」

に関する施策とりまとめ及び子ども・被災者支援法関連施策の内容について、それぞれ資料に沿って説明。

議事：被災者生活支援等施策の推進状況について

・各省庁及び福島県から、以下の内容について、それぞれ資料に沿って説明。

―福島県及びその近隣県における航空機モニタリング測定結果について（原子力規制庁）

―福島県内における年間外部被ばく線量推計の推移（復興庁）

―被災者支援総合交付金（復興庁）

―「避難者の方々の意見をお聞きする場」開催実績（復興庁）

―県外避難者等への相談・交流・説明会事業（福島県）

―復興公営住宅の今後の募集について（福島県）

―生活困窮者自立支援制度の概要（厚生労働省）

―新たな住宅セーフティネット制度の枠組み（国土交通省）

議事：その他

・引き続き被災地の状況等を共有し、基本方針に沿って、被災者生活支援等施策を推進していくことを確認。

会議の当日配布された「『被災者生活支援等施策の推進に関する基本的な方針』に関する施策のとりまとめ」[12]（事務局作成資料）では被災者への支援として以下の12項目にわたってそれぞれ施策概要が説明されている。(1) 医療の確保、(2) 子どもの就学時の援助・学習等の支援、(3) 家庭、学校等における食の安全及び安心の確保、(4) 放射線量の低減及び生活上の負担の軽減のための地域における取組の支援、(5) 自然体験活動等を通じた心身の健康の保持、(6) 家族と離れて暮らすこととなった子どもに対する支援、(7) 移動の支援、(8) 住宅の確保、(9) 就業の支援、(10) 支援対象地域の地方公共団体との関係の維持に関する施策、(11) 放射線による健康への影響調査、医療の提供等、(12) その他。

この資料では、最後に「国民の理解」のための施策として「正確な情報発信」（正確で分かりやすい情報の発信が、個々人の不安に対応したきめ細かなリスクコミュニケーションの実施に必要であることから、関係省庁等の発信している情報等を集約した資料である「放射線による健康影響等に関する統一的な基礎資料」を平成25年度に作成し、毎年度改訂）や「意見交換会の開催」、「法務省の人権擁護機関による人権擁護活動（震災に伴う人権擁護活動の充実強化―被災地における人権相談や震災に関する人権教室の実施、震災に関するシンポジウムの開催）」が掲げられている。

しかし、原発災害の被災者への支援、被災者に寄り添うことの基本的な考え方が確立されているわけではなさそうである。上記の「正確な情報発信」は、発信側、受信側の双方向の情報発信に関する評価や意見交換が必要である。何よりも、冒頭に紹介したさまざまなアンケート調査の結果などにおける避難者の生活実態と不安などとどのように関連づけて施策を評価していくべきかがみえてこない。

政府は2013年12月20日「原子力災害からの福島復興の加速に向けて」を閣議決定した。そこでは「福島復興再生加速化交付金」の創設が謳いあげられた。「福島復興再生加速交付金」制度は、「長期避難者への支援から早期帰還への対応まで施策等を一括して支援する」ことを目的としている。具体的な事業には「長期避難者生活拠点形成」（公営住宅整備やコミュニティ交流員の配置による復興公営住宅でのコミュニティ支援など）などの避難者支援事業が含まれている。コミュニティ交流員の活動は、次節で「NPOみんぷく」の活動などを紹介する。

原発災害被災者にとって、放射能被ばくの不安はなお大きいはずであるが、社会全体では話題にすることが少なくなっている。福島第一原発の事故以後、放射線防護の考え方がどこまで確立しているのであろうか。専門的な研究機関の存在やそこでの専門家の研究蓄積などは時折接することがあるが、被災者はもちろん広く市民が放射線防護の知見に接する機会やそれらに関わる制度は実現できているであろうか。ここはそれらを詳しく議論する場ではないので、常識的な放射線防護の考え方に触れておくことにしたい。

ICRP（International Commission on Radiological Protection　国際放射線防護委員会）の示す放射線防護の三原則―①外部被ばくにおける遮

へい、②距離の確保、③時間による低減、合わせてALARA（as low as reasonably achievable）の原則、すなわち防護の最適化についても広く知られるところとなっているが、正直に言えば、実在する原子力やその災害と向き合う人々の認識や行動様式、つまり文化にまで至っているかといえば、なお道遠しである。原発の立地を抱えている地域社会がそういう文化を醸成していくことが必要ではないか。

福島原発災害の被災者支援の一環として取り組むべき放射線防護の考え方が、SPEEDI（緊急時迅速放射能影響予測ネットワークシステム）の情報理解、当初の避難行動、オフサイトセンターの運用、除染、避難指示区域の設定やその解除、賠償、汚染土壌の処理、汚染水の処理などの展開において、獲得できていったかどうかは極めてあいまいであるが、ここでも検証する余裕がない。

2013年2月に改正された原子力災害対策指針では、重大事故が起きた段階で5キロ圏内はただちに避難、30キロ圏は屋内退避のうえ「モニタリングポスト」などによる実測値をもとに避難の判断をすることになった。その後、原子力規制委員会は2014年10月、原発事故などの際に放射性物質がどのように拡散するかを予測していたSPEEDIについて、住民避難などの判断には使わないとする運用方針を決定している。実測値を重視するためのモニタリングポストも、福島原発事故数年後にはその個所数を減らす方針が示されて、各地で存続要望が相次いだ。原発を抱える全国各地で、モニタリングポストがどれほど充実しているのだろうか。政府や原子力規制委員会の原発立地地域に対する放射線防護に関する透明性と信頼性の高い実証データと説明が求められているのではないかと思う。

第4節　避難者支援活動の蓄積と教訓

原発災害発生後、福島県、浪江町、双葉町の復興ビジョン・復興計画策定に関わったが、県の復興ビジョン策定の段階では避難所に提供されていた県営あづま運動場の体育館にたびたび訪問したし、浪江町、双葉町の復興ビジョンや復興計画策定に際して被災者との交流は欠かせなかった。仮庁舎が二本松にある浪江町の策定委員会では多くの行政区長や住民が参加していたし、二本松市、福島市、桑折町などの仮設住宅団地にはたびたび訪問した。双葉町はいち早く県外避難を決め、当初はさいたま副都心駅に隣接するさいたまスーパーアリーナに避難した後、3月末には埼玉県加須市の旧騎西高校校舎に移動した。役場機能とともに多くの教室が双葉町からの避難者の避難所として使われていた。策定委員会が開催されるたびに避難所を訪問した。しかし、当時の避難者の訪問は避難状況の確認と今後の課題などを聞き取るという段階で、被災者支援活動には繋がっていなかった。

その後、福島県や民間の財団が、被災者支援の活動をしているNPOなどへの助成制度が発足し、それらの応募状況などに触れる機会が増えていった。ひところよりも申請団体などが減少しているとはいえ、2020年度段階でもこれらの助成制度によって活動しているNPOなどは多い。

10年近く経て、これらのNPO活動を通して感じていることを率直に言えば、それらの多くはそれぞれのNPO設立の活動理念と活動方法に基づいており、被災者に寄り添った支援というよりも活動対象として被災者がいるという印象を持たざるを得ないケースが多かった。言い換えれば、被災者が主体的に生活再建やまちの復興に関わっていく道すじを獲得していくという活動は多くはない。

ここでは、復興庁による「生活拠点コミュニティ形成事業」・復興公営住宅を中心とする生活拠点のコミュニティ形成支援活動を受託している団体の一つである「NPO法人みんぷく」による復興公営住宅における活動を紹介しておこう[13)]。この事業では、主に復興公営住宅団地にコミュニティ交流員を派遣し、以下のような業務を展開している。

(1) 復興公営住宅の団地自治組織の形成や運営支援
(2) 地元町内会加入に向けた地元自治組織との総合調整
(3) 入居者の交流促進を図るための訪問活動の実施
(4) 復興公営住宅入居者同士のコミュニティ形成に向けたきっかけづくりや交流活動の支援

⑸ 入居者と地域住民との新たな交流の場の創出
⑹ 復興公営住宅の団地内外における共助機能の確保
⑺ 関係機関（行政機関、社会福祉協議会、NPO 等）との連携体制の構築
⑻ 交流やサロン活動の充実を図るためのホームページの作成、ニュースレター等による情報発信
⑼ その他、コミュニティ維持・形成に必要な支援

福島市内の復興公営住宅団地のコミュニティ交流員派遣活動は概略以下のようなものである。

復興公営住宅の自治会設立やその後の活動を支援（公営住宅入居抽選会の後に入居説明会が行われ、当選者にカギが渡されるが、入居後に「みんぷく」が入居者の顔合わせ会を設ける（自治会結成に向けて）など。

委託事業は 2020 年度で終了することになっている（2021 年 3 月まで)。

復興公営住宅は全県で 4890 戸―70 団地（うち 58 団地で自治会設立。12 団地では自治会ができていない)。近隣町内会加入は 2 割程度（団地の特性というよりも地域の特性ではないか)。

[問題点・課題]

・ボランティア活動は 2019 年から減少（NPO の解散など)。

・自治会が自主的に取り組めない（まだ実力がない)。

・県は交流会予算措置中止。

・自治会は一人ひとりの安否がわからない（社会福祉協議会は一人ひとりとは対応、しかし自治会と連携しない、なぜ？)。

・高齢化の進行。

・入居者は 2018 年 3 月末で東電への家賃・共益費の賠償請求が打ち切りとなった。

・2018 年 4 月より、福島県による「避難市町村家賃等支援事業」が始まり、家賃・共益費が補償されたが、2020 年 3 月以降、大熊町、双葉町以外は県内の仮設住宅から転出したため、一般的な公営住宅法の家賃と共益費が全額入居者負担となった。

・支援団体間の横のつながりがないこと。団体への助成が縦割り。

・県や国に要望を反映させるために縦割りを横櫛でつなぎ協議会などを組織できないか。

・「孤独死」問題への対応はなお大きな課題ではないか。

・故郷に戻りたい、ここに落ち着きたい、の２タイプだけではない。

・地域コミュニティの実体に迫っているか。

・ケースマネジメントが必要ではないか、それには社会福祉協議会などとの連携が必要。

・「官民合同チーム」の取り組みはまさにケースマネジメントではないか。

・二重住民票の実現に迫るべきではないか。

・貧困問題に注目していく必要がある。

原発災害に対する復興公営住宅の大半は当該自治体内に供給できないために県による供給管理である。しかし一方で、従来からの県営住宅を含めて、その管理は指定管理者制度で対応している。指定管理者は復興公営住宅の特性を踏まえた管理をどう受け止めているのだろうか。

被災者にとって、住まい・健康・福祉は命綱である。しかし、災害発生後10年を機に、災害公営住宅制度がまた後退しようとしている。「3.11災害公営　家賃低廉化補助縮小　修繕費工面　自治体恐々」（『河北新報』2020年６月21日付）。復興庁は、東日本大震災の被災者が暮らす災害公営住宅の家賃を低く抑える国の支援事業を管理開始から20年としてきた現行補助を、11年目以降は他の激甚災害並みに引き下げる方針を決めた（特例現行：当初５年7/8補助、６〜20年2/3補助から激甚災害：当初５年3/4補助、６〜20年2/3補助へ）。

さらに広域的な避難者を支援する活動からもさまざまな問題点が指摘されている。

第５節　避難者支援活動から見えてきた課題

避難者支援活動の多くは、福島復興再生特措法や福島復興再生加速化交付金などによる政府が示す事業メニューを選択的に事業化するという道筋を辿る。避難者が避難生活で直面する困難は、それぞれの個別事情によってまちまちであるが、事業メニューはそれぞれに最も適した支援方法にまで工夫されることはない。原発災害からの避難生活は広域的かつ長期的避難によって生活再建の見通しを著しく困難にしているし、避難元の地域コミュニティの絆をどう維持するかだけでなく、避難先の地域コミュニティとの共生をどう図っていくか、などの複雑な課題に直面している。地域社会や人々の生活実態に関する調査研究に携わる専門家の得意とするところであるが、避難生活の実態調査に基づく課題と具体的な支援策の抽出は、たえずいくつかの型に分類されることが多い。それは問題の背景や構造を理解しようとすれば当然そういう帰結にたどり着く。しかし、原発災害による広域的・長期的避難は避難者の数だけ抱える問題や課題が複雑であり、何よりも生活再建のための支援策には避難者自身の主体的な生活再建の努力やふるさとの地域再生への関わりを引き出していくことを位置づける必要がある。

これまでのNPO活動などの多くは、誤解を恐れずに言えば、いわば支援の“提供”という性格のものがほとんどであった。遠隔地で新たな生活に取り組む避難者の多くは、避難先での人間関係や地域社会との関係をどう切り開いていくかが大きな課題になっている。実際に聞き取りをしてきた本宮市や桑折町などの仮設住宅の被災者と地域社会との関わりは、そういう契機をもたらす可能性をもっていた。福島市内の復興公営住宅の自治会と地域社会の自治体との関わりも今後の可能性を感じたものだった。とはいえ、上に述べてきたように、避難者一人ひとりの生活再建を見出すというところまではいっていなかった。避難者支援のあり方はまた別のアプローチが必要であるが、東日本大震災の被災者支援には新たなアプローチが生まれてきている。例えば「災害ケースマネジメント」である。

菅野拓氏は、仙台市で取り組まれた「災害ケースマネジメント」について紹介している[14)]。

・異なる多様な困難に対応できない現行の被災者支援。

障害・高齢・生活困窮など平時の脆弱性が災害によって増幅される。

現在の被災者支援の基準は、たまたま住んでいた家の壊れ具合である罹災証明書の区分が基本的なものであり、持家も借家も問われない。

現行法では非合理な形で被災者支援を行ってしまうことになる。

・「災害ケースマネジメント」—仙台市の経験。

2014年「被災者生活再建推進プログラム」策定。

2015年「被災者生活再建加速プログラム」策定。

→4つの生活再建支援類型、それらすべてで、継続的な状況調査、支援情報の提供、公営住宅入居支援、住宅再建相談支援を実施、恒久住宅への移行と生活再建を支援。

1)「生活再建可能世帯」。

2)「日常生活支援世帯」—①戸別訪問の実施、②健康支援、③見守り・生活相談、④地域保健サービスによる支援。

3)「住まいの再建支援世帯」—①、⑤個別支援計画による支援、⑥就労支援の推進、⑦伴走型民間賃貸住宅入居支援。

4)「日常生活・住まいの再建支援世帯」—①②③④⑤⑦、⑧専任弁護士と連携した相談支援体制。

→「被災者生活再建支援ワーキンググループ」(仙台市各部局、仙台市社会福祉協議会、(一社) パーソナルサポートセンター、による合議体)の定期的開催。

・各世帯の支援計画の更新、生活再建の促進。

・2014年4月1日時点、9,309世帯が被災者生活再建加速プログラムの対象。

・災害ケースマネジメント型支援の広がりと制度化、国の予算化

その後、大船渡市、北上市、名取市で実施。

さらに2016年台風10号被害の岩泉町、2016年熊本地震における熊本県や熊本市。

鳥取県では「危機管理条例」の改訂—災害ケースマネジメント型被災者支援を制度化。

2018年大阪北部地震、高槻市が鳥取県スキームを参考にして実施。

徳島県では、事前復興計画に災害ケースマネジメント型被災者支援を盛り込んだ。

厚労省、「被災者見守り・相談支援事業」を2019年度予算化→2019年・台風19号では長野県などでこの事業を用いて災害ケースマネジメント型被災者支援がスタート。

避難者支援は、復興過程において被災者が避難生活などを強いられていたとしても、彼ら自身が可能な限り生活再建や地域の再生に向けて生活主体として立ち向かえるようになること、そういう場面を築いていくことをめざしていくべきではないかと考えてきた。しかし、行政の避難者支援は災害救助法に典型的に示されているように現物支給が基本である。さまざまな支援制度を活用するNPOの活動に触れる機会があっても、それぞれのNPOの基本目標に沿った活動の延長線上に避難者支援が位置づけられていて、避難者が主体的に生活再建や地域再生に取り組むきっかけ作りにはほとんどなっていない。あらためて被災者に寄り添うということの意味を丁寧に掘り下げる必要があるのではないか。

まとめ

—長期的・広域的避難生活を強いられている原発被災者の生活・生業再建とふるさとの復興・再生への思いに寄り添うには—

最後に、避難者支援のあり方について、その基本的な考え方をまとめておこう。

⑴　避難先での仕事確保と自立的な日常生活を取り戻せること。ふるさとでの生活・生業再建の可能性を検討する機会・窓口・支援制度などがあること。それらのための二重住民票を選択肢として制度化すること。

⑵　避難先地域コミュニティとの共生が成り立つこと。そこでの帰属意識が生まれること。

⑶　避難先でのさまざまな悩みや困難を抱える避難者に対して、個別事情に対応できる相談・支援（ケースマネジメント）体制が整備されて

いること。

(4)　ふるさとの復興・再生に向けた協議の場に参加できること、復興・再生に取り組んでいる友人たちとの交流を維持し、年中行事のある時にふるさとに戻れる機会や一時宿泊施設（例えば、ふるさと住宅）などを利用できること。

(5)　住民票を移した元住民でも「特別住民」制度のようなものを準備し、いつでもふるさとの情報を得たり協議の場に参加できるようにできること。

(6)　原子力発電所の廃炉・汚染水の処理・使用済み核燃料の処理などや汚染土壌の中間貯蔵施設の動向や移転の見通しなどについての透明性の高い情報と確実な見通しを得ることができること。

(7)　ふるさとにおいても避難先においても、めざすべき「生活の質」・「コミュニティの質」・「環境の質」を具体的に展開する場が基礎自治体や都道府県に用意されていること[15)]。

注

1　『東京新聞』Web、2021年1月18日付。

2　今井照（2020）「原発災害避難者の実態調査」（地方自治総合研究所『自治総研』通巻393号、2011年7月～通巻499号）、2020年5月。

3　震災支援ネットワーク埼玉・早稲田大学災害復興医療人類学研究所「2019年度原発事故被害アンケート調査第5報（改訂版）」震災支援ネットワーク埼玉ウエブサイト。

4　例えば、佐藤政男（2019）「復興基準としての“避難者数”の実相」、第158回ふくしま復興支援フォーラム、2019年9月18日。

5　この経過やパッケージの内容、その課題などについては以下の論文に詳しい。

・泉水健宏（2013）「福島の被災者・避難者に対する支援策の現状と課題―子ども・被災者支援法及び被災者支援施策パッケージを中心とした状況―」（参議院事務局企画調整室『立法と調査』No.341）2013年6月。

・泉水健宏（2014）「東京電力原子力事故に係る被災者生活支援等施策の推進に関する基本的な方針の策定と今後の課題」（参議院事務局企画調整室編集・発行「立法と調査」No.348）2014年1月。

・復興庁・内閣府・消費者庁・総務省・文部科学省・厚生労働省・農林水産省・国

土交通省・経済産業省・環境省・原子力規制庁（2013）「原子力災害による被災者支援施策パッケージ～子どもをはじめとする自主避難者等の支援の拡充に向けて～」2013年3月15日。

6　第180回国会参議院東日本大震災復興特別委員会会議録第10号、p.36、2012年8月27日。

7　第183回国会参議院東日本大震災復興特別委員会会議録第5号、p.4、2013年5月10日。

8　根本復興大臣記者会見録、2013年8月30日。

9　泉水（2014）、前掲論文「東京電力原子力事故に係る被災者生活支援等施策の推進に関する基本的な方針の策定と今後の課題」（参議院事務局企画調整室編集・発行「立法と調査」No.348）2014年1月、p.137。

10　泉水（2014）前掲論文。

11　泉水（2014）前掲論文。

12　この資料には次のような説明が加えられている。「本資料は、被災者生活支援等施策の推進に関する基本的な方針（平成27年8月25日改定）において、『被災者が具体的な施策について把握できるようにするため、関係省庁の各施策の概要、対象地域等を記した資料を別途取りまとめ、公表する』としていることを受け、支援対象地域の被災者の支援に関する施策を中心に、支援の内容ごとに分類した上で取りまとめ、毎年度公表しているもの」（下線、引用者）。

13　「NPOみんぷく」のメンバーである後藤剛志氏へのヒアリングによる（2020年6月6日）。

14　菅野拓（2020）「広がる『災害ケースマネジメント』」（自治体問題研究所『住民と自治』2020年6月、pp.17-19）。

15　「生活の質」、「コミュニティの質」、「環境の質」については第8章を参照されたい。

参考文献・資料

・学術会議（2014）『提言　東京電力福島第一原子力発電所事故による長期避難者の暮らしと住まいの再建に関する提言』2014年9月30日。

・松井克浩（2017）『故郷喪失と再生への時間―新潟県への原発避難と支援の社会学―』東信堂、2017年8月。

・福島県『避難者支援ハンドブック―避難されている方の暮らし・生活再建に向けて―』2016年9月。

・福島県避難者支援課『令和元年度　避難者支援の主な取り組み』。

・原子力災害対策本部（2011）「『原子力被災者への対応に関する当面の取組のロードマップ』の進捗状況のポイント―今般発表分の主な進捗内容（9月中旬～10月中旬

の進捗)—」2011年10月17日。
・復興庁「『被災者生活支援等施策の推進に関する基本的な方針』に関する施策とりまとめ」2015年10月。
・復興庁「自主避難者等への支援に関する関係省庁会議、議事録」(2014年6月2日〜2019年7月5日。)

第8章

地域再生に向けた広域的な合意形成をめざして
―「生活の質」「コミュニティの質」「環境の質」の実現―

はじめに

2017年3月、原発事故後丸6年を経て、大きな「節目」を迎えていた。「避難指示区域」のうち事故のあった福島第一原発立地町である双葉町・大熊町の全域の「避難指示」を除いて、他の地域における「居住制限区域」、「避難指示解除準備区域」の指定が解除されたからである。この「避難指示解除」は、「被ばく線量の一定の低下」に基づいて避難者の帰還が可能であるという宣言でもあり、それによってこれまでの仮設住宅などの支援や賠償などが1年後には打ち切られることも意味している。そこで、避難者にとって、この「節目」が、復興や生活の再建に向けての大きな転機と受け止められたがどうかは極めて疑問である。

復興庁・県・当該市町村によって継続的に実施されている最新の住民意向調査によると、原発立地町の双葉町（2020年8月現在）・大熊町（2020年9月現在）、帰還困難区域など避難指示区域が広域にわたる浪江町（2020年9月現在）・富岡町（2020年8月現在）では「帰還意向」はそれぞれ、10.8%、12.1%、18.9%、17.5%である。逆に「戻らない」との意向は、62.1%、59.5%、54.5%、48.9%となっている。

また2017年3月、4月に一斉に避難指示解除された4つの町村では、解除から1か月で自宅に戻った住民は、人口のおよそ2%であることが公表されていた（NHK、2017年5月17日報道）。これによると、5月1日現在、飯舘村が5.1%にあたる303人、富岡町が1.3%にあたる128人、川俣町山木屋地区が1.2%にあたる19人、浪江町では対象人口が1万5000人のうち、およそ2%にあたる300人が帰還したとされている。

これら4つの町村の対象地区を合わせると人口3万2000人に対して850人前後、2%あまりの帰還である。なお、この人数はふるさとの自宅と避難先を行き来している住民も含まれているとみられている。

これらの被災者の意向や帰還の実態を読み取り、今後の被災地の復興や被災者の生活・生業の再建に向けてどのようなシナリオを描くべきか、今日なお極めて重要な局面が続いているというべきである。「節目」で示された「避難指示解除」→ふるさと帰還といういわば単線型のシナリオでは被災者の生活再建は極めて難しいといわざるをえない。何よりも、「避難指示解除」によって、1年後には原発被災者の生活再建に向けた支援策（仮設住宅や賠償など）が打ち切られることが示されており、その後は「自主避難」の扱いになる。あらためて確認しなければならないのは、原発災害が人災であること、この原因者が被災者に対して生活・生業再建、地域コミュニティ再生、ふるさと復興についての責務を果たすかどうかである。

事故後、4つの調査委員会が福島第一原発事故についての調査結果を公表している[1)]。東電による調査委員会以外は、政府事故調「……極めて深刻かつ大規模な事故となった背景には、事前の事故防止策・防災対策、事故発生後の発電所における現場対処、発電所外における被害拡大防止策についてさまざまな問題点が複合的に存在した」、民間事故調「この事故が『人災』の性格を色濃く帯びている」、国会事故調「今回の事故は『自然災害』ではなくあきらかに『人災』である」としている。

しかし、原発災害後、過酷な避難生活を強いられる被災者は、人災の当事者でもある政府から「収束宣言」、「（中間貯蔵施設受け入れに悩む地域に対して）金目でしょ」、「アンダーコントロール」、「自己責任」などの暴言を浴びさせられてきた。

福島県三春町で長い間町長を務めた伊藤寛氏は、三春ダム建設という国家事業に際しての水没地域の住民に対する賠償問題と原発被災者に対する賠償問題を対比し、将来の生活再建の道筋が展望できるかできないかの比較をして、原発災害の生活再建への政府や東電の対応に対する問題提起をしている[2)]。

冒頭に述べたように、原発災害後６年を経て大きな「節目」を迎えていたが、それは「避難指示解除」によるふるさと復興とふるさとへの帰還という道筋が示されたものの、被災者は、なお帰還するべきか避難し続けるべきかに悩まされ、どちらの選択をしてもそれぞれに生活再建やふるさと復興への過酷な困難が待ち受けていることこそを真正面に受け止めるべきであろう。

そこで、ここでは被災者の生活再建とふるさとの復興、つまり地域再生に向けた４つの展開方向と課題に整理しておきたい。

⑴　これまで復興に向けた取り組みは市町村が主体になって進められてきた（除染については国による直轄区域と市町村に依る重点調査区域に区分された）が、市町村が復興事業を個別的あるいは完結的に進める方法では限界があり、土地利用や居住地形成さらに地域経済の再生、そして避難支援などを広域調整・広域連携をしながら進めていくことを追求していってはどうか。

⑵　「除染」→「避難指示解除」→「帰還」という単線型のシナリオではなく、「避難指示解除」と「帰還」との間には人々が帰還しやすい条件を整えるための「生活環境等整備準備期間」を設けるべきではないか。

⑶　そのために、被災者や被災自治体が、原発災害からの地域再生と生活再建に向けて、生活の質、コミュニティの質、環境の質を広域的な広がりの中で、共通の目標として掲げていくことができないか。

⑷　さらにこのような目標を見出していく過程では、被災者の声を聞きだしながら、被災者が復興の担い手として合意形成に関われる場面や機会（住民や行政そして専門家などによる車座会議など）を構築していけないか。

⑴についてはすでに別稿を公けにしている[3]ので、ここでは主に⑶について考察を進めることにする。

第1節　福島における持続可能な復興と地域再生そして生活再建に向けた広域的な合意形成をめざして

過酷かつ広域的・長期的な原発災害に立ち向かうために、国や県・市町村などによるこれまでの取り組みの中から見えてきた課題はさまざまであり、いずれそれぞれの局面ごとの検証が必要になってくるはずである。原発災害からの復興は、初期の段階で組み立てた単線型の復興シナリオとそれに基づく事業手法によって次々に新たな課題を惹起してきたし、それらの軌道修正をしながら進めていくことが必要である。原発災害の克服は、それほどの長丁場を覚悟しなければならない。しかし、遠い道のりだからといって手をこまねいて、先行きの不安に苛まれているわけにはいかない。過酷な避難生活を余儀なくされている被災者、そして被災地の復旧・復興に当たっている市町村自治体にとって、生活・生業の再建やふるさとの地域再生の道すじについて確かな道のりとその行く手が明らかになること、何よりも日々の暮らしや生業において少しでも安心・安全を感じられるようになることは喫緊の課題である。

2017年3〜4月、政府による「避難指示解除」の「節目」前後に、筆者らは避難者と行政（町と県）そして専門家・研究者との「車座会議」を開催した。主には本宮市の仮設住宅と福島市の復興公営住宅に入居し始めていた浪江町の被災者であった。ここではその車座会議で特に印象的であった議論、将来に向けたビジョンに関わる議論などを抽出して示しておこう。

⑴　浪江町外に持ち家を新築したが、ふるさと浪江の家は守り続ける。住宅の上棟式の時になぜか涙が止まらなかった。住民票は浪江町のままである。帰れないかもしれないが故郷への思いは強い。

⑵　浪江町に月に1回程度戻り、家の清掃などをする。しかし、行くたびにイノシシなどの被害で家の中は目を覆うばかりである。これらの獣害を防止するための工事を依頼しようにも線量の高い地域な

ので、工務店は来てくれない。段々戻りたい気持ちが萎えていくが、ふるさとには変わりない。

(3) ふるさとには豊かな自然環境、相互扶助、伝統行事、歴史などによって形成されてきた地域コミュニティが色濃く残っていた。これらが原発事故で破壊されなくなってしまった。これらの被害については誰も補償するわけでもなく、その復興は全く見通しが立っていない。

(4) 仮設住宅から復興公営住宅の入居が決まり、引っ越しの準備をする段階になって、仮設住宅に残っている友人たちが気がかりである。引っ越していっていいのかどうか悩ましい。

(5) 避難先の社会福祉関係団体との協力のもとに、浪江の実情についての現地見学会を企画した。受け入れしてもらっている地域からも原発災害被災地への関心を寄せてもらっている。

これまで仮設住宅や復興公営住宅などの訪問、そして自治体による復興計画委員会、被災地で自主的に放射能汚染に立ち向かいながら復興に取り組んでいる地域組織、さらに避難先で支援している方々へのヒアリングなどに参加してきて、とくに印象に残っていることも列記しておきたい。

(6) 原発災害初期の段階で放射線量が局所的・ピンポイント的に高い地区が散在し、それらを「避難勧奨地点」として指定した。この指定が宅地単位で行われたために、従来からの村落共同体あるいは地域コミュニティとしての絆が分断されたことに対して、集落単位でその指定を行うことを求めてきた。その中で伊達市霊山町小国地区では住民自らが線量を測定しながら稲作などの試験栽培に取り組んできた。そして、最終的には指定を外された世帯に対しても一定の賠償が認められることになり、ふるさとの絆の再生のためにも一定の前進が見られている。

(7) 避難先では、放射能汚染や賠償などに対して、嫌がらせ・いじめ・差別など痛ましい事件まで発生しているが、それればかりではない。避難先の自治体や地域社会とともにさまざまな形で共生の姿を追い求めている事例も積み重ねられてきている。個別具体的には別の機会に譲るが、桑折町(こおりまち)における浪江町仮設住宅避難者との交流（浪江町桑折支所の設置、桑浪(くわなみ)食堂の運営、空き農地の解放、桑折町災害公営住宅の浪江町民への提供など）、本宮市（仮設住宅居住者と本宮市内の福祉事務所との取り組みによる原発被災地の見学会など）、大玉村災害公営住宅における原発災害被災者への提供など）、三春町における葛尾村被災者の受け入れと両自治体の復興への協働の取り組みなど、である。

(8)　原発災害被災自治体における復旧・復興に向けた職員の献身的な仕事ぶりにも触れてきた。自治体も自治体職員も原発災害の被災者であるが、復興のための委員会などでは国や東電への批判とともに自治体の対応に対しても住民からも激しい批判や注文が提起された。福島復興再生特別措置法などによる復興事業や効果促進事業の申請手続きも膨大な事務量をこなさなければならなかった。客観的あるいは結果的には、被災自治体間での競争状態にもなっていた。場合によっては自治体首長が政府関係機関のトップに直接陳情などを重ねて事業予算を獲得してきた。その結果、原発災害の特別な特質である広域性・長期性そして過酷性にも関わらず、市町村単位での復興への取り組みが新たな分断を生み出すような事態も散見されている。

(9)　ふるさとの復興を期待しつつ、被災者は日常生活を一日たりとも絶やすわけにはいかない。避難先での生活再建や仕事確保は原発災害における復興過程の重要なプロセスである。そういう複線型のシナリオを共有することが重要である。例えば、それは「二重住民票」、「二地域居住」などの表現にも託されていた。

(10)　今後、ふるさとの復興が進められていけば、市町村はふるさとにおけるインフラ整備や公共施設整備そして住宅再建などのさまざまな事業に取り組んでいくことになろう。果たしてそれらの計画立案や事業実施、発注業務、監理業務などを担いきれるかどうか、福島県として取り組んできた仮設住宅や復興公営住宅などのノウハウ、つまり地域循環型の経済再生にも繋がる地元事業者への発注などが活かされていくかどうかも大きな課題になるであろう。

これらのさまざまな課題に接してきて、今後の復興への取り組みの前提として提案したいのが、以下の「生活再建とふるさとの復興をめざす―その目標を共有するために―」である。国連が2015年提起した“Agenda 2030”に示されたSDGs“Sustainable Development Goals”に準えて、ここでは“Sustainable Recovery Goals for Fukushima”と呼びたい（図8－1参照）。

広域的・長期的かつ過酷な原発災害から人びとの生活再建とふるさとの復興をめざすために、その目標を可能な限り共有することが重要である。市町村ごとに復興計画の策定などを進めてきたが、原発災害からの克服をめざせば、地域に根ざした「生活の質」や「コミュニティの質」

生活再建とふるさとの復興をめざす―その目標を共有するために―

・持続可能な地域再生の目標の共有（Sustainable Recovery Goals for Fukushima）
・地域コミュニティ単位の車座会議（round table）によるそれぞれの指標群の設定
　→車座会議によるディシジョン・メーキング・プロセスの公開
　→県や市町村総合計画・復興計画などへの反映

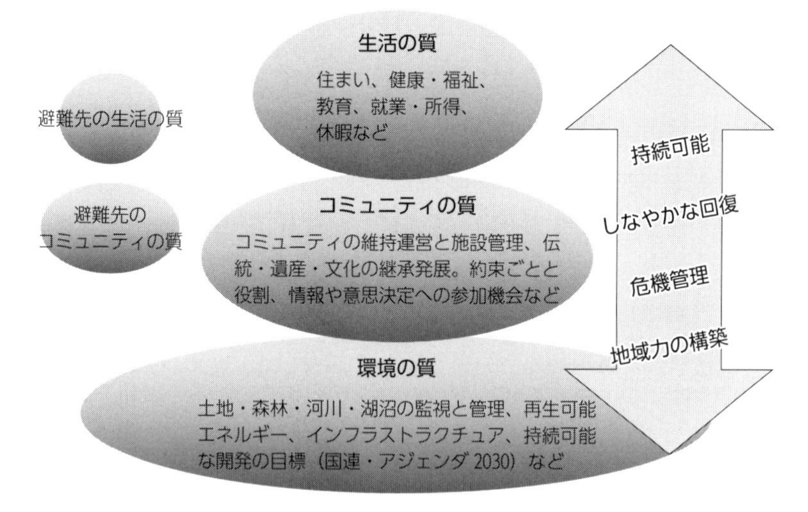

図8－1　Sustainable Recovery Goals for Fukushima

出所：筆者作成。

だけでなく、さらには環境全体の改善をどう進め、どんな到達目標を考えていくかは市町村をまたぐ広域的な課題である。ここでは「生活の質」、「コミュニティの質」、「環境の質」を重層的に捉え、それらを被災者も含めて具体的な指標を共有しようというものである。これまでの「生活の質」のとらえ方では、ここにいう「コミュニティの質」が含まれていたと考えられるが、これまでの車座会議などの議論を経て、原発災害の賠償問題では地域コミュニティのダメージが全く配慮されていないことが分かり、改めて「コミュニティの質」として掲げることにしている。さらに「環境の質」を掲げたのは、放射能汚染という特別の災害を契機に、放射能汚染などをどこまで抑えていくべきかという観点だけでなく、これまで開発に任せて自然そのものの存在を軽視してきた環境のあり方を広域的に捉えることができればと考えている。

因みに、わが国の「生活の質」の議論では、なお生活をとらえる理念的な考え方に留まっていて、その具体的な内容の深まりが進んでいないように思われるので、それらの具体的な指標化をどう進めるかもここでは提起していきたいと考えている。そして「生活の質」と「コミュニティの質」は、自然環境や歴史的な成り立ち、そして現在の産業や暮らしの成り立ちによって市町村レベルもしくは地域コミュニティレベルで、そのめざすべき内容とその水準は異なることは十分あり得る。そこで、これらの指標化は自治体レベルで合意形成を図っていくとともに、避難先での生活再建における「生活の質」や「コミュニティの質」とどう調整するかという課題が存在していることを図上に示しておく。

さらに、これらの3層の「質」の指標化に向けて具体的な議論を進める場合に、原発被災地が置かれている状況、さらにはわが国における災害に対する考え方やまちづくりにおける課題などに対する認識を共有することも重要である。そこで図の右側に、それらの質の検討の前提になる縦断的な基本的な概念を提起している。少なくとも、それぞれの「質」レベルの具体的な検討をする際にも、これらのキーワードを絶えず吟味することで共通認識に近づくことができると考えられる。

それぞれの「質」における指標化に向けた具体的な検討項目は現段階

では例示に留まっている。これらも地域特性を加味しながらも可能な限り地域をまたいで共有できる指標として措定できればと思う。現実には、数値的な指標化をする場合に横たわっている問題は、数値化できる基礎データが整備されているかどうかである。現段階では、無理に定量的な指標にこだわらず定性的な把握ができる指標化から進めていくことが現実的かもしれない。

第２節　わが国における地域再生の全体を貫く基本コンセプト

筆者は東日本大震災・福島原発災害直後から、わが国全体を覆っているネガティブ・スパイラル的な状況（経済的低迷、政治的混迷、社会的不安定）のもとで発生した大災害であり、復旧・復興過程もこれらにどう立ち向かうかということと無関係ではないと指摘してきた。復興構想会議による、当初の「原発災害を扱わない」としたことや「創造的復興」などもそういう脈絡でとらえると、その問題性についても理解できるのではないかと思う。

また、今日まで被災者の避難状況などは大筋として情報が公けにされているとしても、なおその後の情報開示によって、初動期の情報操作や実態把握の不十分さが次第に明らかになってきている。代表的な例は、東電による「メルトダウン」の技術基準が存在していたにも関わらず、長い間これを隠ぺいしてきたことや、2017年6月になって大阪府が府内への避難者を88名から793人に修正発表している[4]ことなどである。

生活再建と地域再生をめざす「生活の質」、「コミュニティの質」、「環境の質」の指標化を検討する場合、その前提となる基本認識の共有をしていくことが重要である。ここでは4つの基本コンセプトを提起している。それぞれについて大まかに確認しておこう。

①　持続可能性（Sustainability）

わが国では1960年台以降の高度経済成長期を経て、国土開発から家庭生活に及ぶまで大量生産・大量消費・大量廃棄を基調としておびただしいエネルギー消費拡大を続けてきた。1980年代以降のグローバリゼーションの進行とその後の1990年前後のバブル崩壊は急速な経済成長のひずみが顕著な形で現れることになった。東京一極集中などの国土の不均衡発展、化石燃料の大量使用とその廃棄ガスなどによってもたらされている地球温暖化と気候変動、車社会の進行にともなう全国の諸都市における市街地の急速な拡大とその後の空洞化、減少局面に入った人口と高齢社会の急速な進行など、が顕著に進んだ。猛烈に進んだ住宅建設は、今日では800万戸の空き家を発生させ、大きな負の遺産になりかねない社会問題化が進行している。第1次産業から第2次産業へ、高度経済成長期にはこぞって企業誘致を進めてきた地方でも、第1次産業の劇的な衰退そして誘致を進めてきた第2次産業も衰退産業となり、地域の雇用力を失わせてきた。郊外には大規模商業施設の立地、バイパスなどの幹線道路沿いには電化製品、衣料などの小売りチェーン店が並び、「ファースト風土」化などと指摘されたこともあった[5)]。民間施設だけではない。学校や病院などの公共公益施設も郊外化が進められ、中心市街地の空洞化に拍車をかけた。

いずれも地域経済や地域社会の急速な「成長」をめざした結果であり、わが国で持続可能性が提起されたのはだいぶ後になってからである[6)]。

福島における生活再建や地域再生の課題において、従来の大型公共開発政策、企業誘致型の地域振興策やビッグプロジェクトに期待するのではなく、福島の自然的・環境的特質や地元の人材・資源・投資力を相互に循環させるような地域循環型経済振興を進めていくべきであろう。国連の提起するサステイナブル・ディベロップメントはまさに、自然・資源・環境と地域経済・地域社会・日常生活の共生を追求していくことである。

原発災害からの克服のもっとも本格的な姿は、福島に存在する10基の原子炉の廃棄である（福島に存在している原子力発電所による電力はすべて東京電力によって首都圏に供給されていて、福島県はその供給を受けていない）。さらに従来福島が大半の供給を受けていた東北電力による火力発電所や原子力発電所からの電力供給を徐々にそして確実に削減し、再生可能エネルギーへの変換と省エネルギー型のライフスタイルへの転換を進めていく必要がある。

これらによって急速な経済成長というよりも、適切な経済成長を実現し、安定的な雇用と生活を実現することで、極端な人口減少と高齢化のスピードを緩和させていくことをめざさなければならない。適切なスピードの経済成長や消費水準の向上が、大量生産・大量消費・大量廃棄からの脱却を促すことに繋がるであろう。

②　しなやかな復元力（Resilience）

レジリエンス（Resilience）という概念はもともとストレス（Stress）とともに物理学の用語であったとされる。このレジリエンスという概念が防災の場面で広く用いられるようになってきたのはごく最近のことではないかと思うが定かではない。

2012年4月発足した一般社団法人レジリエンス協会のウエブサイトで、林春男氏は以下のようにレジリエンスについて述べている。「防災の世界では、日本語で『防災力』にあたる言葉がなかった。2005年に神戸で開催された世界防災会議で減災のための『兵庫行動枠組み2005-2015』が採択され、それ以来“Resilience”という言葉が『防災力』という意味で市民権を得て、あちこちで積極的に使われるようになりました。……『形状記憶』の合金や衣料がありますが、あの『形状記憶』の性質がレジリエンスだと教えてもらいました。心理学や保健学の方たちもレジリエンスという言葉を大切なキーワードとしている」。また同氏は「従来の予防力に加えて、災害を乗り越える力（回復力）を加えた総合的な力を世界では災害レジリエンス（Disaster Resilience）と呼んでいる。これからの防災・減災は、まさにレジリエンスを高める方向に向かわなければならない」[7]としている。

東日本大震災において、特に津波地域では行方不明者の捜索や避難者の支援そしてがれき処理などの復旧活動に消防団など地域組織が大きな役割を果たした。しかし、原発災害地域では放射線汚染のために、捜索活動が打ち切られるなど初動段階での地域力では対応できなかった。とはいえ、かつてはこれらの地域の絆がレジリエンスの源であったことは間違いない。

また日本学術会議による提言「災害に対するレジリエンスの向上にむけて」[8]では、「我が国に災害に対する深刻な脆弱性がなお存在し、その克服にはソフト面や精神面を含む総合的な取り組みが必要であることを如実に示した。想定を超える極端現象に遭遇してもできるだけ平常の営みを損なわない、また被害が避けられない場合でもそれを極力抑え、被害を乗り越え復活する力、即ち『レジリエンス』の向上を図ることが焦眉の急である。社会・経済システムのみならず、人の生活や精神的側面をも含む包括的な観点からその向上を図ることが肝要である」と述べるとともに、現状と問題点について「東日本大震災では地震予知や原子力発電所事故の放射能汚染の避難警報等で、継続的なリスク監視と情報集約・意志決定の脆さが露呈し、それらに関する国家と個人、公助と自助のバランスのとれた連携の大切さを国民に印象付けた。国と住民をつなぐ地域での『共助』や『近助』のような地域防災の近隣関係が薄れている。リスクに関する情報を読み取り発信する能力の低さも災害に対するレジリエンスの向上の障害となっている。この震災では、緊急時の混乱の速やかな収拾とスピードある対応ができなかったことが二次災害を増幅し、災害からの復旧・復興を遅らせた。未来の危機に対する正確な予測に限界があること、被災した自治体や住民といえども時間の経過とともに実体験を忘れる傾向があること、また周到に計画・設計された複雑な防災システムほど、一つの過誤により重大なシステム崩壊を招く恐れがあることなどの問題も明らかになった」と指摘している。

レジリエンスは、日常的な人々の生活や行政運営システムにその基本的な考え方が醸成されなければならない。そのことを丁寧に検討し具体的な姿を築いていかなければ、レジリエンスを大きな視点として提起している一方で、壮大な公共事業による巨大防潮堤などの“国土強靭化”が前のめりに進められていることを軌道修正できない。

レジリエンスを構築する大前提は、私たちの地域社会や都市の姿を、可能な限り自然の生態系、気候特性や地形地質の特性に適合させることである。それは、都市やインフラの巨大システム化からの軌道修正を意味している。

1978年宮城県沖地震の復旧過程で仙台市内のガスの再稼働は他の電気、水道に比べて1か月以上の期間を要した。それは仙台市の人口増加と市街地の拡大に伴って、ガス供給システムを旧来のシステムのまま巨大化させていったためである。ガス供給において供給配管系統のクラスター化、分節化を進めていれば、その系統ごとに点検をし、その単位で復旧・供給再開が可能になるはずである。

1995年の阪神淡路大震災からの復興に取り組んでいる中、神戸市復興・活性化推進懇話会による「持続可能な都市づくり・地域発意のまちづくり『コンパクトシティ』構想―調査報告書」[9]では、都市の構成単位である自律生活圏において環境・生活・経済が自律して存立していると同時に、神戸市全体としてさらには都市間におけるネットワークがなされている構成をめざすとしている。神戸市のコンパクトシティ構想では、都市の構成単位である自律的生活圏をコンパクトタウンと位置づけている。

これらの発想は、東京のような巨大都市においても、また高度経済成長期に全国各地に開発された大規模なニュータウンなどにおいても不可能ではない。河川や湖沼そして尾根筋や谷筋などのもともとの地形地質、生態系や気象条件などの特質を改めて見直しながらじっくりと軌道修正することが必要である。わが国において1960年代以降、半世紀をかけてスピードとスケールを競って進めてきた開発の論理を、今後半世紀をかけてじっくりと考えてゆけばよい。

レジリエンスは、人間のもっている回復力を最大限重視することである。人間の復興と住まい・生活環境の再生を最優先することが重要である。そしてさまざまな主体の知恵やエネルギーの連携と連帯を図り、継続的な復旧・復興体制を誰にでも見える形で構築することではなかろうか。

③　危機管理（Risk & Crisis Management）

一説には、「リスクマネジメント」と「危機管理」が違うという指摘がある。それは「Risk（リスク）」と「Crisis（危機）」の違いから発した指摘である。「危機」というのは、すでに発生した事態を指しているのに対して、リスクはいまだ発生していない「危険性」を指していることによる。つまり「危機管理」というのは、すでに起きた事故や事件に対して、そこから受けるダメージをなるべく減らそうという発想であり、大災害や大事故の直後に設置されるのは、「危機管理室」や「危機管理体制」などと呼ばれるのはそのためである。

しかし、現在防災などの分野で広く使われるようになった「リスクマネジメント」は、一方で「事前復旧」などの表現が使われるようになってきたように、ここでは災害発生後の緊急時の対応とともに減災や防災を含めた予防的な対応の両者を含めて表現している。

福島における原発事故後の政府や県の初動期の情報発信は、その後の避難や安全基準の提示、仮設住宅への入居そして除染の進め方や避難指示区域の指定、復興計画などに大きな影響を与えた。つまり、初動期の迅速性・的確性を欠いた情報発信が、被災者や被災地にさまざまな不安、不満、不信そして憤りをもたらしていった。透明性と信頼性の高い情報源の確保と情報発信システムの充実そして被災者や災害救助の責任を有する自治体などからの自由度の高い情報へのアクセスなどが整備される必要がある。しかし、わが国では、災害の都度、そのような指摘がされているが、次の災害に備えて初動期の情報発信体制の充実が地域住民にわかる形で示されてはいない。福島原発事故の後にも震度４クラスの地震が発生している。あの当時を経験している住民にとっては、あれだけ傷ついた第一原発はもちろん第二原発は大丈夫か、という不安にかられるのは当然だが、たとえ安全確認でも即座に発信するシステムが整備されたかどうか、まだ知らされていない。

このような情報発信機能だけでなく、避難や仮設住宅などへの誘導など初動期の避難行動などに対するリスク管理について、3.11 における地震津波災害とその際の救出活動、その後に発生した福島原発事故による避難指示などでの混乱（例えば、津波行方不明者の救出活動中に原発事故後の放射性物質の飛散による避難指示が出され、やむなく救出活動を中止せざるを得なかった事例など）などの教訓をどう生かすか、それは地域防災計画（とくに原発立地地域における地域防災計画）にどう反映されているのであろうか。これも国や自治体が新たな指針に基づいて作成されればよいのではなくて、地域住民が主体的に関われる仕組みが整備されているかどうかが決め手になるはずである。国会事故調などにおいて市町村や被災者などのヒアリングを通して被災直後の避難行動の実態と課題などについて詳細な報告が示されている。重要なことはそれらの事後評価を受け止めて、次の指針にどう活かされているか、地域住民が直接それらを主体的に受け止め自らの行動指針として活用できる仕組みに繋がっているかである。

福島原発災害のような大規模かつ広域性・長期性そして過酷な災害などにおける国・都道府県・市町村の役割分担と連携システムについても本格的な検証と総括を行い、次の役割分担と連携のシステムを確立する必要がある。福島原発災害後、放射線量に基づいて避難指示区域の指定を行い、その指定区域以外の避難者を「自主避難者」と峻別したことなどの地域設定やそれに基づく避難そして除染、賠償などの運用に問題はなかったか。除染は「重点調査地域」においては市町村で対応してきたが市町村が担い切れたのかどうか。復旧・復興計画の策定やその事業実施の主体は市町村であるが、事故を起こした原発や中間貯蔵施設が立地する自治体、長期間ふるさとに戻れないと考える地域住民の多い市町村などで、実現性の高い復興計画とその事業実施はどう進められるのか。被災者を受け入れている自治体を含めて広域連携の形を追求していく必要があるのではないか。以上に関して県の役割も大きいはずである。

これらの複雑な危機管理を進めていくためには、体系的で持続可能性の高い危機管理体制の構築が求められているはずである。東日本大震災後に発足した復興庁も2020年までの時限的な政府機関として発足した。しかし欧米では放射線防護庁や危機管理庁などの政府レベルの機関が設置されている。とくに放射線防護庁では、「放射線防護」についての幅広い内容を示しており、一般的には時間、遮へい、距離の3つが基本とされている。ICRP（国際放射線防護委員会：International Commission on Radiological Protection）は放射線防護体系について正当・最適化・線量限度という3つの基本原則を導入することを提起していて、可能な限り被ばくを低減するALARA（As Low as Reasonably Achievable）対策を講じることが最適化の基本概念であるとしている。

54基もの原発・原子炉の存在するわが国において、このような放射線防護の基本的な認識を広めるとともに、原子力災害における対応のあり方を絶えず検証し、次の行動指針を示していける機関、つまり放射線防護庁のような機関が必要である。

④　地域力の構築（Capacity Building）[10)]

キャパシティ・ビルディングは地域力の構築だけでなく、多様な分野に関わる主体の能力や許容力の向上や育成を意味して使われている。ここでは被災地における地域再生と生活再建に関わっている地域住民・行政機関・住民組織などのそれぞれの主体的力量と相互の連携力の向上を包括して地域力の構築と呼ぶことにする。

地域力のもっとも基本的な力は、住民一人一人の存在とその要求である。その一人一人の要求と地域コミュニティの総意とが食い違うこともある。これまでは多くの場合、地元の有力者に委ねる、多数派に従うという伝統的な方法がとられることもあった。しかし、原発災害に遭遇して、関連死などの痛ましい事実に触れて、ふるさとの復興の大前提は、一人一人の生命と生活を大切にすること、生活と生業の再建こそ、復興の中心に位置づけるべきことを学んできた。一人一人の要求、それがたとえ少数の声であっても、それを大切にする姿勢が民主主義の基礎である。しかし、「合意形成」という言葉が使われると急にそのニュアンスが揺れ動いてしまう。「合意形成」は多数派に従うことのように解釈され運用されることが多い。一人一人の声を聞くこともなしに、多数派を握っているとして一段高い目線の立場からの提案が一方的に採択されてしまうことが余りにも多かった（いや、まだ多い）。可能な限り多くの要求や意見を包含する考え方にたどり着く方が豊かな方向であることを確認していくこと、つまり「民主主義」はキャパシティ・ビルディングの基礎であり、「民主主義とは何か」を問い直すことからキャパシティ・ビルディングは始まるのかもしれない。復興や生活再建という実践の場面でも、その方向性や具体的な事業などを議論し、その合意形成を図ろうとするときに、「多数決」を短絡的に多用しないことが大切である。できるだけ多くの考え方が同時に存在しうる方向を探ること、それが社会的包摂（Social Inclusion）の考え方である。

「合意形成」の根本的な意義と抜本的な仕組みの見直し（行政と住民・コミュニティとの協議と合意形成プロセスのあり方など）を進めていくことが必要である。それは、災害復興や危機管理に立ち向かう「主体形成」の課題でもある。とくに原発災害の復興過程では、被災者は救助や救援の対象であったが、一方で彼らは復興の主体でもある。彼らの主体的な取り組みを導き出さなければ、地域コミュニティの再生はお仕着せのものになってしまう。地域の自然・環境、伝統・文化、地場産業、地域コミュニティなどの維持運営、発展のためには、地域住民の主体的な関わりを引き出しながら行政との連携のあり方を具体化していくことが重要である。

地方自治の再構築は、キャパシティ・ビルディングのもっとも基本的な課題の一つであるといえよう。今日までのわが国の地方自治の趨勢は、厳しい状況に置かれていると言わざるを得ない。国との関係では、復興に関わるさまざまな事業制度の活用において、復興主体となっている市町村の意向よりも国による一方的な事業の採択基準が前提になってしまっていて、市町村はその採択基準に従った事業計画の策定に追われている。全国の地方自治体におけるさまざまな施策が国の誘導によって展開されている。例えば2015年に総務省による「公共施設総合管理計画」策定の要請が発表された。自治体による人口減少・高齢社会における公共施設の整備を抑制させていこうというものであるが、さらに民間活力の活用を誘導するためにPFI（Private Finance Initiative）などの活用を提起している。財政支出の抑制を掲げたものであるが、その課題の前提になる地域社会の課題や展望などについての共通認識を得ようという提起は見られない。

地方自治にとっては団体自治と住民自治が車の両輪である。その両者が健全な緊張関係のもとに将来に向けて発展していく道すじを描いていくと、そこには地域コミュニティのキャパシティ・ビルディングの課題が明確になってくるはずであるが、わが国ではまだ低調であると言わざるを得ない。

災害公営住宅が各地で建設されている。この災害公営住宅のあり方について被災者や供給管理主体となる自治体そして専門家などとの懇談会をしながらその課題や被災者の要望などを聞いていくと、入居を希望する多くの高齢者などから街路樹の整備や庭いじりのできるスペースに対する要求が出てくる。しかし、たいていの場合、管理者である自治体担当者からは誰が維持管理するのか、という疑問が出されて、そういう要求は抑制されていく。被災者を仮設住宅などで受け入れていた自治体には、町有地を仮設住宅入居者に自家菜園として提供した場合もあった（筆者の知っている事例は借地のために途中で途絶えたが）。

福島県内で総合計画などに関わった時に、地域単位のまちづくり組織に策定費用や策定後の事業実施のための費用を配分している自治体もあった。もちろん、日常不断のまちづくり活動に大きな力を発揮しているが、その底力が災害時にも住民相互の支援活動などに繋がっていった。

つまり、行政だけでなく地域住民が日常的な地域（経済）問題、都市問題、住宅問題、医療福祉問題、教育問題、地域防災問題などへの関わり方を具体的に展開する場づくりがキャパシティ・ビルディングの構築には欠かせないはずである。

第３節　それぞれの質の指標化に向けて

ここでは「生活の質」、「コミュニティの質」、「環境の質」について、それぞれを共有できるインディケーター（指標）によって構成し、それらによって再生の方向性とめざす姿を合意形成していく手がかりを得ようというものである。因みに、ここでの指標は、数値化できるものだけを指してはいない。さまざまな計画で示されるアウトカム指標は数値で示される場合が多いが、そこに若干の障害が横たわっている。つまり数値化しようとすれば、客観的で安定的に数値が得られる統計データなどが必要になり、それによって数値化するインディケーターそれ自体が限られてしまう傾向がある。ここではインディケーターは数値化できるものに限っていない。定性的に把握できるものであれば、それも指標として扱っていくことを考えている。その上で、それぞれの「質」について、ここでは例示的に列記しておきたい。その具体的な内容と指標化は、それぞれ被災者や被災自治体、そして専門家などによる合意形成の場が得られれば、そこで設定していくことになるであろう。

(1)　生活の質　Quality of Life

［居住安定　Housing］

□故郷での住宅再建 or/and 避難先での住宅確保の見通しが立っていること（宅地、建設事業者、資金、帰宅家族構成の見通しなど）
□選択肢としての二地域居住支援
□一時帰郷時の滞在施設などが確保できること
□住まいと居住地周辺での獣害被害防止
□親類縁者、地縁者との絆の維持、地域コミュニティと新しい住まいの関連
□設計相談、資金や税金など制度相談、建設と維持修繕相談などの機会が得られること
□災害前のライフスタイルの維持と省エネのライフスタイルへの移行の可能性
□居住支援協議会、住宅セーフティネットなど身近で相談できること

［健康　Health］

□安全・安心の予防医療体制（特に被ばく検査と治療など）

□基本診療科目を設置した病院・診療所の存在と救急医療サービスが利用できること
□高齢者医療への対応
□産婦人科と小児科への配慮
□ WBC（ホールボディカウンター）や食品被ばく量検査など被ばく線量調査体制（できれば小学校区単位）
□放射能についての学習（被災者が自ら学び知り行動すること）

［福祉　Welfare］

□社会福祉協議会、地域包括支援センターなどの相談
□介護センター、在宅ケアサービスなどの機会確保
□高齢者、障がい者などの日常的なたまり場の存在

［教育　Education］

□小学校・中学校への通学距離と安心・安全の通学路・通学手段
□学童保育、市民と学校との連携（地域教育）
□子どもたちが安心して遊べる校庭の確保
□自然体験などの教育機会
□高校へのアクセス
□専門教育（専門学校、短大、大学など）へのアクセス
□社会教育
□リスク・コミュニケーションの機会

［就業と収入　Work/Income］

□就業・生業継続の実現性
□復興事業への就業可能性（例えば復興住宅などの住まいづくりなど）
□新しい就業機会（再生可能エネルギー産業、農商工連携、グリーンツーリズム、高齢社会対応型サービス業など）

□第一次産業従業者の復帰可能性（試験栽培や試験操業などを含めて）
□新しい産業振興（イノベーション・コースト構想などによる）と地域製造業への技術移転などによる地域経済の再生と従前の地域住民の雇用機会を創出できるか
□賃金水準が元に戻っているか

［休息　Leisure, etc.］

□身近にアクセスできる公園はあるか
□健康維持スポーツなどの機会があるか
□文化事業に接する機会が確保できているか
□親しい友人たちとお茶を飲んだり、趣味の活動をする場があるか

⑵　コミュニティの質　Quality of Community

［地域コミュニティの運営と機能（施設を含む）、約束ごとと役割　Community management & Facilities, Rule & Role］

□町内会・自治会など地域組織の存在と参加の機会があるか
□帰属・絆意識が維持できるか
□コミュニティにおけるルール（まちなみ、環境保全、助け合い、交通安全、声掛け、老人会などの行事やルールが復活できるか）
□緊急時避難行動のルールなどの徹底、避難訓練の実施
□それぞれの役割を担う人々がいるか
□コミュニティにとって必要な機能や施設は充足されているか

［地域遺産　Heritage］

□伝統的建造物、遺跡・遺産、自然景観、名所などは保存・修復できるか
□それらの維持運営を担う人々はいるか

□地域遺産を地域の誇りとして伝え育てる活動があるか

［文化　Culture］

□伝統行事は復活できるか
□文化活動とその種類、それを担う人々はいるか
□災害の記録を含めたアーカイブの整備

［情報や決定過程へのアクセス　Accessibility to information and decision making］

□役場との情報交換の媒体が整っているか、そこには容易にアクセスできるか
□行政と住民との協議の場は再構築できているか
□地域での住民の意見交換の機会は再開できているか
□専門家などの支援や相談をできる場があるか

(3)　環境の質　Quality of Environment

［土地利用・森林・河川湖沼などの維持管理と監視　Land, forest, river, basin management and monitoring］

□被ばく線量のモニタリング・定点観測の体制は整っているか
□除染とその効果測定は継続できているか
□仮置き場の管理と撤去についての見通しはついているか
□フレコンバック（汚染土を入れる袋状の包材）の中間貯蔵施設への輸送経路とその周辺の対策
□災害後の土地利用計画とその変更手続きは進めているか
□災害後の森林賦存量（開発行為による改変）を確認できているか
□森林における山菜取りなどの新たなルールや指針はあるか
□野生動物などの被害対策はできているか、生物多様性への考慮
□河川・湖沼・海岸線・地下水などの定点観測（水質、生物、地形

変更など）体制はどうか
□海岸線や河川における防潮や洪水対策として新たな対策は進められているか（調整池整備や土地利用調整など）

［再生可能エネルギー　Renewable energy］

□太陽光・風力・バイオマス・小水力・地熱・バイナリ－など再生可能エネルギーの取り組みは進められているか
□それらのための啓蒙や実現のための組織化は進んでいるか
□地域住民の経営や運営への参加
□地元製造業などによる技術化
□省エネルギーのライフスタイル（電力消費、ごみ分別や生ごみリサイクル、自家菜園、脱自家用車など）への取り組みは進められているか

［インフラストラクチュア　Infrastructure］

□インフラの整備において、地形・地質・生態系への考慮は進んでいるか
□人にやさしい道路づくりとして、スピードの制限や歩行者優先道路などの視点は広がっているか
□公園・緑地について、その必要性や配置、快適性、小動物のサンクチュアリ効果、CO_2削減効果、などについての検討は進められているか
□鉄道とバスの連携性と利便性などを考慮した運行計画などが進められているか
□上水道・下水道における水質管理情報は地域住民にわかるようになっているか
□電気・ガスなどの供給システムにおける安全性や効率性はどのように進められているか（マイクログリッド、クラスター化など）

第4節　今後の展開方向について

この提案に至るまでの間に、筆者は2011年3月以降、以下のような先行的な活動を蓄積してきた。

福島県復興ビジョン・同復興計画、浪江町復興ビジョン・同復興計画そして双葉町復興まちづくり計画などに関わってきた（福島県外では津波被害を受けた女川町の復興計画にも参画した）。

福島県の復興ビジョン及び復興計画では、その基本理念の第1に「原子力に依存しない、安全・安心で持続的に発展可能な社会づくり」を謳い、復興の将来の姿を描くだけではなく、緊急的対応「応急的復旧・生活再建支援・市町村の復興支援」を主要課題の第1に掲げたのだった。また浪江町、双葉町の復興ビジョン・復興計画を通して、広域的・長期的避難を強いられている町民に対して「どこに住んでいても浪江町民」・「町民一人一人の選択の尊重」、「町外コミュニティ」・「町外拠点」などの基本理念とその方向性を打ち出していった。

2011年11月、福島大学をリタイアした友人や弁護士、医師などの友人たちと「ふくしま復興支援フォーラム」を立ち上げ、被災者支援や復興について話し合う場を提供してきた。2020年以降、新型コロナウィルス禍のためにオンラインによるフォーラムになったが、2021年8月までに185回の会合を積み重ねてきている。そして、この蓄積が、後に紹介する「県民版復興ビジョン」の提起に繋がっている。

また被災後の最重点課題として放射能汚染物質の除染が進められることになり、この除染を巡る課題についてIGES（地球環境戦略研究機関）においてFAIRDO（Fukushima Action Research on Decontamination Operation：汚染地域の実情を反映した効果的な除染に関するアクション・リサーチ）プロジェクトの立ち上げと実施に関わり、欧州の関連団体（NERIS[11]など）との連携のもとに調査活動を進めてきた。チェルノブイリ事故後の欧州における経験と教訓などを学ぶ機会にもなった。科学的調査研究の蓄積とともに被災住民を含むすべてのステークホルダーによる合意形成の仕組みづくり、福島の経験を踏まえた原発事故後の緊急対応のあり方について、各国の原発立地地域での取り組みなどが展開されていた。

これらの活動を通して、事故直後からの情報の混乱が被災者や被災自治体に大きな混乱や分断などを生み出してきたこと、被災者が復興の主体として要求や提案を反映できる機会が十分ではないことなどが浮かび上がってきた。世界中で“Capacity Building”というキーワードが飛び交っているが、わが国では地域住民、地域コミュニティそして行政を交えた議論を通して、それぞれの立ち位置を確認し合い、共通の課題を見出していくという合意形成の進め方がなお未成熟であることが大きな課題になっている。多くの住民もそれぞれの意見の違いをまず認め合うよりも“多数決”に従う風潮、行政の“原案”提示を求める傾向などが、フラットな関係の構築を阻んできた。これらが復興過程における被災者と行政、専門家などの間の合意形成を阻んできたのではないかと感じる場面にも遭遇した。福島原発事故による過酷な災害に立ち向かうために「人間の復興」を基本にすべきであるが、そこでは原因者である東電や政府の原発災害からの復興に対する基本姿勢を問い質していくとともに、被災者もまた復興の主体として関わっていくことも重要な条件になっている。被災者が、生活や生業の再建のめどが立たない中で復興を待ちわび続けるだけでは、明日に向かって歩みだす気力や気概を萎えさせてしまう可能性は大きい。

透明性の高い的確で迅速な情報に適宜触れながら、住民・行政・専門家がフラットに話し合うことで、より包括的な考え方や対応策にたどり着くという合意形成の仕掛けづくりという課題に直面することになった。

これらの復興計画策定や調査研究などの蓄積に基づいて、2015年3月17日国連防災世界会議を機に「第3回国連防災世界会議関連事業in福島」を開催し、以下のような「ふくしま行動宣言」を採択した[12)]。

福島原発災害の克服に向けて

ふくしま行動宣言

2011年3月11日に発生した東北太平洋沖地震がもたらした福島原発災害は、丸4年を経てなお、復旧・復興の見通しが立たず、その深刻さ・過酷さを突きつけている。本日のワークショップを通して得られた教訓に基づいて、福島原発災害からの克服・人々の生活再建と被災地の復興再生に向けた今後の展開方向について、提起したい。

1．被災者の生活再建を実現し、人間の尊厳を取り戻すことを、復興再生の最重要課題として位置づける。

長期的、広域的避難を強いられている被災者の過酷な生活は、いまもなお孤独死や自殺などの「関連死」を生み出している。

私たちは原発災害のもたらした分断化・孤立化による著しい生活の質の低下からの生活再建に取り組むために、被災者が人間らしい日常生活を取り戻すことを最重要課題として行動する。

2．誰でもがアクセスしやすい、透明性の高い情報プラットフォームを構築する。

原発被災者や被災地の不信や不安が解消できない背景には、災害対応初動期の情報発信の混乱と曖昧さ（事故そのものと避難指示に関する情報、放射線汚染と安全性、除染、賠償、広域避難者支援など）があった。福島原発事故による不信や不安の連鎖を断ち切るためには透明性の高い情報をいかに適切に収集し、提供できるかにかかっている。

私たちは原発被害に関する的確、迅速かつ透明性の高い情報発信システムを構築し、アクセスしやすさの確保、復興過程における合意形成プロセスに資する透明性の高い情報プラットフォームを形成するために行動する。

3．生活再建やふるさとの復興再生に対する合意形成システムを構築する。

原発災害からの復興再生において、被災者や被災地の地域社会が合意形成過程に当事者として参画していくことは極めて重要な復興再生プロセスである。

私たちは地域コミュニティ単位、あるいは市町村単位で、住民、企業、行政、専門家などの多様なステークホルダーがフラットに熟議できる、「車座会議」を立ち上げ、福島の復興再生を成し遂げるために行動する。

福島原発災害の教訓から導き出されたこれらの行動方針は、日本国内の他の原発や世界の原発、それらの立地地域や地域住民など利害関係者における今後の原子力・放射能に対する危機管理のあり方として共有していくことを提起する。

ここに参加した多くの市民や専門家は、この行動方針に基づいて具体的な行動に結びつけていくための国内外のネットワークを構築していくことを決意する。

2015年3月17日

第3回国連防災世界会議関連事業 in 福島　参加者一同

今後、福島原発災害からの克服と福島の地域再生に向けた「生活の質」、「コミュニティの質」、「環境の質」の向上に向けて合意形成を図っていく道すじについて検討してみたい。

⑴　福島再生に向けた広域的・長期的課題を受け止める広域的・横断的調査研究活動を立ち上げていく。

福島原発災害は、原発事故そのものの収束と廃炉に向けた行程などが今後長期間を要することが予想されている。それらは周辺自治体や地域社会の再生にとっても大きな影響を及ぼしていく。しかも復興・再生に向けてこれまで市町村ごとに事業展開をしてきたが、放射線量分布（とくに避難指示区域）の違いや原発廃炉、中間貯蔵施設の立地とそこへの仮置き場からの搬送などの課題は、市町村ごとの復興・再生への取り組みだけでは見通しが立たない自治体もでてくる。避難者たちはその間に避難先での生活や生業再建に懸命に立ち向かっているので、これまでのような市町村の存立基盤（財政、人口、産業など）も弱まってくることが考えられる。最も根幹にかかわる課題は復興・再生を市町村ごとに展開していることの限界を見極め、広域連携の仕組みを構築していくことである。しかし、ここで提起するのはそのことにたどり着くための広域的・横断的な課題を共通認識するための調査研究活動を立ち上げることである。

福島原発災害後、福島県は2012年度から検討を進めてきた「環境創造戦略拠点」構想を具体化し、2016年７月に「環境創造センター」を開設した。このセンターでは４つの機能（モニタリング、調査・研究、情報収集・発信、教育・研修・交流）に取り組んでいくことになっている。またこのセンターの開設に合わせて、2016年４月には日本原子力研究開発機構（JAEA）、同年６月には国立環境研究所（NIES）が同一敷地内で業務を開始し、それらの連携をめざしている。また福島大学には2013年７月、環境放射能研究所が設置された。すでに紹介したように地球環境戦略研究機関（IGES）のもとで2012〜2013年度にFAIRDOプロジェクトを立ち上げ除染のあり方についての調査研究だけではなく、原子力災害における対応のあり方全般にわたる課題を取り上げてきた。その活動を通して、欧州において継続的に活動を続けているNERISやNTW[13)]などとの連携を深めてきた。

これらの福島原発事故後のさまざまな動向を福島の地域再生に向けた協働の力に結集できないかというのがここでの提案である。第１段階として、これらの研究機関などがネットワークを形成しながら研究交流をするコンソーシアム（Consortium on SRGs for Fukushima）を継続的に立ち上げることができないだろうか。

(2) Sustainable Recovery Goalsに向けての準備

本章で提案しているSRGsは、被災者・避難者そして被災自治体などで福島における復興と生活再建・地域再生の目標として共有するために提起している。将来や生活再建の見通しなどに対するいらだちや不安などを確実に緩和していくために、そして生活再建と地域再生の確かな道筋を実感できるために、お互いに具体的な目標を共有することが必要である。この目標共有の手続きは、被災者はもちろん原発災害から地域再生に立ち向かう関係者がフラットに集まれるラウンドテーブル（車座会議）を経ることである（次項で触れる）。その前提として、福島における地域再生の特別な背景や復興の課題などを共通認識していくことが必要であろう。ここではすでに示した通り３つのレベルの「質」に関わって、それらを貫く時代的、社会的な基本認識として、「持続可能性」(Sustainability)、「しなやかな復元力」(Resilience)、「危機管理」(Risk Management)、「地域力向上」(Capacity Building) についての理解を深めていく必要があると考えている。これらについては、まず、環境・防災・原子力・社会・経済・地方自治などの専門領域から共通理解のための概念整理などの提起をしてもらってはどうであろうか。そういう基礎的な活動を支える場をまず用意するとともに、これまで復興計画の策定に関わってきた自治体・被災住民・NPO などの支援組織そして専門家などによって構成される車座会議において、上述の基本的なキーワードとともに３つのレベルの「質」における指標群を具体化していくための合意形成プロセスについてのルールとロールを確認していくことが必要である。そこでは例えば、合意形成とは一つの指標や一つの数値を多数決によって決定するプロセスではないことを確認することになるだろう。しかも、そこでの指標群は実現可能性に裏打ちされていく必要があり、それは決して長期間にわたって安定的にめざす指標や数値である必要はない。5 年や 10 年単位で、見直せばよいものであり、その期間において、共通の目標として行動する指針になるものである[14)]。このような「質」の意味づけや運用、そこでの行政・住民・専門家などの役割分担などについての共通理解を得ることを準備段階で重視する必要がある。

(3)　QoL、QoC、QoE の具体的な指標化

３つの「質」の指標群の概要を研究グループの方で提示できる形にするが、いくつかの自治体を選定し、自治体ごとあるいは複数の自治体を跨いで被災者と専門家を含めた車座会議で具体化を図るというプロセス

が考えられる。

実は2012〜2013年度、IGES（地球環境戦略機）においてFAIRDO（汚染地域の実情を反映した効果的な除染に関するアクション・リサーチ）プロジェクトを実施し、そこで最終的に提起したFAIRDOのアクションは以下のようなものであった[15)]。

①　参加型のコミュニケーション・合意形成を実現するための取り組み

・地域ラウンドテーブルの設置準備・呼びかけ

・計画策定・合意形成に向けたシミュレーションツール（RODOSモデル[16)]など）の活用

・簡易アセスメントを活用した仮置き場設置に関する合意形成

②　関係者の情報交換・共有をすすめ、上記の取り組みを効果的に行うとともに、負担を軽減するための取り組み

・情報プラットフォームの導入準備・呼びかけ

さらに2015年３月の国連防災世界会議関連事業in福島において「被災者の生活再建最重視」、「情報プラットフォームの構築」、「車座会議」などを柱にした「行動方針」を採択した。

2015年度、2016年度の２か年にわたって「福島の復興再生をめざす『情報プラットフォーム』と『車座会議』の構築」というプロジェクトを進めてきた（パブリック・リソース財団助成事業）。このプロジェクトでは、福島原発災害の教訓から、政府や自治体による透明性の高い情報発信と誰もがアクセスしやすい双方向性を備えた「情報プラットフォーム」の構築をめざすとともに、住民・行政（市町村・県・国）・産業界・専門家などによる復興やまちづくりの課題をフラットに話し合い、合意形成を図る「車座会議」の実装化をめざした。このプロジェクトの前提として捉えていた原発災害後の課題は以下の視点である。

⑴　福島原発災害を契機に、大規模災害時の緊急対応の重要性が改めて明らかになった。そのための透明性の高い、住民からもアクセスしやすい「情報プラットフォーム」の構築を実現することが喫緊の課題である。

⑵　過酷な避難を強いられている被災者や被災自治体に対してさまざまな支援の手が差し伸べられているが、被災者自身が復興の当事者として、その計画策定や実行に関わることは少ない。市町村も政府から示される復興予算への対応に追われている。復興過程や広範なまちづくりにおける「合意形成」は、行政の一方的な計画策定とその実行になることが多いし、民間の活動と公共の活動が連携し協働する仕組みは十分ではない。住民が合意形成過程の当事者として関わる仕組みを構築する。
⑶　双方向性とアクセス性を確保した透明性の高い「情報プラットフォーム」と市町村あるいはコミュニティベースの「車座会議」を構築することは、原発災害からの復興はもとより、今後の地域社会の再生・活性化にとっても重要かつ有効である

そして２年間のプロジェクトは、以下の取り組みと成果に結びついている。

⑴　当初構想していた２つの課題（①福島県内の復興と被災者支援に関わる研究機関を含む諸団体の「復興支援マップ」の作成、②原発災害からの復興再生に関する透明性が高く、双方向性を有する「情報プラットフォーム」モデルの構築とその実装実験）は、後者に重点を置き、まず手がかりとして浪江町の放射能汚染状況や復興状況などをリアルタイムで表示する「フクレップ」（http://www.fukurep.net/）を実装化し、浪江町の情報発信の一環に位置づけた。
⑵　同様に当初掲げていた車座会議について、浪江町の仮設住宅団地、その後の復興公営住宅に住む被災者・町の担当者・県の担当者、そして専門家による車座会議を４回にわたって開催し、そこで出された意見を町の復興計画（第２次）に反映させることができた。また、帰還困難区域の被災者などを中心に、故郷に戻りたい心境と戻れない実情のギャップを率直に話し合ってもらう中で、原発災害の特質に沿った課題などが共有されてきた。

これらの先行するいくつかの取り組みは、結論的に言えば手掛かりを得ることはできたが情報プラットフォームや車座会議の仕組みとして軌道に乗せるところまでは至っていない。今後どのように展開していくか

が重要になっている。これまでの取り組みの教訓をいくつか記しておこう。

・これまで試行錯誤を重ねてきた「車座会議」について、当初から「車座会議」とは何か、何をめざすのかについての議論を重ねざるをえなかった。つまり、わが国における行政が開催する会議の“伝統的”な運営の仕方には地域住民や被災者などが主体的に関われる工夫がされてこなかった。一方的な説明であったり、質問も聞きおく程度の場合が多かった。最近では行政も「合意形成」という表現をよく使うようになってきているが、それは行政の示した原案や提案に対して、地域住民をはじめ関係者の支持率を高めることを「合意形成」という場合が多かったのである。地域住民や関係者も、そういう会議に出て「フラットに話し合いましょう」と言われても、まずは「行政が原案をもっているのであれば示せ」という注文を出してしまうことが多い。この瞬間に“フラットな車座”会議にはならない。「合意形成」という表現には、何か一つの方向を見出し、それを認め合うというニュアンスがわが国では特に強い。車座会議は、まずは出席する住民や関係機関そして専門家などが、その会議のテーマに即して、自分の考えや要望などを示すことが重要である。この最初の意見を示す段階で、論争に持ち込まず、それぞれの意見を聴くということが前提である。さまざまな意見が出された段階で、若干の意見交換をし、さてどう意見をまとめていくかという段階になると、そこでは「多数決」という意思決定方法が多用されるのがわが国の慣習的な手続きになっている。これはわれわれが小学校に入ってクラス運営などを経験して以来、中学、高校、大学、社会においてもほぼ同じ手続きを経験してきている。まず多様な意見の存在を認め合うことが出発点であり、多数決よりも重要なのは、いくつかの重要な意見に集約したとしてもそれらが同時に位置づけられる解決策、合意点を見いだせないかということが最重要な論点にならなければならない。

まちづくりや都市計画に長く関わってきて思うのは、都市や地域コミュニティにはさまざまな主体がさまざまな条件のもとで暮らし、活動している。そしてそれぞれの活動が都市や地域コミュニティを支えている。

したがって、一つの合意点を見出すよりもいくつかの解決方法が同時に存在するという合意形成がまずは追求されなければならない。

因みに、福島原発災害の復興過程では、除染→放射線量低下→避難指示解除→帰還、というシナリオを政府が示し、2017年3月、4月の避難指示解除以降は「自主避難」扱い、そして1年後は支援や賠償などを打ち切るという極めて単線的な方向を示したのだった。市町村の復興計画に関わってきた経験から言えば、原発災害の苛酷さは放射能汚染の不安から長期避難をし、そこでの生活再建に取り組んできた多くの避難者が、一年間の猶予だけでふるさとに戻れというのは強引すぎるし、そこではいくつかの選択肢を含む複線型のシナリオが必要であると考えてきた。

車座会議は、このようなさまざまな主体が車座になって意見交換し、一定の合意点を見出そうという仕掛けであるが、一人一人が意見を述べ合い、そして短絡的な多数決をするのでなくて、複数の選択肢やシナリオを見出していくという創造的な話し合いの場であると考えている。

このような車座会議にとって重要なのは、車座会議のルールと進行を務めるファシリテータの役割である。出席者の意見分布を見極めていくことと、論点を絞り込んでいく前に、一人一人の意見をきちんと聞き出す段階から質疑応答になってしまう場面をこれまでも数多く見てきた。中には自分の意見と対立している立場の参加者がいるとそれだけで退席してしまうような場面さえあった。ファシリテータは、車座のルールをきちんと理解してもらい、その上で議論の方向を見定めていくことが重要な任務である。

(4) 国・県・各市町村の今後の復興計画への反映

繰り返しになるが、福島における原発災害を含む複合災害の復興と地域再生はこれまでの地震、津波、台風、火災などの自然災害を中心とした大災害に対する復興・生活再建と地域再生とは異なる課題を抱えている。災害発生直後ほとんどの自治体では、「元の大地に戻す」、「ふるさとの復興」を復興の柱に掲げ、除染が大きな課題として取り上げられた。そして避難者には生活再建への支援を打ち出し、ふるさとや地域コミュニティの絆などを重視してきた。しかし、6年以上が過ぎてなお「関連死」が増え続けていることなど原子力災害の過酷さが明らかになってきたし、これまでの市町村が主体となった復興への取り組みには限界があることも、汚染地域の広範な分布や帰還困難区域における除染の難しさ、ふるさと復興のためのふるさと再建計画の困難さが、被災者の帰還意向などによって明らかになってきた。いずれにせよ、原発災害を含む複合災害に対する復興計画は広域的で長期的な対応が求められている。

本章で3つのレベルの「質」を提起したのは、市町村ごとに復興や生活再建の道筋を探るだけではなくて、それ以上に広域的、長期的課題を共有し、被災自治体や避難者を受け入れている自治体などが共通の課題や目標を獲得し、それによってこれまでの復興計画を絶えず軌道修正していく必要があると考えているからである。もちろんそこでは、広域調整を担う県の役割も大きいし、国による制度的・財政的支援の更なる充実が必要になるであろう。早期に対応しなければならない緊急課題も多かったが、今あらためて今後の地域の再生や人々の生活・生業再建の道筋を明確にし、具体化していく前提として、共通の生活再建と地域再生の目標を描くことが重要になっている。

⑸ NERISなど欧州での経験などとの交流

福島原発災害後、福島県の復興ビジョンの策定に参画し、その最終的な提案をした後の2011年9月、ドイツ・ポツダム市のIASS（Institute of Advanced Sustainability Studies）を訪問した。IASSの所長であるクラウス・テプファー（Klaus Töpfer）博士に、欧州におけるチェルノブイリ原子力災害後の対応についてのフォーラムを準備してもらったのだった。テプファー氏は、福島原発事故直後に発足し2011年7月にはドイツにおける原発の廃炉を勧告した「安全なエネルギーの供給に関する倫理委員会」の座長でもあった。IASSのフォーラムでのさまざまな情報を得て、2012年6月から2か年間、IGES（Institute for Global Environmental Studies）のもとでFAIRDO（Fukushima Action Research for Decontamination Operation）プロジェクトを実施した。このプロジェクトのメンバーには国内の大学研究者やIGESの研究員などの他に上記のテプファー氏とともに欧州でチェルノブイリ事故後の調査に当たってきた研究者も加わった[17]。彼らの参加を得たことで、欧州におけるチェルノブイリ後の取り組みや福島原発事故後の取り組みなどとの交流を進めてきた。その中でFAIRDOプロジェクト終了後もNERIS（原子力災害への緊急対応に関する欧州プラットフォーム、2010年設立）、NTWなどとの連携を続けてきた[18]。

彼らとの連携のもとに2012年9月、2015年5月には福島県内での現地調査などに基づいて国際シンポジウムも開催した。またNERISのフォーラム（2012年11月、2014年11月）に参加し、福島の実情を報告した[19]。

福島原発事故とその後の災害への対応は、冷静に考えれば人類史上の重要な教訓としてわが国としてはもちろん、世界各国で共有すべきであろう。2012年8月現在、世界の30か国で435基の商業的な原子炉が存在している[20]。地球の成り立ちとその地殻構造、気象変動、原子炉そのものの物理的老朽化、そして人為的な維持管理システムなどを考えれば、それらの原子炉が永久に安全を保持できると考える方が無理である。そして、チェルノブイリ、福島の原発事故の実態はなお解明途上であり、原発災害への対応の実態解明についても組織的・系統的に進めていく必要があるし、そこから引き出される教訓も広く共有していくことが重要であろう。何よりも原発災害によって被害を受ける地域住民の生命と安全が最優先される仕組みの確立をめざしていかなければならない[21]。

注

1　国会・東京電力福島原子力発電所事故調査委員会、2012年7月5日。
　政府・東京電力福島原子力発電所における事故調査・検証委員会、2012年7月23日。
　民間・福島原発事故独立検証委員会、2012年2月27日。
　東電・福祉案原子力事故調査委員会、2012年6月20日。

2　伊藤寛（2014）「避難者の生活再建と地域再生」（第63回ふくしま復興支援フォーラム、2014年4月20日）。

3　鈴木浩（2017）「原発災害からの復興、そして被災者支援―求められる広域連携の課題―」（『経済』No.261、2017年6月）、pp.55-64。

4　因みに、福島県の「平成23年東北地方太平洋沖地震による被害状況即報（第1698報、2017年6月12日現在）」では、大阪府への避難者数は54名となっている。

5　三浦展（2004）『ファスト風土化する日本―郊外化とその病理―』洋泉社、2004年。

6　1992年「国連地球サミット」（リオデジャネイロ）における「環境と開発に関するリオ宣言」では「環境」と「開発」が互いに反するものではなく、環境保全を考慮した節度ある開発が重要であることを提起し、サステイナブル・ディベロップメント、サステイナビリティが広く認識されるようになった。

7　林春男（2016）「災害レジリエンスと防災科学技術」（京都大学防災研究所年報第59号A）、2016年6月。

8　日本学術会議東日本大震災復興支援委員会・災害に対するレジリエンスの構築分科会（2014）『災害に対するレジリエンスの向上にむけて』（2014年9月）。

9　神戸市復興・活性化推進懇話会（1999）『持続可能な都市づくり・地域発意のまちづくり「コンパクトシティ」構想―調査報告書』（1999年3月）。

10　本章では、「キャパシティ・ビルディング」を「地域力の構築」としているが、一般的には人々や地域コミュニティ、組織、社会全体の組織的能力を構築することをいう。

11　NERIS（原子力災害への緊急対応に関する欧州プラットフォーム、http://www.eu-neris.net/）。チェルノブイリ原発事故後に欧州各国が取り組んできた活動を連携・強化し、次世代の専門家に継承する目的で2010年に設立された。避難などの緊急対応や復旧・復興についての研究・交流を行っている。

12　国連防災世界会議関連事業in福島実行委員会（2015）『ふくしま行動宣言・3つの決意―福島原発災害の克服に向けて―』2015年3月17日。

13　NTW（Nuclear Transparency Watch、原子力施策透明度監視 http://www.nuclear-transparency-watch.eu/）。福島原発事故を受けて2013年に設立された欧州の原子力監視の民間組織。

14　三重大学の浅野聡氏から伊勢市の総合計画やまちづくりに関する興味深い話を聞いたことがある。伊勢神宮の20年ごとに行われる式年遷宮に合わせて、まちづくりも20年の方向性を見定めて事業などを行い、その間の事業評価などを経て、次の方向性を見直していくという周期性をもたせていくという。

15　FAIRDO2013『「除染」の取り組みから見えてきた課題―安全・安心、暮らしとコミュニティの再生をめざして―』（第二次報告、2013年7月）、pp.48-56。

16　RODOS、ドイツで開発された「緊急時意思決定支援システム」。

17　FAIRDOプロジェクトの欧州の主なメンバーは以下の通りである。

クラウス・テプファー（IASS 所長）
ヴィクトール・アベリン（ベラルーシ放射線学研究所所長）
エルリッヒ・ワース（ドイツ連邦放射線防護庁）
ジル・エリアール・デュブルイユ（フランス・MUTADIS―民間調査機関―所長）
ヴォルフガング・ラスコフ（カールスルーエ工科大学教授）
エドワルド・ガレゴ（マドリード工科大学原子力工学部長）
ミランダ・シュラーズ（ベルリン自由大学教授）
タチアナ・デュラノバ（スロバキア・VUJE 電力関係研究機関）
インガー・エイケルマン（ノルウエー放射線防護庁）

18　NERIS、NTW の活動や福島原発災害への対応などについては以下の文献を参照されたい。冠木雅夫著（2017）『福島は、あきらめない―復興現場からの声―』藤原書店、2017 年 3 月、pp.180-185。

19　NERIS の福島との連携の活動については下記文献を参照されたい。
Norwegian Radiation Protection Authority, MUTADIS, Fukushima University, Tokyo Institute of Technology and Institute for Global Environmental Strategies (2016), "*Local Populations Facing Long-term Consequences of Nuclear Accidents: Lessons Learnt from Fukushima and Chernobyl*" 2016.1.

20　Miranda A. Schreurs (2013), "The International Reaction to the Fukushima Nuclear Accident and Implications for Japan", ed. Miranda Schreurs and Fumikazu Yoshida, "*Fukushima — A Political Economic Analysis of a Nuclear Disaster*", Hokkaido University, 2013, p.2.

21　この原稿を準備している最中、2017 年 7 月 7 日、において国連交渉会議において核兵器禁止条約が 122 か国の国と地域の圧倒的多数の賛成で採択された。核兵器の禁止も世界の平和を願う大きな潮流になってきている。

第9章

復興に向けた広域的連携の方向と具体化のために

第1節　原発災害への被災市町村の対応と広域的連携の必要性

福島原発事故がもたらした放射能汚染によって役場機能ごと避難している自治体は、2021年3月現在、双葉町のみになった。大熊町役場は会津若松市に避難していたが、2019年4月14日に避難指示解除された大川原地区に役場を移転し、業務を再開した。飯舘村、浪江町、葛尾村、富岡町は2016年度を節目に、一部部署を従前の避難先などに残して役場としては帰還している。楢葉町は2015年6月以降徐々に役場機能を帰還させ、川内村、広野町はかなり早い時期に役場を帰還させていた。いずれにせよ、多くの原発災害被災自治体は原発事故発生直後から、事故情報の収集、避難指示の住民への周知、そして他市町村への避難所の依頼や住民の避難、そして役場の避難など矢継ぎ早の対応を迫られた。そして2017年3月から4月にかけて、避難指示区域のうちほとんどの「居住制限区域」、「避難指示解除準備区域」が解除され、多くの自治体ではふるさとの復興と帰還者の受け入れに取り組んでいる。

しかし、福島第一原発の立地する双葉町、大熊町をはじめ、南相馬市、飯舘村、浪江町、葛尾村、富岡町などの「帰還困難区域」の避難指示はなお解除されていない。双葉町、大熊町にまたがって設置された1600haに及ぶ中間貯蔵施設は稼働し始めてから30年間、遅くとも2045年まで除染処理などによる放射能汚染物質が運び込まれ保管されることになっている。除染によって各地に広汎に仮置きされていたフレコンバッグの山はほとんどが中間貯蔵施設に搬出されたが、「帰還困難区域」内の「特定復興再生拠点」において予定されている除染などによる汚染土や汚染物質は、今後も中間貯蔵施設に送り続けることになるだろう。

これまで、被災地の自治体は避難などの緊急対応、除染を自治体主導で進める「重点調査区域」における除染、そして避難指示解除、その後の復興などをそれぞれに取り組んできた。復興ビジョンや復興計画に関わりながら自治体職員と接する機会が多かったが、非常事態のなかとはいえ、彼らの献身的な奮闘には頭が下がる思いがした。マスメディアによる報道なども市町村ごとに被害の実態や復興への取り組みを描き出してきた。時には原発災害の苛酷な状況を、時には厳しい現実の中で奮闘する住民や役場の姿を、時には遠く避難している先から故郷に戻れぬ避難者の姿を、時には復興への方針の厳しい対立の状況を映像などを通して伝えてきたのだった。

しかし、10年を経た2021年段階において、避難している被災者は、なお事故を起こした原発や放射能汚染に対する不安によって、ふるさとへの思いや帰還について、複雑に揺れ動いている。復興に向けた市町村による進捗の違いや復興の進め方についての方針の違いも目立ってきている。例えば、2020年になってから、「帰還困難区域」を抱える7つの自治体のうち、「特定復興再生拠点」整備事業に取り組む6つの自治体（飯舘村、浪江町、葛尾村、双葉町、大熊町、富岡町）では、この「帰還困難区域」の避難指示の前提としてきた除染をするかしないかを巡って対応の違いが生じてきた。被災自治体では、被災以前から働き先の先細りなどから人口減少が続いていて、避難している人口が従前の水準まで戻ることは考えにくい。第1次産業はもちろん、第2次産業・第3次産業の再開や新規稼働などは、原発災害の特質を反映して思うような復興は進んでいない。自治体固有の財源である固定資産税の収入は今後回復するのか、人口などを根拠に算定される地方交付税はどのように国庫から交付されるのか、自治体運営自体が見通しを立てにくい状態に直面している。

そもそも原発災害の広域性や長期性そしてその過酷性などを考えると、災害関連法の多くが基本方針としている市町村が復興の主体として取り組むことは、大きな限界があると考えるべきではないかと思う。それが多くの被災者を故郷に戻れなくしているし、生活の再建、子どもの教育や生業の確保などを考えれば、避難先での生活再建に立ち向かわざるを得ない。市町村ごとに復旧・復興や生活再建・地域再生を進めていくことによる復興の進行やその内容の違い、人口回帰の差異などがさらに際立ってくるのではないかとさえ危惧している。

ここでは、これまでの原発災害の復興の過程を検証しながら、今後も広域的・長期的な対応を迫られる原発災害に対して、市町村（あるいは地域コミュニティ）の枠組みを尊重しながら、被災者の生活再建やふるさとの地域再生に向けた広域的枠組みを具体的に検討してみたい。

第２節　原発災害後の関連法制度

これまでの各章で、原発災害に関する法制度を取り上げてきたので、ここでは、被災者支援や復興に向けた関連法制度を概観しておこう。

(1) 「東日本大震災における原子力発電所の事故による災害に対処するための避難住民に係る事務処理の特例及び住所移転者に係る措置に関する法律」(2011 年 8 月、以下「原発避難者特例法」)

「原発避難者特例法」は、福島第一原発事故による災害の影響により、当該市町村の区域外に避難している被災者に対する適切な行政サービスの提供等を行うことを目的にしている。提供される主な行政サービスは次のとおりである。

【医療・福祉関係】

・要介護認定等に関する事務
・介護予防等のための地域支援事業に関する事務
・養護老人ホーム等への入所措置に関する事務
・保育所入所に関する事務
・予防接種に関する事務
・児童扶養手当に関する事務
・特別児童扶養手当等に関する事務

・乳幼児、妊産婦等への健康診査、保健指導に関する事務
・障害者、障害児への介護給付費等の支給決定に関する事務
【教育関係】
・児童生徒の就学等に関する事務
・義務教育段階の就学援助に関する事務
「原発避難者特例法」では、「指定市町村」(広野町、楢葉町、富岡町、大熊町、双葉町、浪江町、川内村、葛尾村の双葉郡8町村およびいわき市、田村市、南相馬市、川俣町、飯舘村の13市町村) が定められ、それらを包括する都道府県が「指定都道府県」とされた。そのうえで、「指定市町村の住民基本台帳に記録されている者のうち、当該指定市町村の区域外に避難しているもの」を「避難住民」、2011年3月11日に「指定市町村の区域内に住所を有していた者」で「当該指定市町村以外の市町村の住民基本台帳に記録されているもの」のうち、この法律の定める「施策の対象となることを希望する旨の申出をしたもの」を「特定住所移転者」と定義している。

指定市町村から住民票を移さずに避難している被災者は、一部の行政サービス (・指定市町村・指定都道府県に関する情報の提供、・指定市町村の区域への訪問の事業その他指定市町村の住民との交流を促進するための事業、・その他指定市町村・指定都道府県と申出をした住所移転者との関係の維持に資する施策など) を、避難先で受けることができるようになっている。

⑵ 「東京電力原子力事故により被災した子どもをはじめとする住民等の生活を守り支えるための被災者の生活支援等に関する施策の推進に関する法律」(2012年6月、以下「子ども・被災者支援法」)

「子ども・被災者支援法」については前章で紹介しているので省略する。

⑶ 「福島復興再生特別措置法」(2012年3月、以下「福島特措法」)

「災害対策基本法」(1961年制定) によると、災害時の対応と復旧・復興の第一次責任は市町村となっており、都道府県は後方支援、避難所設

置、仮設住宅供与などの災害救助法の業務を担い、国はこれらの市町村や都道府県の業務が的確・円滑に行われるよう支援することとなっている。「災害対策基本法」は自然災害を想定しているが、「原子力災害対策特別措置法」（1999 年制定、2014 年改訂）における災害への対応も、「災害対策基本法」に準拠していて、市町村の役割は変わらない。

「東日本大震災復興基本法」（2011 年６月制定）では、第４条で「地方公共団体は、（中略）東日本大震災復興基本方針を踏まえ、計画的かつ総合的に、東日本大震災からの復興に必要な措置を講ずる責務を有する」としている。

福島における原発災害からの復興に対して特別に「福島特措法」が制定された（2012 年３月制定、2016 年５月改訂）。

「福島特措法」についても、第７章で詳しく触れているので、ここでは省略する。

⑷　改正「福島特措法」による「福島相双復興推進機構」の発足と「特定復興再生拠点区域」の指定

2017 年５月、「福島特措法」が改正され、新たに「福島相双復興推進機構」が事業者支援のための機構として発足した。また帰還困難区域の帰還促進のための「特定復興再生拠点区域」指定が加えられた。

2021 年の原発災害 10 年の節目を迎えて、これらの法制度について、それらが有機的にその役割を発揮してきているかどうかも含めて詳細に検証したいが、他の各章で触れている程度に留まっている。別の機会を期したい。

第３節　日本学術会議からの提言

東日本大震災・福島原発災害に関わって、日本学術会議は表９−１に示すように、数多くの提言を発表してきた。福島原発災害に関わる主な提言をピックアップしておこう。

◎「『ひと』と『コミュニティ』の力を生かした復興まちづくりのプラ

ットフォーム形成の緊急提言」（環境学委員会環境政策・環境計画分科会、2012年12月5日）

直接的な福島原発災害に関する提言ではないが、環境に関わる「生きる力」を地域コミュニティの中に培っていくことを提言している。

◎「原発災害からの回復と復興のために必要な課題と取り組み体制についての提言」（社会学委員会、2013年6月27日）

①科学の信頼回復と科学的検討の場の改善、②被災者住民の状況把握と意見把握の方法の改善、③長期避難状況下での住民と行政の関係の改善、等を提言している。

具体的には、健康手帳の機能を有する被災者手帳の交付、長期避難者の生活拠点形成と避難元自治体住民としての地位の保障、被災住民間のネットワークの維持などに触れている。

◎「科学と社会のよりよい関係に向けて―福島原発災害後の信頼喪失を踏まえて―」（福島原発災害後の科学と社会のあり方を問う分科会、2014年9月11日）

有識者や市民等が加わる開かれた討議の場を積極的に設けるべきである、との提言。

◎「復興に向けた長期的な放射能対策のために―学術専門家を交えた省庁横断的な放射能対策の必要性―」（東日本大震災復興支援委員会、放射能対策分科会、2014年9月19日）

提言4：健康管理に関わる調査の継続と多様な配慮の必要性、提言5：地域支援に関する学術的活動の強化、などを提起している。

◎「東京電力福島第一原子力発電所事故による長期避難者の暮らしと住まいの再建に関する提言」（東日本大震災復興支援委員会、福島復興支援分科会、2014年9月30日）

この分科会は、福島大学に長くおられた山川充夫氏（地域経済）が委員長、福島大学からは小山良太氏（農業経済）、千葉悦子氏（社会教育）、丹波史紀氏（社会福祉）らが参加。さらにこの提言に加わっていた被災者生活再建小委員会には、上記のメンバーの他に、同じく福島大学から、今井照氏（地方政治）、中井勝巳氏（環境法）、塩谷弘康氏

表９－１　日本学術会議からの東日本大震災・福島原発災害関連の提言

決定年月日	名　称	表出主体	議決された会議
2011.3.25	東日本大震災に対応する第一次緊急提言	東日本大震災対策委員会	第２回東日本大震災対策委員会
2011.4.4	東日本大震災に対応する第二次緊急提言「福島第一原子力発電所事故後の放射線量調査の必要性について」	東日本大震災対策委員会	第８回東日本大震災対策委員会
2011.4.5	東日本大震災に対応する第三次緊急提言「東日本大震災被災者救援・被災地域復興のために」	東日本大震災対策委員会	第９回東日本大震災対策委員会
2011.4.5	東日本大震災に対応する第四次緊急提言「震災廃棄物対策と環境影響防止に関する緊急提言」	東日本大震災対策委員会	第９回東日本大震災対策委員会
2011.4.13	東日本大震災に対応する第五次緊急提言「福島第一原子力発電所事故対策等へのロボット技術の活用について」	東日本大震災対策委員会	第11回東日本大震災対策委員会
2011.4.15	東日本大震災に対応する第六次緊急提言「救済・支援・復興に男女共同参画の視点を」	東日本大震災対策委員会	第14回東日本大震災対策委員会
2011.6.8	東日本大震災被災地域の復興に向けて―復興の目標と７つの原則―	東日本大震災対策委員会・被災地域の復興グランド・デザイン分科会	第20回東日本大震災対策委員会
2011.6.24	日本の未来のエネルギー政策の選択に向けて―電力供給源に係る６つのシナリオ―	東日本大震災対策委員会・エネルギー政策の選択肢分科会	第21回東日本大震災対策委員会
2011.8.3	第七次緊急提言「広範囲にわたる放射性物質の挙動の科学的調査と解明について」	東日本大震災対策委員会	第22回東日本大震災対策委員会
2011.9.21	東日本大震災復興における就業支援と産業再生支援	東日本大震災対策委員会・第一部3.11以降の新しい日本社会を考える分科会	第24回東日本大震災対策委員会
2011.9.27	東日本大震災とその後の原発事故の影響から子どもを守るために	東日本大震災対策委員会・臨床医学委員会出生・発達分科会	第24回東日本大震災対策委員会
2011.9.30	東日本大震災から新時代の水産業の復興へ	東日本大震災対策委員会・	第26回東日本大震災対策委員会

		食料科学委員会水産学分科会	
2011.9.30	東日本大震災被災地域の復興に向けて―復興の目標と７つの原則（第二次提言）―	東日本大震災対策委員会・被災地域の復興グランド・デザイン分科会	第25回東日本大震災対策委員会
2012.4.9	放射能対策の新たな一歩を踏み出すために―事実の科学的探索に基づく行動を―	東日本大震災復興支援委員会放射能対策分科会	
2012.4.9	被災地の求職者支援と復興法人創設―被災者に寄り添う産業振興・就業支援を―	東日本大震災復興支援委員会産業振興・就業支援分科会	
2012.4.9	二度と津波犠牲者を出さないまちづくり―東北の自然を生かした復興を世界に発信―	東日本大震災復興支援委員会災害に強いまちづくり分科会	
2012.4.9	災害廃棄物の広域処理のあり方について	東日本大震災復興支援委員会	
2012.4.9	学術からの提言―今、復興の力強い歩みを―	東日本大震災復興支援委員会	
2012.12.5	いのちを育む安全な沿岸域形成の早期実現に向けた災害廃棄物施策・多重防御施策・生物多様性施策の統合化の緊急提言	環境学委員会環境政策・環境計画分科会	第166回幹事会
2012.12.5	「ひと」と「コミュニティ」の力を生かした復興まちづくりのプラットフォーム形成の緊急提言	環境学委員会環境政策・環境計画分科会	第166回幹事会
2013.3.28	東日本大震災に係る学術調査―課題と今後について―	東日本大震災に係る学術調査検討委員会	第170回幹事会
2013.5.2	災害に対する社会福祉の役割―東日本大震災への対応を含めて―	社会学委員会社会福祉学分科会	第172回幹事会
2013.6.27	原発災害からの回復と復興のために必要な課題と取り組み態勢についての提言	社会学委員会東日本大震災の被害構造と日本社会の再建の道を探る分科会	第174回幹事会

2013.9.6	原子力災害に伴う食と農の「風評」問題対策としての検査態勢の体系化に関する緊急提言	東日本大震災復興支援委員会福島復興支援分科会	第６回東日本大震災復興支援委員会
2014.4.23	いのちを育む安全な沿岸域の形成に向けた海岸林の再生に関する提言	東日本大震災復興支援委員会災害に強いまちづくり分科会　環境学委員会環境政策・環境計画分科会	第８回東日本大震災復興支援委員会
2014.6.10	東日本大震災から新時代の水産業の復興へ（第二次提言）	食料科学委員会水産学分科会	第 193 回幹事会
2014.8.25	放射能汚染地における除染の推進について―現実を直視した科学的な除染を―	農学委員会土壌科学分科会	第 195 回幹事会
2014.9.4	環境リスクの視点からの原発事故を伴った巨大広域災害発生時の備え	健康・生活科学委員会環境学委員会環境リスク分科会	第 196 回幹事会
2014.9.11	科学と社会のよりよい関係に向けて―福島原発災害後の信頼喪失を踏まえて―	日本学術会議第一部福島原発災害後の科学と社会のあり方を問う分科会	第 195 回幹事会
2014.9.16	被災者に寄り添い続ける就業支援・産業振興を	東日本大震災復興支援委員会産業振興・就業支援分科会	第11回東日本大震災復興支援委員会
2014.9.19	復興に向けた長期的な放射能対策のために－学術専門家を交えた省庁横断的な放射能対策の必要性－	東日本大震災復興支援委員会放射能対策分科会	第10回東日本大震災復興支援委員会
2014.9.22	災害に対するレジリエンスの向上に向けて	東日本大震災復興支援委員会災害に対するレジリエンスの構築分科会	第10回東日本大震災復興支援委員会
2014.9.25	東日本大震災からの復興政策の改善についての提言	社会学委員会東日本大震災の被害構造と日本社会の再建の道を探る分科会	第 200 回幹事会

2014.9.30	東日本大震災を教訓とした安全安心で持続可能な社会の形成に向けて	地球惑星科学委員会地球・人間圏分科会	第198回幹事会
2014.9.30	東京電力福島第一原子力発電所事故による長期避難者の暮らしと住まいの再建に関する提言	東日本大震災復興支援委員会福島復興支援分科会	第13回東日本大震災復興支援委員会
2015.4.28	高レベル放射性廃棄物の処分に関する政策提言―国民的合意形成に向けた暫定保管―	高レベル放射性廃棄物の処分に関するフォローアップ検討委員会	第212回幹事会
2016.2.26	防災・減災に関する国際研究の推進と災害リスクの軽減―仙台防災枠組・東京宣言の具体化に向けた提言―	国際委員会防災・減災に関する国際研究のための東京会議分科会 土木工学・建築学委員会IRDR分科会	第225回幹事会
2017.9.12	我が国の原子力発電のあり方について―東京電力福島第一原子力発電所事故から何をくみ取るか―	原子力利用の将来像についての検討委員会原子力発電の将来検討分科会	第250回幹事会
2017.9.29	東日本大震災に関する学術調査・研究活動―成果・課題・提案―	東日本大震災に係る学術調査検討委員会	第251回幹事会
2017.9.29	東日本大震災に伴う原発避難者の住民としての地位に関する提言	原子力発電所事故に伴う健康影響評価と国民の健康管理並びに医療のあり方検討分科会	第6回東日本大震災復興支援委員会
2017.9.29	広域災害時における求められる歯科医療体制のポイント	歯学委員会	第252回幹事会
2020.9.14	社会的モニタリングとアーカイブ―復興過程の検証と再帰的ガバナンス―	社会学委員会東日本大震災後の社会的モニタリングと復興の課題検討分科会	第296回幹事会
2020.9.18	災害レジリエンスの強化による持続可能な国際社会実現のための学術からの提言―知の統合を実践するためのオンライン・システムの構築とファシリテータの育成―	科学技術を活かした防災・減災政策の国際的展開に関	第298回幹事会

		する検討委員会	

注：　日本学術会議「提言・報告書等」より、東日本大震災・福島原発災害関連の提言を抜粋。
　2020年9月、菅義偉内閣が発足した直後、学術会議から提出されていた105名の会員候補者のうち、6名を除外し、99名を記載した任命対象者名簿が示された。定員210名の学術会議会員数が法律に基づいて規定されているのにも関わらず、2021年3月現在、6名欠員という違法な状態が続いている。学問に関わってきたものにとって、学術会議は学問の発展を維持し発展させる最高機関である。菅首相が拒否した理由として掲げた「(日本学術会議の）総合的、俯瞰的な活動を確保する観点から判断した」ことの具体的な理由は全く示されていない。
　ここでは、学術会議が東日本大震災・福島原発災害からの復興に関しても、積極的な提言を継続的に発してきたことを示しておきたい。

(法社会学)、清水晶紀氏（行政法)、石井秀樹氏（環境計画)、小松知未氏（農業経済）など多様な顔触れが参加していた。

ここでは、複線型復興の枠組み提示（早期帰還の第一の道、自力による移住という第二の道、超長期待機・将来帰還というべき第三の道を避難者が自主的に選択できる)、基金立て替え方式による賠償、帰還をする住民への支援の具体化、帰還を当面選択しない住民も公平な取り扱いをすること（「自主避難者」も公平に)、長期避難者の住民としての市民的権利を保障すること、自治体間の広域連携を推進すること(避難先における医療・介護・教育などの最も身近な住民サービスにおける自治体間の広域連携による、行政事務の効率化などを図る)、現行法制の不備を検証し改善する場を設置する（「総合的・包括的な「原子力災害対策基本法」(仮称）の検討など」）など多方面にわたる提言をしている。

◎「東日本大震災に伴う原発避難者の住民としての地位に関する提言」(原子力発電所事故に伴う健康影響評価と国民の健康管理並びに医療のあり方検討委員会・原子力発電所事故被災住民の「二重の地位」を考える小委員会、2017年9月29日）

この提言では、「二重の住民登録」を提起するとともに、現行法の問題点として、例えば「原発避難者特例法」における、「指定市町村」(13市町村）への限定の問題、「指定都道府県」「避難住民」に十分理解が行きわたっていない、避難先住民も国による財政措置が行われていることへの無理解から摩擦が生じている、「特定住所移転者」、「住所移転者協議会」の実効性が乏しい、などの問題、「子ども・被災者支援法」では、「支援対象地域」(「避難指示区域」放射線量を下回るが一定基準以上の放射線量の地域）の課題などを指摘している。合わせて、３つのモデル、①避難元住民登録、②移住先住民モデル、③二重の住民登録モデル、を検討している。

第４節　自治体間の広域的な連携・調整の必要性

原発被災地の自治体では、本格的な復興計画の立案やその実施に至る以前に、住民への避難指示、他自治体での避難所の確保やその後の仮設住宅の確保、そして放射線被ばくに対する対応もそれぞれがほとんど“自主的・自立的”に取り組まざるを得なかった。都道府県はもちろん市町村をまたぐ広域災害における避難などの連携はほとんど蓄積されていなかった。受け入れ自治体もまた、それぞれが懸命に緊急時の対応をしたのだった。災害時の緊急対応なので、それは決して批判されたり非難されるものではないが、さまざまな対応の中でわが国独特の国対地方自治体、政治家の活動が、地方自治体間の格差を発生させたり、被災者の苦悩を長引かせてしまうことにならないように目配りしていくことが必要である。とはいえ「減災」や「事前防災」などが重視されるなかで、これらの緊急時の対応をつぶさに検証し、今後の地域防災計画や防災対策に活かしていくことが重要であり、原発災害では、これらの教訓を今後の復興過程にも活かしていくことが必要になっている。とくに各地に立地する原発の緊急時の避難計画が注目されている。机上の避難計画で、実際には避難できない地域住民が見放されるような計画で、再稼働ありき、という批判も多い。いま、自治体間の連携や調整を求めているのは、そのような活動の一環であるといってもよい[1)]。

筆者はこの10年間、復興に向けて身を粉にして奮闘している自治体の職員と接しながら、また時折マスコミなどで紹介される原発災害被災地の首長や自治体職員の声に触れながら、一方で市町村が単独で原発災害からの復旧・復興の主体として取り組み続けられるだろうかという疑問を抱かざるを得なかった。市町村はそれぞれ復興ビジョンや復興計画などを策定し、さらにこれらの事業化に向けてさまざまな復興事業のための「復興交付金」、「加速化交付金」などへの申請などに取り組んできた。しかし、原発災害の特質から、避難指示による地域区分やその解除のタイミングなどによって、個別事情の異なる自治体ごとの取り組みだけでは大きな限界があると言わざるを得ない。それらの個別事情を乗り越えて連携する動きは、2013年7月、福島県双葉郡教育復興ビジョン推進協議会が「双葉郡教育復興ビジョン」を策定しているし、「特定復興再生拠点」を抱える自治体が協議会を設置して対応してきたり、双葉8町村によって構成される双葉地方町村会の「ふたばグランドデザイン報告書」（2019年9月）策定の取り組みなどをあげることができる。

すでに述べてきたように、原発災害からの避難者の多くは自宅再建を希望しているが、ふるさとに再建することが困難であるために避難先などで再建するケースが多い。これは避難元の各市町村の行政にとってみると、当面ふるさとでの人口の維持や第1次産業の再建が極めて厳しく、自治体そのものの再建を長期的に考えて、こういう避難先などでの生活再建への支援や情報提供を通して連絡を保つことも重要な課題になっている。そのためには、県内外の自治体間での広域的な連携、調整の課題が不可欠となるはずである。

わが国における災害復興に関する法制度の趣旨に基づいて国や県は、市町村の復興への取り組みを支援することになっている。しかし、10年を経て垣間見えてきたのは、政府による制度的枠組みと予算的支援の方向性が、市町村ごとの復興計画立案、事業実施などが前提となっている結果、各自治体間で競争的と思えるような取り組みに傾斜させている実態があり、これらが被災者の生活再建や地域再生の取り組みに対する格差を助長することになるのではないかと思われる点である。他方、県は広域調整と広域的な課題に取り組むことが本来の役割であるが、制度的には市町村側からの「要請」が前提であるという姿勢で、広域連携に向けて引き気味になっている感が否めない。

ではこうした現状を転換し、当該の市町村が相互に、広域的に連携・調整して原発災害に取り組むためには何が必要か。以下、その視点から、現状を検討し、課題を提案したい。

第5節　広域連携の方向性

福島第一原発の立地町である双葉町、大熊町の復興に向けた土地利用は、原発の廃炉作業そして中間貯蔵施設の長期間にわたる受け入れによって大きく制限されているし、その周辺の市町村も将来に向けて、同様の影響を少なからず受けることになろう。そういう状況の中で被災市町村がそれぞれの行政エリア内で完結的に復興への取り組みを進めることには、やはり限界があると言わざるを得ない。政府からの復興予算の確保といっても、結局政府の示した事業制度への計画づくりに追いまくられている。市町村の担当部局はそういう業務でてんてこ舞いになってきた。繰り返し認識しなければならないのは、ひとたび原子力事故が起きれば、その復興は市町村ごとに立ち向かえるほどなま易しいものではないということである。

⑴　被災者の生活再建とふるさとへの思いを第一に

上記のような長期間にわたる土地利用の大きな制約などによるふるさとの復興の困難性に対して、他の市町村との協働や連携で居住地や産業立地の再建を図ったり、近隣市町村の営農地を暫時利用するなどして農業活動の継続を確保したりすることが必要になるだろう。

2017年3月11日、7回目の東日本大震災・福島原発災害の日に際して、さまざまな報道が展開された。すでに避難解除された自治体における帰還率の低さが取り上げられていた。災害以前の人口が戻るのは困難であるという認識のもとに、それらの自治体の首長の中から、「合併」の声が紹介されたのも7年目の報道の新しい動きであった。

一方で、避難している多くの人々は避難先での生活再建に取り組み、自宅を再建したりしているが、そういう人々の多くはなお住民票を移動せずにふるさとへの思いを抱き続けている。それはふるさとでの生活や生業、ふるさとの風景やふるさとの地域コミュニティの絆などへの思いである。そういう思いをずたずたに断ち切ったのが原発災害である。まずは原発災害被災者の思いを大切にしながら復興の道を歩むべきである。

つまり、それぞれの地域社会や自治体を存続させながら、お互いの連携を深めていくことを前提にしなければならない。たとえ自分のふるさとのまちに戻れなくても、ふるさとと一瞬たりとも手の抜けない生活・生業を再建していく拠点との二地域居住などの実体を創っていくことが人々の心を和らげ、前向きに復興に取り組んで行く筋道であろう。

⑵　復興の広域化・長期化と課題認識の共有化と「見える化」

前章において、福島における持続可能な復興のゴール（Sustainable Recovery Goals for Fukushima）として「生活の質」「コミュニティの質」「環境の質」の実現を提起した。すでに触れたように、地域再生に向けた“広域的な合意形成”を目指していている。広域連携のためには、わが国における地域社会や市民社会が、そこに横たわる諸問題を共通の課題として把握することが重要ではないかと考えたからである。

⑶　応急仮設住宅・復興公営住宅事業の蓄積を生かして

福島における原発災害からの生活再建と地域再生の課題に立ち向かうために広域連携を提起するのは、これまでの復旧・復興事業の展開過程において応急仮設住宅や復興公営住宅についての経験の蓄積も直接的な契機になっている。福島県が対応してきた木造仮設の建設やみなし仮設住宅の確保、そして復興公営住宅の建設ではそれらの居住水準の確保や地域循環型経済をめざして県内事業者による建設などが進められてきた。一方、避難指示解除以降の被災地域の復興は市町村が主体となって計画策定や事業実施、まちづくり、インフラ整備や復興公営住宅を含む住宅供給そして施設整備などを実施しているが、県が挑戦し蓄積させてきた県内事業者の優先的な活用などを継承して進めていけるかどうかという課題が横たわっている。復興過程は地域産業の再生の過程でもあるからである。しかし、これまでのところ市町村は都市再生機構（UR）や大手コンサルタント、大手ゼネコン、大手住宅メーカーに発注することになっていく可能性が大きい。

広域連携によって、県内の復興を手掛ける「地域再生機構」（仮称）のような機関を立ち上げ、市町村の復興事業を地域経済再生の観点からも広域的に支え、復興計画の策定や事業計画や仕様書の作成、その発注業務など実施への橋渡しを進めていくことも重要ではないかと考えている。このような住宅建設に関わる事業だけでなく、A 町から避難している被災者が B 町に家を再建しても A 町と B 町の行政サービスをともに受けられるようにしたり、県の色々な行政サービスを従来通り避難先でも受けられるようにするという仕組みも考えられる。また県外への避難者に対する色々な支援サービスを広域連携によって統合的に提供できるようにすることも重要ではないか。

今回の連携の広がりは一案として、福島県、双葉８町村、南相馬市や飯舘村、川俣町、田村市を中心に考えるが、同時に町外コミュニティ・町外拠点や復興公営住宅などを受け入れてきた県内の市町村とも何らかの連携を進めていくことが考えられ、その具体化にはなお検討が必要である。

⑷　（参考）広域連携のすがた―隠岐広域連合に見る―

複数の自治体が連携して取り組むことは、従来から消防、ゴミ焼却や教育・医療などの分野でも「一部事務組合」によって対応してきた実績は全国どこでもみられる。今回の場合、もともと広域調整などを業務としてきた県も含めた広域連携の姿を模索すべきではないか。県と市町村による広域連携は、これまでも医療福祉サービスなどに先駆的に取り組んでいる「隠岐広域連合」（島根県と隠岐の島町、海士（あま）町（ちょう）、西ノ島町、知（ち）夫（ぶ）村（むら））、人材開発・確保や交流などをめざす「彩の国さいたま人づくり広域連合」（埼玉県と県内全市町村）をはじめ、さまざまな課題に対する「広域連合」が生まれている。

地方自治法第284条第1項（地方公共団体の組合は、一部事務組合及び広域連合とする。）に基づく広域連合は、総務省によると2016年7月1日現在、116件が設置されている。最も多いのは、それぞれの都道府県内のほとんどすべての市町村が加わる後期高齢者医療（51件）である。その他に、介護区分認定審査（45件）、障害区分認定審査（32件）などがあるが、ここで検討しようとしている都道府県と市町村が連携した広域連合は、彩の国さいたま人づくり広域連合（1999年5月）、隠岐広域連合（1999年9月設立）、京都地方税機構（2009年8月）、静岡県地方税滞納整理機構（2008年1月）、長野県地方税滞納整理機構（2010年12月）である。また都道府県レベルの連携によるものは関西広域連合（2府6県4市、2010年12月）のみである。

「隠岐広域連合」は、1999年9月1日に島根県と隠岐島4町村（旧7町村）（隠岐の島町―旧西郷町・旧布施村・旧五箇村・旧都万村―、海士町、西ノ島町、知夫村）を構成団体として設立されている。この広域連合で取り扱う業務は、設立当初、介護保険事業、隠岐病院事業、隠岐島前病院事業、救急医療対策事業で、2002年4月からは、隠岐島町村組合の事務を引き継ぎ、広域消防事業・障がい者支援施設事業・交流施設管理事業等を、さらに2004年度より福祉型障がい児入所施設事業を、2006年度より隠岐航路フェリー「おき」の設置、管理運営に関する事務を、また、2011年度より超高速船の設置、管理運営に関する事務を引き継いでいる。

行政組織として、隠岐広域連合長のもとに、広域連合事務局（2019年4月1日現在23人）、隠岐病院、隠岐島前病院（両病院合わせて同年144人）、消防本部（同年69人）が置かれ、さらに隠岐広域連合議会（議員14人、構成団体の議会における選挙でそれぞれの定数を選出する）、選挙管理委員会、監査委員が置かれている。

第６節　福島原発災害からの復興に向けた広域連携のイメージ

⑴「福島地域再生広域連合」（仮称）の任務と組織

ここでの広域連合の対象市町村は、これまで「福島特措法」などで対象とされてきた12市町村（双葉８町村・南相馬市・川俣町・飯舘村・田村市）を想定しているが、合わせて広域調整や広域的な計画権限を有する福島県を含むことが重要である。この広域連合の役割や課題は以下のような内容が考えられるが、なお具体化するための検討が必要である。

・被災者が他の自治体に住居を移転しても、原発災害による避難者の多くは、なおふるさととの関係（将来にわたる帰還の期待など）によって、住民票を移すかどうかはまだまだ微妙な状況である。したがって、住民票を移さない場合でも、居住先の行政サービスを等しく受けることができるようにすることが重要である。ふるさととの関係を維持し続けることも必要である。行政サービスのあり方やその負担について、広域連合において協議するとともに被災者を受け入れている県内外の市町村との協議を一本化して、具体的な運営を決定することができる。自力での住宅再建や復興公営住宅、その他の民間賃貸住宅などを確保している被災者の多くは、上記の12市町村のエリア以外のところで生活再建を進めている。実は、「原発避難者特例法」によって、上記のような課題に対応しているところであるが、県外の支援団体などからは避難者の「宙ぶらりん状態」が指摘されている。避難者の個別の事情にも対応するような「災害ケースマネジメント」の実質化を図る上でも、広域調整が必要である。

複数の自治体からの避難者が避難している避難先自治体との連携強化（とくに自治体機能をなお臨時的に設置しているいわき市、支所機能を配置している会津若松市、二本松市などとの連携やその他、県外自治体や二地域居住、医療・福祉、教育そして職業あっせんなどの行政サービスなどの支援を進めてきた自治体との間で、相互連携や協力関係を市町村ごとに対応するのではなく、この広域連合において、これらの業務を統一的な運用方針のもとに一括的に扱うことが有効であろう。

・広域的土地利用計画と公共住宅などを含む施設計画を広域連合管内で実施すること。

・公共事業などの共同受発注と共同監理体制の整備（次項「地域再生機構」（仮称）参照）。

・これらの原発災害に伴う特別な業務に関する人材確保。

⑵ 「地域再生機構」（仮称）

福島県では被災直後から、「災害救助法」に基づいて福島県が中心となって緊急避難所の設置や仮設住宅の供給（新規供給と「みなし仮設」の供給）、そして「復興公営住宅」の建設を進めてきた。仮設住宅や災害公営住宅は、これまでの多くの自然災害のように当該市町村内に建設用地などを確保することができず、大半は市町村の範囲を超えて建設し管理運営することになった。災害直後、福島県が進めていた仮設住宅の新規建設は、すでに取り交わしていたプレハブ協会に委託することが進められていたが、プレハブ協会は余りにも膨大な供給戸数で、岩手、宮城、福島でそれぞれ１万戸が上限ということになった。主体的な判断とはいえないが、結局、残りの約6500戸を福島県が独自に考える仕様などによって発注することになった。それは被災地域を含めて地域再生のための地域循環型経済をめざすためでもあった。

福島県には2012年６月に「一般財団法人ふくしま市町村支援機構」が設置されている。

この支援機構は、1978年４月、（財）福島県建設技術センターとして発足以来、さまざまな機能拡充などを経て、今日の組織形態に至っている。この機構では、専門スタッフを確保しながら、主に市町村が実施する都市計画事業（土地区画整理事業など）や個別の計画策定事業などを受注してきた。原発災害による復興事業では、市町村の日常的な業務とは大きく異なり、そのための専門的な担当者などが求められてきた。国の機関や全国各地の自治体などからの派遣職員がそれらの多くを担ってきた。それでも、さまざまな復興事業では、事業計画、予算見積り、入札、発注、業務監理、検査など、繰り返し、多くの業務に追われてきた。しかし、この支援機構では、それらの業務を引き受けるほどの余力がないと言われている。テンポラリーな専門家集団を登録するなどして、県内の技術的な企画力と地元への発注などを確保することが求められている。

注

1　ここでは詳しく述べないが、原発事故後のわが国の「放射線防護」は「除染」に大きく比重が置かれた。チェルノブイリにおける遠距離避難や原子炉の遮蔽などとは対照的である。また、「除染」について、「重点調査地域」では市町村がその実施主体になったが、その過程では相互に情報交換が行き届かずに、市町村ごとにまちまちの対応になり、それによって長期化や混乱などを防ぐことができなかったことも指摘されている。

IGES・FAIRDO（2012）『福島における除染の現状と課題』2012年10月。

第10章

中間貯蔵施設問題の視座

第1節　中間貯蔵施設設置までの経緯

福島原発災害が発生した2011年3月当時の菅直人首相が福島県庁で佐藤雄平知事（当時）に中間貯蔵施設の県内設置を要請したのは2011年8月27日であった。2011年12月の段階では、政府から中間貯蔵施設の双葉郡内での受け入れ要請があった。政府からの申し入れを受けて、知事は地元の自治体と丁寧に検討をしていきたいと表明した。双葉郡の町村長会にその方向づけを期待していたのだった。しかし、その後、双葉郡の町村長が県を訪れ、県も当事者として責任ある対応をしてほしいという牽制球を投げ返した形になった。しかも、双葉郡の町村長会会長である双葉町長は、いち早く町としての反対表明をしていた。首長たちは一致して県に牽制球を投げることになった。

中間貯蔵施設なるものが、どれほどの科学的な裏づけがあるものなのか、さらに30年後に移動する先の「最終処理施設」なるものの科学的な裏づけや立地問題の見通しを相当程度確実なものにしなければやはり難しいのではないかと考えていた。しかし、仮処分場問題もいずれ除染活動の本格化とともに深刻化することは明らかであった。これらについての科学的な裏づけに関する議論が欠落していることに多くの自治体や住民が疑問を感じていた。

福島第一原発事故によって広範に放射能汚染の被害を受けた地域での「除染」が取り組まれるようになったのは2011年8月30日「平成二十三年三月十一日に発生した東北地方太平洋沖地震に伴う原子力発電所の事故により放出された放射性物質による環境の汚染への対処に関する特別

措置法」（以下、「除染特措法」）が公布・一部施行されてからであり、さらに本格化するのは2011年11月、「除染特措法」に基づく「除染に関する緊急実施基本方針」が閣議決定されてからである。上記のように「除染特措法」が公布・施行される時期に呼応するかのように「中間貯蔵施設」の動きが始まっていたのである。「除染」と「仮置場」そして「中間貯蔵施設」さらには「最終処分場」などは「除染」以降の重要なプロセスである。2011年8月以降、郡山市など、独自に学校施設や公園などの除染に取り組んだ自治体もあった。いずれにせよ、除染した汚染土壌等は自治体の領域内に「仮置場」を設置して保管されていった。各地で仮置場についての住民との厳しい交渉などが取り組まれていた。「除染」が原発被災地における復興の前提と位置づけられてきたのだった。

「中間貯蔵施設」が政府や関係自治体などで俎上に上り始めたのは、除染が始まった時期に相前後して2011年8月以降である。菅直人首相が福島県庁で佐藤雄平知事に中間貯蔵施設の県内設置を要請したのはすでに述べたとおりである。同年12月28日、細野剛志環境相兼原発事故担当大臣（当時）が改めて佐藤雄平知事に中間貯蔵施設を双葉郡内に設置することを要請した。2012年、2013年は政府、福島県そして双葉郡8町村とりわけ大熊町、双葉町、楢葉町などとの協議が進められた（政府は当初、この3町に設置を要請するとともに、富岡町には災害廃棄物の受け入れを要請した）。2014年になって、事故のあった福島第一原発が立地する大熊町、双葉町に集約する方向が示されるとともに、全面買収による国有化用地確保の方針、30年後には県外に最終処分することの明文化、地域振興策、地権者生活再建策、中間貯蔵施設交付金などの財政支援策が次々と示された。同年3月16日には石原伸晃環境相（当時）が用地の借地契約は「全く考えていない」と言及し、全面的に買収する方針を示していた。この年の6月16日には石原環境相の「最後は金目でしょ」発言が飛び出した。この発言は、わが国の保守政治に根付く本音ともいえる暴言で、被災地の人々を傷つけるとともに怒りをかったのだった。マスコミでも大きく取り上げられ、被災地や福島県民にも知れ渡るところとなったが、問題は「除染特措法」に基づく除染の仕組みや仮置場の設置に向けた協議、中間貯蔵施設設置の決定や搬入の手順、そして最終処分場の見通しなどについての情報が十分に開示されていたかである。中間貯蔵施設受け入れを承諾した大熊町、双葉町の決断は筆舌に尽くしがたいが、原発事故被災地全体として共有できたであろうか。最終処分場を県外に設置する見通しもない中で、最終処分場も県内で引き受けなければならなくなるのではないか、という意見は確かに耳にする。原発災害からの復興を系統的に研究している専門家からもそのような意見が出されている。

2014年11月、「日本環境安全事業株式会社法（JESCO法）」が改正され、中間貯蔵施設について、「施設使用開始後30年以内に県外最終処分する」ことが明記された。中間貯蔵施設の用地獲得と稼働後30年以内に県外に移転させることは中間貯蔵施設受け入れの大前提であることを肝に銘じなければならない。

最終的に受け入れるかどうかの前提である候補地の土地所有者との交渉が難航したが、最終的には買収とともに「地上権」設定を進めることになった。社会的な通念として自己所有の建物を建てるために地主から土地を借りる権利「借地権」には「賃借権」と「地上権」があり、「地上権」は、「賃借権」よりも圧倒的に権利が強いとされている。今日では、一般的な借地契約では「地上権」は土地所有者から忌避されることが多く、事例が少なくなっていることも聞いていた。

筆者はこの議論の過程を聞いた当時、政府も期限内に最終処分場を県外に搬出することを表明していたので「賃借権」もしくは「定期借地権」の選択もあり得るのではないかと考えていた。政府の買収方針と地権者の所有権存続のぶつかり合いの中で一部「地上権」が設定されることになった[1)]。そして、**表10－1**に見るように、2019年12月末現在、対象面積1600haのうち、用地買収した面積は1130ha（地権者1738人、対象面積の70.6％）になっている。また**表10－1**の追補では2021年7月現在の状況を示している。30年後には県外搬出することが法律で定められたが、国有化が進んでいることも今後の展開に大きな影響を及ぼすであろう。福島第一原発の廃炉など最終的な姿が不透明な中で、中間貯蔵施設

表 10－1　中間貯蔵施設の概要（2019 年 12 月末時点）

所在地	福島県大熊町、双葉町
面　積	1600ha（民有地 79％、公有地 21％） （大熊町 1100ha、双葉町 500ha）
元の地権者	2360 人
把握できた地権者	1960 人（83％）
国有化した面積	1130ha（地権者 1738 人分）
汚染土の貯蔵容量	1220 万 m^2
汚染土の搬入想定	1400 万 m^2
保管期限	2045 年 3 月（搬入開始から 30 年間）
管理者	中間貯蔵・環境安全事業株式会社 （国が 100％ 出資）
建設・管理運営費	1 兆 6000 億円（別途、除染に 4 兆円）
県・2 町への交付金	計 3010 億円

出所：大月規義「『中間貯蔵施設 30 年』に見るフィクションと矛盾の連鎖」朝日新聞 web 論座、2020 年 2 月 28 日の表に若干加工。

追補（2021 年 7 月現在）

登記記録地権者	2360 人（うち連絡先不明約 260 人）
連絡先把握地権者	約 2100 人（89％）
全体契約面積 地上権契約面積 売買契約面積	約 1247ha　地権者 1831 人 約 229ha　地権者 155 人（一部売買含む） 約 1018ha

出所：環境省 HP「中間貯蔵施設用地の状況」および「地権者会」門馬好春氏の情報による。

跡地は、その国有地になった土地を中心に大熊町、双葉町の中心市街地の復興のためにも、緩衝緑地としてあるいは原発事故からの復興の祈念公園にするような議論があったのだろうか。「国有化」の意図や目的を具体的に説明する必要があるのでないかと思う[2)]。

2014 年 8 月、県が建設容認、12 月には大熊町、翌年 1 月双葉町で施設建設を受け入れた。

その後、2014 年 12 月、「30 年中間貯蔵施設地権者会」（以下「地権者

会」）が組織され、国による地上権設定補償についての東京簡易裁判所での調停や環境省交渉がなお続けられている（2020年12月22日には、環境省との第46回団体交渉が開催されている）[1)]。この「地権者会」の発足当時からの一貫した要望は次の5点であるとしている。

①2045年3月12日までの事業終了に向けた確実な取り組みを求める。

②逃げ道、抜け道ではなく、責任を持った対応を求める。

③情報の透明化とスピード感を持った情報公開を求める。

④憲法29条3項の正当な補償、要綱を適用した公平公正平等な補償を求める。

⑤弁護士等の専門家等を同席させたマスコミ公開の中での団体交渉を求める。

国（環境省）との交渉が、この要望にあげられているように、オープンな場で進められることを見守りたい。しかも、この中間貯蔵施設問題は地権者だけの問題ではない、双葉町や大熊町だけの問題でもない。これだけ重要な問題なので、第三者委員会などを組織して広く意見を求める必要があるのではないか。

仮置場から中間貯蔵施設への本格的な汚染物質の搬入が始まって数年経過して、大月規義氏（朝日新聞編集委員）は「なぜ30年で県外搬出などという現実離れした法律ができたのか」という問題提起をしている。少し長いが引用する。

「国が福島の復興を進めるには、汚染土の問題を先送りするしかなかった。福島復興の停滞は、全国の原発立地地域に広がった不安を払拭（ふっしょく）できず原発再稼働に支障をきたすという懸念も、政権内にやがて生まれた。中間貯蔵施設の問題では、復興と引き換えに多くの犠牲がはらわれた。犠牲と引き換えに得るはずだった『住民の帰還』は、旧避難指示区域全体で2割弱にとどまっている。今後も住民の帰還とは無縁に、福島復興には多額の予算が投じられていくだろう。原発事故から時間が経つにつれ、政治や政府が民意を反映せず、地元首長の顔色ばかりうかがっている懸念が募る。ふるさとから遠く離れた住民の意向を、どこまでくむべきかという深刻な問題にもぶつかる」（「『中間貯蔵施設30

年』に見るフィクションと矛盾の連鎖」朝日新聞 web 論座、2020 年 2 月 28 日）。

第 2 節　2045 年中間貯蔵施設の廃止（県外搬出）後の土地利用のあり方

仮置場に蓄積されていた除染後の汚染物質が、中間貯蔵施設へ本格的に移送されるようになったのは 2015 年である。その時点から 30 年以内に県外の最終処分場に搬出されることが法律で定められている。2045 年がその期限である。われわれの世代（70 代以上）は、その時を見極めるわけにはいきそうにない。しかし、次の世代のために、この中間貯蔵施設の今後のあり方を考えておくことは、福島第一原発や第二原発の廃炉同様、極めて重要な課題である。それは中間貯蔵施設の位置する双葉町、大熊町の両自治体や被災者はもちろん、原発事故で長期間避難を強いられている被災者や関係自治体にとっても、将来の地域社会の姿を描いていくうえで極めて重要だからである。2014 年 12 月、議会と区長会への説明の後に中間貯蔵施設受け入れを決定した当時の大熊町長・渡辺利綱氏は 2021 年 1 月の地元紙のインタビューで次のように述べている[4)]。

「行くたびに様子が変わり、昔の面影はなくなった。やっぱり大変（な判断）だったんだなとあらためて思う」、「（搬入開始から 30 年内の県外最終処分について）期間としては長いようで短い。その時に土地をどう活用していくのか、今のうちから検討する必要があるのではないか」。

福島第一原発を取り囲むように中間貯蔵施設の用地約 1600ha が確保されている（双葉町約 500ha、大熊町約 1100ha、**図 10－1** 参照）。そして双葉町、大熊町において双葉駅、大野駅の周辺に形成されていた旧市街地との位置関係は**図 10－2** に示すとおりである。

2020 年 9 月初旬、環境放射能除染学会における「減容化・再生利用と復興を考える知のネットワーク」のセッションに参加する機会を得た。この主催者から「知のネットワーク」が「長い中間貯蔵事業の期間を見据えてさまざまな話題を語り合えるサロンとして情報交換などを行っていきたい」、「中間貯蔵期間中の町の復興にも資する土地利用の実現などについての活発な議論を進めるきっかけとなるよう、地元の有識者のご意見を頂いたり、地元の大熊町、双葉町など福島県の皆様からのお考えを承る機会を設けたり、地元の子どもたちの社会教育にも貢献したりすること」をめざしていることが伝えられた。

2011年3月の福島第一原発災害発生後、福島県復興ビジョン・福島県復興計画（第1次）などの策定、そして浪江町の復興ビジョンや復興計画（第1次）とともに、2012年7月～2013年5月まで双葉町の復興まちづくり委員会に参加し「復興まちづくり計画」の策定に関わらせていただいた。その際に、双葉町の前井戸川克隆町長、現伊澤史朗町長、復興関連課の職員の皆さんとの復興まちづくり計画の協議はもちろん、復興まちづくり委員会のメンバーや避難先のさいたまスーパーアリーナ、その後の加須市の旧騎西高校に避難している町民の方々との交流を重ねてきた。そして、しばらく間が空いたが、2019年から双葉町特定復興再生拠点の一部に位置づけられている双葉駅西側地区における復興公営住宅などの公募型プロポーザルを進める委員会に参加することになり、2020年2月中には、プロポーザルの最終提案者を選定した。久しぶりに復興まちづくり計画策定当時の復興担当だった方々にもお会いした。当時の担当者だった方々からは、中間貯蔵施設のエリアが決定された後に、双葉町役場がそのエリアに隣接する位置にあることや、線量が高いために旧役場を再利用することは難しいこと、災害発生前に建設してそれほど時間が経っていない自宅がその予定地に含まれていることなどを聞いていた。

大熊町は会津若松市に役場ごと避難していたが、2012年9月、第20回ふくしま復興支援フォーラムで、国会事故調（同報告書は同年9月に刊行された）のメンバーとして参加されていた大熊町商工会長であった蜂須賀禮子氏に「被災者の立場からの事故調査報告」のお話しをしていただいた。また2013年7月には、第41回ふくしま復興支援フォーラムで、大熊町教育長の竹内俊英氏に「大熊町における学校再生への挑戦」と題してお話をうかがう機会があった（このふくしま復興支援フォーラ

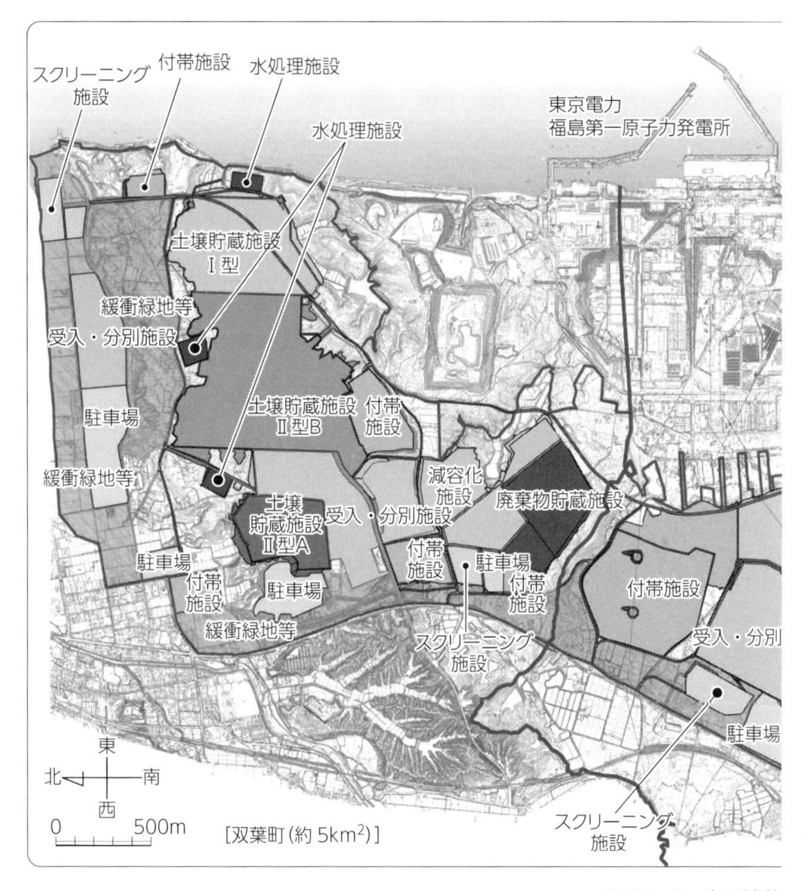

図 10－1　中間貯蔵

出所：環境省除染情報サイト。

ムは2011年11月から活動を開始し、2021年8月までに第185回開催してきており、今後も継続していく予定である)。そして、2017年から始められた大川原地区の復興再生拠点市街地形成事業の一環として復興公営住宅建設の第1期、第2期の地元事業者を重視した買取型プロポーザルの事業者選定に関わってきた。

福島第一原発立地町である両町は、全町避難が長い間続いた。そして両町は塗炭の苦しみを経て、福島第一原発と事故前の中心市街地との間

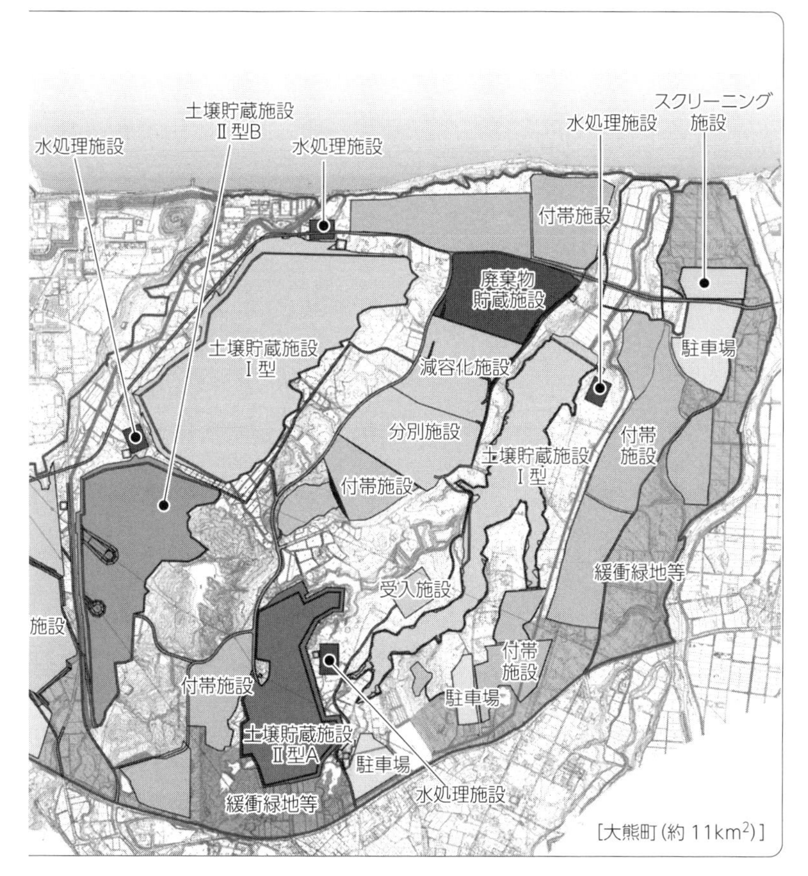

施設の配置と土地利用

に広大な中間貯蔵施設の設置を受け入れることを決定したのだった。双葉町職員である友人は、事故前に同敷地内の団地に住宅を新築したばかりであった。両町の住民は、この中間貯蔵施設をどのような思いで受け入れているのだろうかと思いを巡らせることもあったが、原発被災地の復興や被災者の生活再建にとって、30 年間継続するこの中間貯蔵施設をどのように位置づけ、その後の土地利用に思いを巡らせていくかが究極的な復興への途のように考えるようになった。それらの検討については

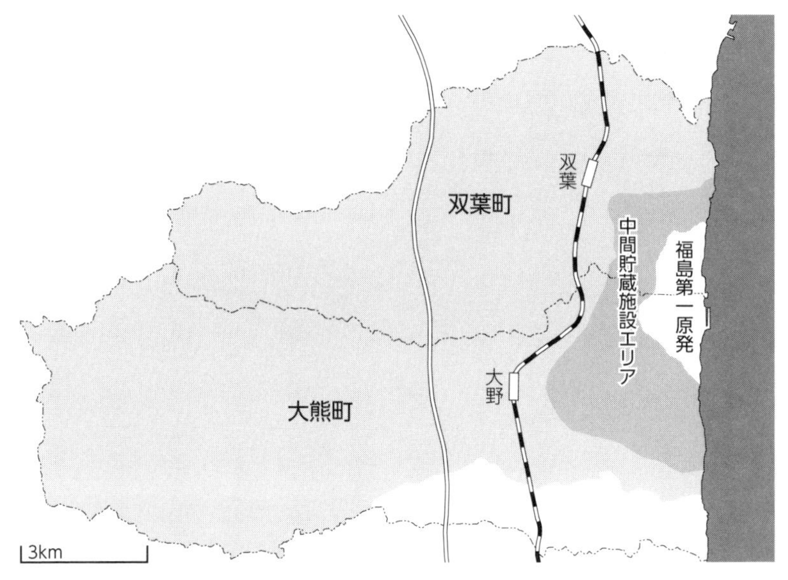

図 10－2　中間貯蔵施設の位置

出所：国土地理院ウェブサイト（https://maps.gsi.go.jp/#12/37.435067/140.817604/&base=pale&ls=pale%7Cort_USA10%7Cskhb04%7Cexperimental_landformclassification1&blend=0&disp=1111&lcd=experimental_landformclassification1&vs=c1j0h0k0l0u0t0z0r0s0m0f0）をもとに筆者が作成。

次節「中間貯蔵施設問題の視座」で述べることにする。

第３節　中間貯蔵施設問題の視座

除染を復興の前提と位置づけた福島原発災害において、除染を強いられた各市町村での除染後の汚染土壌などの仮置場の設置やその場所をめぐって自治体と地域住民との間で激しい議論や対立が生じていた。筆者の住む福島市では、やむを得ず、除染土を庭先に埋めたり、カバーをしてしばらく保管されていた。除染をし、仮置場を設置せざるを得なかった地域の自治体や住民にとって、中間貯蔵施設の設置は、どのような思いを抱かせるのであろうか。迷惑や不安を抱いていた除染土壌が、地域外に撤去されることで一安心、なのだろうか。仮置場の設置に際して、悩んだり、激しく意見を交わした時のあの深刻な状況が、中間貯蔵施設が立地する自治体や被災者に、現在そしてこれから何年にもわたって重くのしかかってくる課題である。そればかりではない、福島第一原発の廃炉に向けて、気の遠くなるような障害と時間がのしかかってきている。その問題性や今後の課題に対して共有と共感が抱けるのであろうか。少なくとも福島県には、そのような課題の深刻さを県民が共有する情報発信をすることが求められているのではないかと思っている。

「第2章　原発災害にどう立ち向かうか」で紹介したように、「福島特措法」(2012年制定）では、原発災害に立ち向かう基本理念（第2条）とともに、第6条「福島県知事の提案」において、福島県が関係市町村と協議しながら、国の「福島復興再生基本方針」の変更について提案できることとしている。原発災害は、これまでの大規模自然災害に比べても長期的で広域的な災害であり、その実情や復興の方針などについて、被災者や被災自治体の声を可能な限り聞く機会を設けながら、適宜情報発信することが極めて重要である。福島県生活環境部には「中間貯蔵施設等対策室」が設置されている。また2020年9月、双葉町中野地区に福島県による「東日本大震災・原子力災害伝承館」が開館した。それ以前にも2016年8月、福島県環境創造センターが開設し、交流棟（コミュタン福島）が原子力災害についての展示も行っている。とはいえ、やはり被災地や被災者そして県民全体への中間貯蔵施設の課題などについての情報発信は十分とは言えない。

それらのことが、中間貯蔵施設問題そのものの社会的な位置づけや関心の弱さにつながっているのではないかと思えてならない。

中間貯蔵施設の計画段階で国は対象地域の土地の国有地化を掲げ、借地契約を拒んできた。そして最終的には、借地契約において「地上権」に基づく契約を受け入れていった。

これらの経過について単純化して考えると、30年後には貯蔵されている土壌や廃棄物が県外に搬出されるにもかかわらず、なぜ国有化が必要だったのだろうか、その後譲歩した借地契約はなぜ「地上権」だったのだろうか。「中間貯蔵施設」機能は廃止されるとしても、その後の土地利用まで見通した国の考え方がまだ示されているわけではない。また、地権者との借地契約が「地上権」に当初から限定されていたこともなかなか理解しにくい。施設とその利用が30年で終了するのであれば、現行の「借地権」や「定期借地権」という選択肢がなぜ俎上に上らなかったのだろうか。もちろん提供してもらう国の側からすれば、地上権が最強の借地契約である。それを土地所有者が受け入れた経過が第三者には理解しにくい。

そのことは、2020年12月現在なお「地権者会」との間で、土地の補償額とその内容を巡って団体交渉が続けられている。さらに言及すれば、すでに他の章でみてきたように、原発災害被災地における東電による被災者補償は、個人に対する精神的賠償と財物補償に限定されている。しかし、そこに存在していた地域社会としての伝統や文化、そして自然環境などに対する補償などは認められていない。浪江町津島地区などによる「ふるさと訴訟」は、このことを訴えているのである。

そしてさらに重要な課題は、撤退後の土地利用をどう考えていくかである。

先の「知のネットワーク」の今後の活動案によると、大きな目的は「中間貯蔵、減容化・再生利用に関する調査研究・技術開発の進展」が謳われ、「知のネットワーク」のメンバーによる取り組みと展望について、5つのテーマが提示されている。ここでのテーマは放射線工学や除染工学などの自然科学的な専門性の高いものが中心的な課題として位置づけられていると考えられるが、筆者のように、地域計画・都市計画など、自治体の総合計画や土地利用計画と関わってきた者にとって、ここに掲げられている、◎福島復興に向けた県内自治体の取り組みと展望（復興への道のりとネットワーク）、◎国立環境研究所福島支部の取り組み（地域協働の取り組みとネットワーク）、◎復興・環境再生に向けた地域との協働の在り方（実証事業、地域共生の視点から）、などが、これまでの蓄積などを活かせる課題であると考えている。

第1に、これまで福島原発災害からの復興について、福島県、浪江町、双葉町、大熊町などの復興計画の策定や仮設住宅、復興公営住宅の整備、特定復興再生拠点整備事業などに関わってきたが、災害後10年の節目を迎えるときに、自治体間の連携や広域行政としての福島県の役割、行政と被災者そして専門家などの合意形成過程の重要性などを教訓として得てきた。

第2に、地球環境戦略研究機関（IGES）とは2012年度から2か年にわたって、除染のあり方についての現地調査FAIRDOプロジェクトやその後のヨーロッパの研究者などとの交流を重ねてきた[5)]。また国立環境研究所福島支部とは、私が提案するSRGs（Sustainable Recovery Goals）の研究テーマについて話題提供をさせていただきながら協議を重ねてきた（第8章、**図8－1**「生活再建とふるさと再生のためのゴールをめざして」参照）。

第3に、福島大学共生システム理工学類在職時代に、水循環や河川環境、動植物などの生態系、気象・地球環境などの専門家とともに地域計画のあり方を探究してきた。

そして2018年度から「福島長期復興政策研究会」の立ち上げに参加し、災害発生後10年を迎えるにあたり、さらに長期的な課題に取り組むことが必要であるという観点からの調査研究を続けている。そこには景観計画の視点から復興の原点を見出しながら被災地の調査に参加している都市計画研究者や環境放射能を災害直後から観測し続けてきた研究者、そして地方財政や環境経済などの専門家も参加している[6)]。

中間貯蔵施設の立地する1600haには、そこに住んでいた被災者の方々の生活・生業や行政区などの地域コミュニティはもちろん、伝統や文化が息づいていた。住まいと自然との関わり、神社・仏閣、墓地などや子どもたちの学校・通学路などもふるさとの思い出が深く刻み込まれているであろう。さらには動植物の生息や水系など豊かな自然環境もふるさとの風景であった。被災者・避難者の方々とともに、これらの災害前の生活・生業・文化・伝統・自然などの記憶を地図上に再現しながら、25年後のふるさとの風景や土地利用のあり方を手繰り寄せていくことが復興の重要なプロセスになるのではないかと考えている。2045年まで活動を続けることはできないが、次の世代に継承していくような息の長い活動の道筋を敷設できることを願っている。

注

1　「地権者会」(252頁以降に紹介する）は30年後確実な返還契約「事業用定期借地権」を要求したが、国・環境省からは同意が得られなかった。また「公共用地の取得に伴う損失補償基準要綱」(1962年6月29日閣議決定)、同19条には地表土地使用に地上権設定はなく、「地代補償（土地賃貸借)」と書かれている（「地権者会」門馬好春氏による)。

2　同損失補償基準要綱19条の使用期間は短期（3年)、長期（20年以上）も対象であり、これに該当しない「国有地化」および事業終了後の跡地の扱いを含む事前説明は行われていない（「地権者会」門馬好春氏による)。

3　因みに、第46回団体交渉では主に3つの点で交渉が行われている。①県外最終処分場選定への早期取り組みについて、②「土地使用契約書第12条」の返還時の原状回復について、③土地の使用補償について、であった。門馬好春「福島県中間貯蔵施設に関する環境省との第46回団体交渉の報告」(門馬好春氏フェイスブック、2020年12月31日の投稿による)。

4　2021年1月末現在、大熊町内の5つの工区には530万m^3を超える汚染土壌が貯蔵された（『福島民報』2021年3月4日付)。

5　FAIRDO（Fukushima Action Research on Effective Decontamination Operation)、「福島における除染の現状と課題」(FAIRDO、第一次報告)、地球環境戦略研究機関、2012年。

　FAIRDO「『除染』の取り組みから見えてきた課題」(FAIRODO、第二次報告、地球環境戦略研究機関、2013年。

6　この研究会では2021年段階で下記のような研究成果を刊行している。川崎興太編著『福島復興10年間の検証—原子力災害からの復興に向けた長期的な課題—』丸善出版、2021年1月。

第11章

原発災害からの克服をめざして

第1節　「県民版復興ビジョン」の策定をめざして

第3章で触れたように、筆者は「福島県復興ビジョン」(2011年8月) および「福島県復興計画（第1次)」(2011年12月）の策定に参画した。そして本書でたびたび指摘してきたように、2011年12月、復興庁設置、2012年3月、「福島復興再生特措法」施行、2012年7月、「福島復興再生基本方針」の閣議決定、などを経て、復興再生に向けての具体的な事業制度が実施されていく過程で、被災地の「除染」・「避難指示解除」・「帰還」などが復興の本流になっていった。原発災害による過酷な避難生活を続けてきた被災者は、さまざまな分断や生活困難に向き合い続けてきた。たとえ「避難指示解除」されたとしても、被災地の住まいや医療・福祉、教育、購買などの生活に必須の条件が整っているわけではない。「避難指示解除」と「帰還」との間には「生活環境整備・帰還準備期間」などの手順が必要ではないかと考えてきた。

福島原発災害10年を迎える2021年3月を節目に、原発災害からの克服に向けて「県民版復興ビジョン」の策定をめざすことになった。2019年3月11日、「県民版復興ビジョン」の策定をめざすことを公表し、その後起草委員会などで検討が進められており最終的なものは改めて公表する予定である。本章は、筆者が当初に準備した「福島原発災害からの克服に向けて―県民版復興ビジョン（たたき台)―」を再構成して修正したものであり、あくまでも筆者の私案である。

第２節　なぜ「県民版復興ビジョン」か
―「県民版」の意味―

2021年3月11日、東日本大震災における地震・津波災害そして東京電力福島第一原発事故による原発災害という未曾有の複合災害から丸10年が経過した。

この間、改めて原発事故による原発災害とはいかに過酷なものであるか、原発災害からの復興はどうあるべきか、という問いを突き付けられてきた。

福島第一原発の事故は、現在なお爆発した原子炉から崩落した燃料デブリの取り出しどころかその挙動すら全容が把握できていない。原子炉の廃炉は今後数十年の歳月を要するであろう。そもそも“廃炉”の科学的概念も共有できていない。除染によって発生した汚染物質は今後30年間にわたって中間貯蔵施設に集積されていく。それぞれ周辺地域の復興にとって、不安材料になっていく可能性は大きい。

福島原発第一発電所の立地町である双葉町と大熊町さらに南相馬市・飯舘村・浪江町・葛尾村・富岡町の「帰還困難区域」を除いて、2017年4月までに避難指示が解除された。2020年3月には双葉町、大熊町、富岡町の帰還困難区域の一部（常磐線の双葉駅、大野駅、夜ノ森駅及びその周辺）の避難指示が解除された。しかし、「帰還」しても住まい、購買、医療・福祉・介護、教育、地域コミュニティなどの日常生活上の質が十分回復しているとはいえず、「避難」を続けていても住まいの確保、地域コミュニティとの共存、働き先の確保、行政サービスの提供などについての不安が続いている。帰還、避難のいずれを選択すればいいのか、苦悩している避難者も多い。多くの専門家・研究者が提案しているように「除染」→「避難指示解除」→「帰還」という「単線型」の復興シナリオでなく、県内外に避難し続けることや当面避難先や移住先とふるさととの二地域居住などの選択肢を制度的に認めるなどの「複線型」の復興シナリオを充実させていくべきである。

原発災害は、地震・津波、豪雨などの自然災害とは異なった災害の特質と復興過程を辿らざるを得ない。それは一言でいえば、長期的・広域的かつ過酷な災害であるということである。それらの特質を踏まえた復興政策を強く望むものである。

災害発生後8年（2019年3月段階）を経て、改めて人間のスケールを超えた、つまり超長期の復興過程を要する「原発災害」とは何だったのか、一方で被災者の生活や地域社会の再生は待ったなしの課題であり、「原発災害からの復興はどうあるべきか」が問われている。

これまでの10年間の復興の過程をあらためて検証し、なお長期間を要する福島原発災害からの復興のあり方について、多くの県民の意向も踏まえた「県民版復興ビジョン」を提案するものである。福島県、関係市町村において、県民が安心できる復興の道筋を改めて策定していくことを切に願うものである。そして、原発災害の当事者である東京電力や国において被災地域や被災者の声を改めて真摯に受け止めながら今後の復興や原発廃炉に向けた取り組みを要望したい。

第3節　「県民版復興ビジョン」の骨子

1　再び原子力災害を起こさず、原発の廃炉を確実に実現する

(1)　廃炉後の豊かな地域社会のあるべき姿をめざす

・原発災害の教訓を厳粛に受け止め、特に災害大国であるわが国での原発施設を廃炉にすること、そして国土の不均衡発展の是正のためにも地域産業としての第1次、第2次産業の振興を図ること。

・原発立地や電源立地交付金などによる国土の不均衡是正策は、地域独自の経済振興や地域コミュニティの発展を阻害し、別の地域間格差をもたらしてきた。地域の自然環境や固有の資源、人材などに基づいた地域産業の振興にこそ政府は力を入れるべきである。

・水源地や河川・湖沼などの自然資源を地域社会の貴重な資源として

活用できるように、その占有権や利用権を地域社会に公共的資源として帰属させるようにすべきである。

⑵　原子力災害の危機管理力を高め、透明性の高い情報交換を前提にした原発立地地域との密接な連携を実現する

・「原子力緊急事態宣言」は2021年7月現在いまだに解除されていないが、解除にあたっての条件などを公開のもとに明らかにすべきである。

・放射線防護庁の設置（原子力災害の事前防護と緊急対応）。

・原発事業者の情報開示責任と事故発生時の責務の明確化。

・広域連携のための県の役割と市町村間連携指針の策定。

・オフサイトセンターの緊急時の稼働確保。

・原発立地地域における住民参加型の緊急避難計画の策定と訓練。

・放射能拡散予測システムの確保と避難計画の連動。

・第三者による情報開示検証の確保。

⑶　原発事故収束・廃炉・汚染水処理そして除染物質の中間貯蔵施設からの最終処分などの見通しを、原発被災地や被災住民に適切な頻度で情報開示すべきである

・廃炉の手順や技術的基準などを明確に示すべきである。

・モニタリングポストは少なくとも中間貯蔵施設の閉鎖（つまり汚染土壌が県内からすべて搬出されるまで）まで、もしくは福島原発（第一及び第二）の廃炉完了まで設置し続けるべきである。それは安全に関する情報だけでなく、安心と原子力に対する地域文化の形成のためにも必要である。

・SPEEDIなどのシミュレーションモデルの運用は県レベルで常時準備すべきである。

・これらが被災者や被災地域に安全の確保や安心につながっていくはずである。

・東京電力、経産省、原子力規制委員会の情報開示責務の明確化（定期的、第3者専門家機関との双方向性などの確保）。

・汚染水の海洋放出処理方針を改めて見直し、使用済み核燃料の最終処分についての今後の計画を明確に示すべき。

・福島第一原発の原子炉は、原子炉爆発のために基本的な安全性が劣化した状態のままである。あらためて2011年3月11日当時の地震津波などの災害の発生が起きないという保証はない。その時にはどのような安全策がとられているか、政府と東電は、福島県と地域には明確な説明をすべきである。

⑷　透明性の高い安全基準や県民健康調査などの情報開示を徹底的に進めるべきである

・避難指示と地域区分のための被ばく線量基準、除染のための基準、避難指示解除のための基準、土壌や食品の汚染水準のための基準、そしてICRP（国際放射線防護委員会）の基準、それらが関連性なくさまざまな施策展開に使われることによる混乱を解消すべきである。

・被ばくと健康異常との因果関係の解明もさることながら、たとえ因果関係が当面認められないという判断であっても、被災地の住民の健康不安をどう解消するかが最も重要ではないか。そのための方策を示すべきである。

⑸「避難指示区域」指定の検証

・「避難指示区域」の運用について徹底した検証を行い、今日までもたらされた不安や分断を取り除く施策を打ち出すとともに、今後の原発立地地域における区域指定のあり方を具体的に明らかにするべきである。そして今後の避難計画にも反映させていくことが必要である。

・区域指定とそのもたらした影響についての徹底した情報開示と説明責任そして被災地、被災者との合意形成が必要であった。それは今後の原発立地地域における避難計画などに反映されるべきである。

・「避難指示区域」を解除する際に、避難者の日常生活が安全で安心して再開できるために医療・福祉、教育、購買などの日常利便施設などの一定の整備が前提であり、そのための「帰還準備期間」が必要である。

⑹　「除染」の検証

・「除染」採択のプロセスと除染方法が適切であったかどうかの検証をすべきである。

・中間貯蔵施設の30年期限をどう担保するか、明確に確認する必要がある（最終処分場の決定の見通しをつけること）。

・汚染土壌の再利用事業は、これまでの汚染物質の処理方法やそのプロセスからはあまりにも唐突である。減容化施設を活用しながら、まずは中間貯蔵施設に搬入を遂行することが重要である。

⑺　広域避難における広域連携のあり方

・被災者の避難に際しては、市町村主導で受け入れ策との交渉が進められ、限られた連携網のなかで被災者が右往左往することになった。広域連携を担う県の役割も期待しなければならない。広域避難の際の広域避難協定のようなものが少なくとも隣接都道府県の間では必要であろう。

⑻　原発災害の教訓と課題を科学的に引き出し、被災者・被災地はもちろん全国・世界と共有するべきである。

・福島県「中間とりまとめ」（2002年）の役割と今後の教訓をきちんと引き出すこと。

・少なくとも政府および国会事故調査委員会による継続的な検証作業を進めるべきである。

・福島県による原発事故と災害の実相と復興の課題についての検証を進めるべきである。

・放射能汚染による地域指定と賠償方法による地域分断はどう解消できるか。

・福島原発の教訓を世界に発信すべきである。

・原発事故・災害の原因者としての事業者の責任を明確にすべきである。

・原子力政策における国の責任と事業者の責任を明確に峻別し、それぞれの被災者や被災地に対する賠償、放射能汚染対策、廃炉などの責任を明らかにすべきである。

2　原子力災害からの復興
—人々の生活・生業再建と地域社会の再生をめざす—

(1)　原子力に依存しない、安全・安心で持続的に発展可能な社会づくり

・原発事故の教訓を後世にどう伝えるか、われわれの世代がどのような責務を果たすかが問われている。原子力に依存しない持続可能な社会の発展をめざすべきである。

・原発ゼロ法案の早期成立を目指すべきである。

・再生可能エネルギーへの転換は現代社会の後世への責務である。しかし「惨事便乗型資本主義」の戦略とは決別した地域経済再生、地域社会再生、生活の質の向上を原点に据えた再生可能エネルギーへの転換でなければならない。

(2)　原発災害からの避難と復興の長期性・広域性・過酷性に関する認識を深めるとともにそれらに対する対策の抜本的な見直しが必要である

・原子力災害の特殊性（長期性、広域性、過酷性など）を冷静に受け止め、欧米の各国で設置されているような政府機関、「放射線防護庁」の設置が必要ではないか。

・災害復興対応における地域力の結集・地域循環型経済の成果として木造仮設や復興公営住宅の取り組みを積極的に位置づけるべきではないか。

・日本プレハブ建築協会が全都道府県と一手に結んでいた「災害時における応急仮設住宅の建設に関する協定」について、今次の経験や教訓を生かして、地元の建築事業者や全国の設計事務所・木造建築事業者・建設労働者などの組織が協働して緊急時に対応できる仕組みについて福島県は積極的に新たな協定を結び、仮設住宅の供給に関する複数の供給体制を整えることが重要になっている。被災地における地域経済力の再生にも効果的である。

・みなし仮設住宅は今次の災害で大量に取り入れられ、被災者の住ま

いの確保に大変効果的であった。しかし、今後の災害時の仮設住宅としての活用においてさまざまな課題も見出すことにもなった。民間賃貸住宅の住まいとしての質を確保することが喫緊の課題になっており、平常時から住まいの質の確保など賃貸住宅経営の社会的なルールを確立し、居住者に対する家賃補助を早急に実現することが重要である。

・全国に避難し続けている被災者に対して、避難先における市町村自治体はもちろん、地域包括センターや居住支援協議会などの窓口を活用できる協力体制を確立すること。

・避難元自治体からの情報発信を確実に入手できるようにすること、そして双方向の情報交換ができるようにすること、などを確実に実現すべきである。

・「住民意向調査」は住民の避難実態の調査とともに重要な活動である。しかし、その分析や教訓の抽出においては、被災者の意見等を丁寧に聞くなど、透明性の高い調査結果の活用を行うべきである。

・広域性・長期性・過酷性をともなった原発災害被災者一人一人の状況に応じた生活再建計画を立てて継続支援する「避難者ケースマネジメント」を積極的に導入し活用していくべきである（山形県が2019年度導入）。

⑶　「除染」が人々の生活再建や地域再生にもたらしている影響を科学的に検証しながら、その方法や今後の課題などについて被災者・被災地との共通理解を得ていくべきである

・放射能に汚染された自然環境（森林・草地、河川・湖沼、海水面などを含む）や生活環境に対して、汚染に対する緊急対応について、原発立地地域では全くと言っていいほどに事前の対策がなされていなかった。放射能汚染に直面した際の「放射能防護」の方法を改めて確認し、「除染」はそのうちの一つの方法であることを理解したうえで、最終決定しなければならない。

・汚染物質の処理（除染、減容化、貯蔵など）における汚染濃度の低減目標と安全基準との関連などについて、国際基準を改めて確認したう

えで、透明性の高い運用を図るべきである。

・表土の剥ぎ取りなどは土木事業に類似していて、土木建設会社に発注することは妥当ではある。とはいえ、放射能汚染物質の除染作業という極めて異例の作業において、その手法の妥当性、予算算定、発注、現場管理、完了検査などが、正しく行われていたかどうか、検証すべき課題である。

・元請けとして受注した大手ゼネコンと多重下請け構造における現場作業員の労働環境や賃金などにはなお不透明性が指摘されており、これも検証しなければならない。

・重点調査区域はその後市町村が除染計画を策定し、それに基づいて自治体が実施することになった。自治体ごとに、実施方法、実施体制、汚染土壌などの仮置場の保存の仕方などはそれぞれに工夫が見られたが、それはまちまちともいえた。そもそも国の責任で実施すべき除染作業を市町村に委ねる際の実施要領や予算などのルールが明確にされるべきであった。

・最終処分場については当初からの県外移転の方針を貫くべきであるし、その進め方について政府は徹底した情報公開と民主的な協議の場を設けるべきである。

・農地の除染・再利用に向けた先駆的な取り組みを広く共有し、政府や県は広大な里山などの豊かな自然環境や農業基盤の再生に取り組むべきである。

・阿武隈山系の里山は養蚕・タバコなどが衰退してきたものの農業や牧畜などを基幹産業としてきた。個別支払制度などを活用しながら、里山の農業を守り育ててきた。今次の原発災害による放射能汚染に対しても、集落農業を守るための放射線量の把握や試験栽培などに取り組んできた。政府はこれらの営農支援を積極的に進めるべきである。それはわが国の農業政策の新たな展望を切り開くことにもなる。

・除染による汚染土の再利用は、基本的な処理に関する法制度に鑑みて、まずは最終処分場への移設に向けた環境整備を進めるべきである。

・仮置場におかれてきたプレコンパックの山は、中間貯蔵施設への移送、貯蔵などを経て、30年後には県外に搬出することが法律でも定められていた。放射線量の低減を根拠にそれらを再利用するというシナリオは示されていなかった（法律をよく読めばそういうケースがあり得ることが示唆されてはいるが)。このようなシナリオを個別的な折衝で進めること自体が脱法行為である。早急にそのような再利用のシナリオを見直し、政府は県外搬出の実現とその責任を明確にすべきである。

⑷　中間貯蔵施設用地返還後の将来像

・1600haに及ぶ中間貯蔵施設は稼働してから30年後（2045年）には、貯蔵されている汚染物質を県外に搬出することになっている。そこでは双葉町（500ha)、大熊町（1100ha）の生活や生業、自然環境、歴史文化などが蓄積されてきた。したがって、2045年を展望して、従前の地域社会の蓄積などを検証しながら、返還後の将来像を丁寧に描いていくことが必要である。その際に、従前の地権者はもちろん、次の若い世代にも加わってもらい、世代を繋いでいく工夫が必要である。

⑸　賠償のあり方

・原子力災害は被災地の個々人や家族だけでなく地域コミュニティや地域文化などを壊滅させた。賠償は精神的補償と財物補償だけでなく、地域社会の喪失に対しても補償が必要である。

・原発災害は、物理的な基準だけで推し量れないほどの不安をもたらした。その被災に対する補償の考え方は原子力規制委員会の専門家集団の判断だけでは済まされない社会的、歴史的、倫理的な課題を突き付けている。そのような包括的な判断ができる原子力災害の補償制度の検討が求められている。

・「子ども・被災者支援法」の積極的な運用を図るべきである。

⑹　「復興計画」の立案過程と実施過程

広域的・長期的な災害である原発災害に対して、「災害対策基本法」をベースにした「原子力災害対策特別措置法」に基づいて、市町村自治体が復興の主体と位置づけられてきた。そして特別に「福島特措法」(2012年3月31日）が制定され、特別に福島県の役割が明記されるとともに「福島復興再生協議会」が設置され、2019年3月30日まで18回（法定協議会としては14回）の会合が開かれてきた。しかし、その議事録を読み解いていくと、「協議会」とはいえ、県や市町村あるいは商工会議所、JA（農協）などの要望とそれらに対する政府の答弁の場である。そして、市町村はそれぞれに確かな見通しのないままに避難住民などに対して復興ビジョンや復興計画を策定してきたのだった。そこでは地元住民などが参加し、真剣な討議を積み重ねて計画策定を進めてきた。

しかし、2013年12月「原子力災害からの福島復興の加速に向けて」(閣議決定)、加えて2016年12月20日「原子力災害からの福島の復興の加速のための基本方針について」(閣議決定）以降、被災自治体はそれまでの復興ビジョンや復興計画で打ち出していた被災者支援とふるさとの復興を共に進めていくという基調は薄まり、帰還政策とそのための復興事業が重視されてきた。その後、被災自治体は復興庁などの示す復興事業、加速化事業などの実施に向けて実務的な業務にまい進することになった。長期避難している被災者の生活再建や生業支援、あるいは復興のあり方に対する協議などの運営が低調になっていったのではないかと思われる（検証が必要)。

・災害ボランティアの情報発信、協働などのためのネットワーク化を進めるべきである。

・全国各地にばらばらに避難し、被災者への支援活動は困難を極めたが、避難先でのNPO組織や社会福祉協議会、居住支援協議会などとの連携を緊急時も組織的に進める方法を日常的に整備していくことが必要である。

・復興計画策定過程では多くの被災者、あるいは地域組織の代表などが委員会などのメンバーとして参加する機会があったが、復興過程においても被災者が主体的に関われる場面を意図的に追及することが必要ではないか。

・いわゆる士（サムライ）業の連係プレーは被災者や被災地に対する

支援として極めて有効である。生活再建や地域再生の課題は今後も続く課題であり、専門家集団の連携を今後も進めていく必要がある。

・原発被災地への支援活動は、宮城県や岩手県へのそれと比べれば圧倒的に低調であった。

もちろん、原発災害に対する不安がその原因である。

・被ばく状況についての調査を実施し、避難などをアドバイスする原子力専門家や農地の汚染状況に対する調査や再生技術などの協力をする農学研究者なども献身的な活動をしたが、多くの場合は避難を呼びかけることになり、被災地での生活や生業の防衛・再建を考えていくという活動は十分ではなかった。被災地における生活再建やふるさとの再建の道筋と、避難先で生活再建や生業再起を図るという道筋をそれぞれに提案するという活動によって被災地の住民や自治体が混迷する状況も生まれた。

・被災者は緊急避難、その後の仮設住宅などへの転居などを繰り返しながらも自治体の復興ビジョンや復興計画策定にさまざまな形で関わっていた。遠く離れた避難地においても NPO や避難先の地域組織などの支援を得て、交流などに取り組んできた。しかし、避難先における被災者への声掛けや生活支援の活動は全国的な NPO 組織などの献身的な活動に支えられたが、全国に広がる被災者への支援としてはなかなか十分な支援体制にはなりにくかった。

・放射能被ばくに対する専門家の安全基準などに対する振れ幅が大きかったことも被災者に大きな混乱と不安をもたらした。

⑺　「人間の復興」vs「惨事便乗型復興」、地域の自然・環境、歴史・文化、産業・資源、人材などの特質に基づいた地域産業と地域経済の再生を基本とすべきである

・災害多発国であるわが国において、その復興に当たっては、人々の生命と暮らしを守ることを最優先にするべきである。「災害関連死」の深刻な事態を真正面から受け止め、その防止策を具体的に示すべきである。

・地域コミュニティの存在は、被災者の生活再建にとって極めて重要

であり、地域コミュニティとしての地域社会再生や地域経済再生、それに結び付けた住宅再建、生業再生などを計画的に進めることが必要である。これまでの仮設住宅、復興公営住宅の建設などで蓄積された知見を活かし、大手ゼネコンに丸投げするのではなく市町村が連携して実施できる体制を構築していくことも必要である。

(8)「長期避難・移住（二地域居住を含む）・帰還」などの選択肢を弾力的に運用することが重要である

・「住民意向調査」において「戻る」、「戻らない」、「未定」の意向は被災者の困難な状況をどう反映しているのか、丁寧に読み解くことが必要である。

・避難先での被災者との交流や連携の事例もさまざまな蓄積が生まれている。これらの経験を今後の教訓として生かしていくべきである。

・避難元自治体と避難先自治体との連携（葛尾・三春、浪江・二本松、浪江・桑折、浪江・本宮、双葉・加須、双葉・いわき、大熊・会津若松、飯舘・福島、など）はさまざまな形で形成されてきた。これらを検証し今後につなげていく必要がある。

・「子ども・被災者支援法」の実質的な運用を本格的に充実させていくべきである。

(9)「生活の質」、「コミュニティの質」、「環境の質」をどう高めるか

・持続可能な社会の構築が求められているが、災害からの復興も持続可能な復興過程を実現すべきである。

・日常的な地域計画（市町村総合計画や都市計画マスタープランなど）においても、QoLの具体的な目標を明確にしていくことが、復興のあるべき姿の基礎になるはずである。原発災害の教訓から、QoLに加えて、QoC（コミュニティの質）、QoE（環境の質）も将来の姿として具体的な目標として合意形成を図っていくことが重要であろう。

・福島でのSRGs（Sustainable Recovery Goals）の取り組みは、国連アジェンダ2030で提起されたSDGsの福島からの発信にもなるのではな

いか。

⑽　災害に立ち向かう国・県・市町村の組織的・持続的対応に向けて

・災害多発国であるわが国において、防災や今後の災害に対応する国の機関の設置が求められている。全国の防災と災害対応を任務とした防災・復興庁を設置すべきである。ただし、原発災害などの特別な組織的な対応が必要な場合には「福島復興局」などの特命機関を引き続き設置する。

・原子力災害はわが国においても未然に防ぐべき深刻な災害である。そのために、欧米各国で設置されている原子力防護庁の設置が必要である。

・高齢社会・人口減少社会を迎えて、ますます地域経済の再構築と地域社会の再生を密接に結びつけた地域政策、自治体政策が重要になっている。強引な合併による自治体内の格差を広げるのではなく、広域行政を担う県と市町村の広域連合による連携と協働の自治体運営をめざすべきである。それが復興を通じたふるさととの結びつきを期待する被災者の願いである。

⑾　原発立地地域における防災計画のあり方

・福島第一原発は2011年3月11日の地震津波と原子炉爆発・溶融で致命的な劣化を引き起こしている。にもかかわらず、なお使用済み核燃料が建屋上部のプールに保管されている。

次の災害に、どのように備えているのか、少なくとも福島県、今回の原発災害被災地自治体や住民に透明性の高い対策を示すべきである。合わせて政府、福島県は住民、関係自治体とともに実効性のある地域防災計画、緊急避難計画を策定すべきである。

・全国の原発立地地域においても、住民が参画した地域防災計画、緊急避難計画の策定が喫緊の課題である。

⑿　原発災害の教訓を福島の再生にどう生かしていくか

・自らの生活圏における「生活の質」、「コミュニティの質」、「環境の質」をいかに高めていくか、そのための取り組みを積極的に進めていく必要がある。NPO、そして専門家・研究者たちとの協働の姿を具体的に構築していくことが求められている。

・地元の自然・資源・人材などを活かし、地域の生活や経済活動から求められている地域循環型経済とその具体的な地域産業を積極的に構築していくことが必要である。その基礎に福島の森林資源、農林業、漁業を守り育てていく視点が欠かせない。

・再生可能エネルギーの活用は、循環型経済と地域社会・地域生活と密接に結びついた方法を駆使すべきである。

⒀　原発災害とその復興の教訓を発信する

・原発事故発生時、被災地の住民や自治体はテレビやラジオなどのメディアが避難行動の最も重要な情報源であった。政府・東電の透明性の高い情報が的確に発信されることが前提であるが、原発災害に即したメディアの日常的な情報収集・発信をさらに充実させていくことを望みたい。

・原発災害の発生原因、その後の復旧対策そして被災者・被災地の過酷な避難や生活再建、ふるさとの復興などの記録は、人類の英知の記録であり、今後の世代への貴重な教訓である。それを語り継ぎ、記録にとどめることは災害を経験しそれに立ち向かってきた現世代の使命でもある。

・それらは地域社会における日常的な文化活動、地域活動の蓄積の上に成立するものもあり、地域コミュニティの活動や地域が支える文化活動（文学、音楽、演劇などを含む）は重要である。

・福島における原発災害の教訓をわが国に広範に発信するだけでなく、世界各地で取り組まれている原発事故被災地を支援する運動、原発の廃炉に向けた運動、放射線防護運動や再生可能エネルギーへの転換などとの連携を深め、人類の英知として世界に発信することも重要である。それには福島で活動するさまざまな研究調査機関などとの連携や協働が市民ベースで展開されることも重要である。

3　県民総意の復興プロセスを

過酷な原発災害を経験し、改めて安全で安心して過ごすことのできる日常生活と地域社会のあり方をめざすことの大切さを痛感している。それは行政や専門家に委ねるだけでは実現できない。われわれ自身があるべき「生活の質」「コミュニティの質」「環境の質」を具体的に合意形成する場面を創り出していくことが求められている。そのようにして行政や専門家などとの協働の力が生み出されていくはずである。われわれ自身が地域に関わっていくことが重要であり、その蓄積が地域力を高めていくことになるはずである。それは同時にわれわれ自身が、今次の困難な原発災害からの復興に主体的に関わっていくことにもつながっていく。

「県民版復興ビジョン」は、原発災害を経験した一人ひとりが原発災害とは何だったのか、原発災害からの復興はどうあるべきかを考え、タウンミーティングなど機会あるごとに行政などとの対話を積み重ねて、地域社会としての復興の道筋を合意していくことをめざしている。

2020年春以降、われわれは新型コロナウィルス禍に直面している。気候変動などがもたらしたさまざまな災害が頻発し、日常生活の中でこれらの複合災害に向き合わなければならない。

地域における防災はどこにいても必要な課題になっており、多くの地域で地域防災計画が策定されている。われわれの県民版復興ビジョンは原発災害という極めて特別の課題から出発しているが、地域防災計画の延長で考えることもできよう。

［補遺］ 2019年3月11日、ふくしま復興支援フォーラムを支えるメンバーで、原発災害後10年を迎える2021年3月11日に「県民版復興ビジョン」の策定をめざしていることを公表した。その後、検討を重ね、「県民版復興ビジョン」（素案）を作成し、2021年3月に公表した。しか

し、この作成に向けてタウンミーティングなどを予定していたが長引くコロナ禍のためにタウンミーティングを実施することができなくなっている。2021 年度末をめどにさまざまな機会を得てさまざまな立場の方々の意見を反映した最終版「県民版復興ビジョン」を作成するつもりである。この稿は、2019 年 3 月 11 日の公表前後に私自身の考え方を示したものである。その後の検討を重ねる中で、最終的な「県民版復興ビジョン」は 2021 年度中には完成させたいと考えている。改めて県民各層に公表していきたい。

広範な被災者はもちろん福島県民が、これまでの 10 年間の復興過程を冷静に把握し、東電や政府そして福島県、市町村の復興の考え方に対して、被災者・生活者一人ひとりの目線で復興のあり方を対峙させていく材料となればと期待している。

第12章

原発災害を福島に封じ込めないために

第1節　“福島封じ込め”の“布石”

2011年8月に策定した「福島県復興ビジョン」では復興の基本理念の第一に「原子力に依存しない、安全・安心で持続的に発展可能な社会づくり」を謳ったのだった。引き続き、11月に「福島県復興計画（第一次)」を策定した。その後、原発災害に直面した市町村がそれぞれに復興計画を策定してきた。一方、市街地、農耕地や自然環境を覆い尽くす放射能汚染によって、最大時で県内10万人、県外6万人合わせて16万人強の被災者が避難した。原発自体のメルトダウンした核燃料を確認することも汚染地下水を食い止めることもできず、汚染水を収容するタンクが原発敷地内に次々と建設され埋め尽くされていった。

市町村が策定する復興計画も原発事故や放射線汚染に対する安全性についての情報が混乱する中で、確かな道筋を描き出すことは極めて困難であった。「元の大地を取り戻したい」という切実な声が巻き起こっていたが、一方で原発事故の原因究明もままならなかった。それは現在もなお続いている。

そんな中、2011年12月16日、当時の野田佳彦首相が原発事故「収束宣言」を発表した。「収束宣言」はきわめて唐突であったし、被災者や被災地にとっては到底納得のいくものではなかった。そもそもここでの「収束」の意味は極めて限定的で、なんとか原子炉内の温度の上昇を抑え込んだというレベルの報道が流されただけである。当時はなお原子炉内で起きている事故の全体像を把握できているとはいえず、科学的な根拠もきわめて希薄であったと言わざるを得ない。では、なぜ「収束」なのか、その後の政府の一連の動き、とくに翌年2012年以降の福井県・大飯原発の再稼働に向けての政治判断などを追跡すると、その政治的な意図が垣間見えてきた。つまり、福島第一原発事故を福島県内の問題として封じ込め、そこでの収束を宣言することが、全国各地で操業停止に追い込まれている原発の再稼働に向けた政治的判断に繋がっていったのである。2012年7月にはついに大飯原発が再稼働されることになった。さらに言えば、国外への原発技術の輸出戦略を進めていく上でも“福島封じ込め”が必要だったのだろう。

「収束宣言」の2日後12月18日には、枝野幸男、細野豪志、平野達男の3大臣が福島県を訪れ、蓄積放射線量を示すマップに基づいて「帰還困難区域」(50mSv以上/年)、「居住制限区域」(20～50mSv/年)、「避難指示解除準備区域」(20mSv/年以下) の地区区分を発表した。さらに、12月28日には、細野環境大臣が、双葉郡内に30年間限定の「中間貯蔵施設」の設置を申し入れている。これらの動向を通して、一般新聞などでの福島原発災害の報道は確実に少なくなっていった。このように原発事故「収束宣言」とその後の政府の政策展開を時間軸で追いかけてみると、それは“福島封じ込め”の布石であったといわざるを得ない。

さらに第2の“布石”は、2013年9月7日、ブエノスアイレスで開催されたIOC (国際オリンピック委員会) 総会で、2020年オリンピックの東京誘致を訴える安倍首相の「汚染水・アンダーコントロール」宣言であった。福島原発の収束や廃炉に向けての厳しい対応が迫られ、被災者の過酷な避難生活が続く中で、被災者や被災自治体からは到底受け入れられない政府の見解が示されたのだったが、これはオリンピック誘致のための“福島封じ込め”であった。しかし「このアンダーコントロール」もどのような科学的な根拠に基づいているのか理解しがたく、政治的なパーフォーマンスとはいえ、政治的な信頼性を含めて、後々に禍根を残すことになるであろう。因みに凍土壁による汚染水遮へいは意図通りには稼働せず、地下水のコントロールは実現できていない。そして、2021年4月13日、政府はたまり続ける汚染水の海洋放出を決定するに至っている。地元の理解が得られることを前提としてきた政府は、その姿勢を反故にする形である。2020年2月の経産省小委員会が海洋放出を有力視する報告書を公表した。県内漁業者はもとより、多くの自治体などからも反対決議などが相次いだ。同年4月から10月にかけて、政府は「意見を伺う場」を7回開催しているが、ここでは述べられた意見に対して、政府側は意見を伺う会であるとして双方向の議論にはなっていない。理解を深める場になっていないにもかかわらず、強行突破したのだった。

これらの“福島封じ込め”は、全国の原発の再稼働や原発技術の輸出などの政策展開に結びついていくが、一方で、2016年6月17日、福井県・高浜原発3、4号機運転差し止めを命じた仮処分決定（大津地裁）や、2016年7月10日、鹿児島県知事選挙における川内（せんだい）原発の稼働停止を求めていた三反園訓氏の当選、さらに2016年10月16日の新潟県知事選では柏崎刈羽原発の再稼働を認めない米山隆一氏が当選するなど、脱原発を求める潮流が全国に巻き起こったのだった。“福島封じ込め”を許さず、原発災害の過酷さやそれに対する政府や電力事業者のずさんな危機管理や情報隠ぺい体質に対抗する世論や自治体を生み出してきたのである。

原発事故から10年を経た2021年3月11日、福島県双葉郡楢葉町宝鏡寺で「非核の火・点火式典」が開催され、住職の早川篤男氏と放射線防護学の研究者・安斎育郎氏による「原発悔恨・伝言の碑」の除幕式も行われた。

「原発悔恨・伝言の碑
電力企業と国家の傲岸に
立ち向かって40年力及ばす
原発は本性を剥き出し
ふるさとの過去・現在・未来を奪った
人々に伝えたい
感性を研ぎ澄まし
知恵をふりしぼり
力を結び合わせて
不条理に立ち向かう勇気を！
科学と命への限りない愛の力で！

早川篤男
安斎育郎
2021 年 3 月 11 日」

第 2 節　原発災害の過酷性

原発事故発生後、10 年が過ぎた。10 年を目途に発足した復興庁がさらに 10 年延長して存続することになった。原発事故によって、なお 6 万人以上の避難者がふるさとでの生活に戻れず、福島県内外で過酷な避難生活を強いられている。それらは原発災害の広域性・長期性あるいは複合性・過酷性として特徴づけられている。

福島県内では、地震津波災害を主な原因にした直接死が 1604 人であるのに対して、避難生活などを通じた関連死は 2320 人（2021 年 3 月 9 日現在、復興庁、福島県による）に及んでいる。もちろん被災者の生活・生業の再建や被災地の地域産業再生を含む復興にはなお見通しが立っているとは言えない。その過酷性を拡大した大きな要因には、初動期の政府からの情報発信やリスク・マネジメントの混乱があることを指摘しておかなければならない。先に述べたように、原発災害被災地は放射線量によって地域区分された。これらの地域区分の違いやその指定を受けなかった地域などの間では避難者への賠償の違いだけではなく、地域内外における不安、分断、対立などを生じさせた。5 年を経過した時点での「帰還困難区域」の住民との懇談会などでは、「地域社会ごと失われてしまった」という声を度々聞いてきた。地域社会の絆、引き継いできた伝統や文化などが奪われてしまい、その再生はどうしたらいいのか。これらの切実な課題に対する復興のシナリオは描かれていない。

地域社会の喪失に対する賠償などの地域要求が原子力損害賠償紛争解決センター（ADR センター）への集団申立てや集団訴訟に繋がっていた。原発被災者の避難先でのハラスメントは、当初は放射能に対する忌避と賠償による生活維持への妬み、避難先での病院通院に対する受け入れ地域の住民の不安などがきっかけであった。5 年を過ぎた頃から、避難者はそこでの生活再建を考えて自力で住宅建設を進める場合も多くなってきた。そんななか、避難元の自治体には「豪勢な住宅を建てている、自治体は何か指導していないのか」といった電話もかかってくると聞いた。福島県内に住まいを自力建設した被災者が、持家に住み始めてから孤独感に苛まれて再び仮設住宅に戻ったという話や、地鎮祭の時にはなぜか涙が止まらなかったという話、復興公営住宅に入居が決まったけれど仮設住宅の仲間たちと別れたくないという話など、これまでの時間経過は被災者の生活再建過程になおさまざまな動揺をもたらしている実態に触れた。

これらの原発被災者に降りかかる過酷な避難生活からの生活再建やふるさとの復興への見通しに対して除染と放射性物質処理の困難さ、原子炉の事故処理や汚染水の処理、廃炉の難しさなどが行く手を遮っている。原発事故後3年経た時点で原発事故の損害額が11兆円超という試算が示された（NHK、2014年3月11日ニュース）。そこでは◎除染費用2兆5000億円、◎中間貯蔵施設の整備費用1兆1000億円、◎廃炉と汚染水対策費用2兆円、◎賠償5兆円超、これら以外に福島県向けの原発立地補助金（2000億円）、復興加速化交付金（1600億円）、県民健康管理調査費用（960億円）、災害公営住宅建設費（730億円）、原子力災害復興基金（400億円）などが含まれている。2011年12月、政府の委員会が損害額を5兆8000億円と公表したが、その2倍近くに膨らんでいた。ところが2016年10月には、福島第一原発の事故処理に必要な費用が12兆円を超えることだけでなく、東電は自力で負担することが困難とみて政府に支援を求めていることがわかった（『東京新聞』2016年10月20日付）。さらに同紙では、東電福島第一原発事故処理（12兆円＋α）以外に、廃炉（2兆9000億円＋α）、最終処分場（建設運営費用、3兆7000億円＋α）、核燃料サイクル（11兆円＋α）に最低でも約30兆円かかることを明らかにしている。そして経産省が設置した「東京電力改革・1F（福島第一原発）問題委員会」での検討では、東京電力では賄えない分を電気代などによって国民に負担を求める方針であることも報じられている[1)]。

「安全でクリーンな電力」、「安上がりな電力」、「原子力明るい未来のエネルギー[2]」などのスローガンによって建設されてきた原子力発電所だが、福島原発災害は大きなリスクと負担を国民全体に、そして後世にまで及ぼしていくこと、さらにそれは原子力発電全体に埋め込まれているリスクであることを肝に銘じなければならない。

第3節　「避難指示解除」はただちにふるさとへの帰還を実現できない

原発事故による当初の「避難指示区域」の設定は、事故直後に指示された原発から半径20km圏の「警戒区域」を「避難指示区域」、さらにおおよそ半径30km圏を「緊急時避難準備区域」、そして北西方向の放射線量が高いエリアを「計画的避難区域」としていた。また、2011年7月から11月にかけて、ホットスポット的に積算放射線量が20mSv/年を超えると推定される地点（宅地単位）を「特定避難勧奨地点」として設定したが現在ではすべて解除されている。その後、数時の区域見直しなどが行われ、積算放射線量の分布によって、「避難指示区域」が「帰還困難区域」、「居住制限区域」、「避難指示解除準備区域」に再編成されたのは2013年8月になってからである。

東日本大震災後5年を経た2016年3月11日、政府はそれまでの「復興集中期間」に続く「復興創生期間」（2016-2020年）の復興基本方針を閣議決定した。そこでは原子力災害被災地について、遅くとも2017年3月までに避難指示区域のうち「帰還困難区域」を除く「居住制限区域」、「避難指示解除準備区域」を解除する方針を示した[3]。そして2017年4月までに「帰還困難区域」を除く避難指示区域は逐次解除されていった。この避難指示解除に関しても、その手続きや明確な説明がされているとは言えない。2016年から2017年にかけて実施された避難指示解除において、除染や時間的経過による放射線量の低下などから20mSv/年を下回ると「居住制限区域」や「避難指示解除準備区域」が同時に解除される場合が多かった。しかし、少なくとも「居住制限区域」解除は、次のレベルの「避難指示解除準備区域」に下げ、その区域指定の間に、ふるさとでの「生活の質」が確保されるような準備期間を設けるべきではないかと考えていた。

その後のふるさとへの帰還者数の推移を辿ると、避難指示解除がそのままふるさへの帰還・生活再建に繋がっていないことを示している。生活再建のための住まいの確保や生業再開、就業機会の確保につながる地域産業の再構築そして医療福祉サービス、購買、教育さらには被ばく放射線量の定期的測定や放射線量低下のモニタリングと情報開示などの見通しがなければ、人々の帰還への不安は大きい。避難指示解除とともにその1年後には賠償や避難先での住宅確保などの支援が打ち切られることになっている。付け加えれば、上記の「避難指示区域」以外の地域について、2011年4月21日の実測値に基づいて1年後の2012年3月11日における年間積算放射線量の推計マップが原子力規制委員会から公表されている[4]。上記の「避難指示区域」や「特定避難勧奨地点」以外で10mSv/年以上を示す地域は、福島市、伊達市、二本松市、本宮市、郡山市などに広く分布していた。注3で示したように「チェルノブイリ法」では、年間1〜5mSvの被ばく量がある地域では「移住権」が与えられていて、留まるか避難するかは住民の選択に委ねられている。わが国ではそれらの被ばく線量に相当する地域の住民が全国各地、そして県内に避難しても「自主避難者」とされ、避難生活における支援は「避難指示区域」からの避難者とは大きく区別されてきた。福島県は2017年を目途に「自主避難者」への住宅無償提供を打ち切る方針を発表した。因みに2016年11月現在、首都圏（1都6県）に自主避難し、無償提供を受けていた世帯は約2100世帯であり、打ち切り後の受け皿として公営住宅や雇用促進住宅などに優先枠を設けているのは約800戸で約4割にとどまっていたのである[5]。

これらの動向が示すように、福島原発災害復興のシナリオは、「避難指示解除」によって、避難者の帰還を促し、ふるさとの復興を促進するというものである。いわば「単線型シナリオ」であって、帰還しても避難し続けていてもそれぞれに困難が付きまとうという、被災者にとっては新たな過酷な生活が待ち受けている。「避難指示解除」を直ちに「帰還宣言」として位置づけるのではなくて、帰還までの間に準備すべき人々の「生活の質」、地域社会としての「コミュニティの質」、森林や河川や海岸・海水などの自然環境や田畑そして都市的な土地利用に至るまでの「環境の質」をどこまで実現し、どのように復興･再生できるかというプログラムを明確にすることが復興計画の核心である。そこでは、原発事故による被災者の不安や生活・生業再建に適した幾通りかの選択肢を示す「複線型シナリオ」を用意していくことが求められていくであろう。

浪江町の『広報なみえ』（2016 年 8 月号）において、その時町長であった故馬場有氏は「浪江の復興は、あくまでもオール浪江です。したがって、低線量区域の避難指示が解除されても、帰還困難区域が帰れるようになるまで帰町・帰還宣言はしません」とのメッセージを発表している。ここには、全町帰還を宣言するまでの間に、一定積算線量以下になった地域から、住まいの確保、医療・福祉・教育などの公的サービス、購買施設などやインフラの整備、そして農業・漁業、第 2 次・第 3 次産業などの復活とそれによる就業機会の確保などがプログラムとして組まれていくこと、それを被災町民に理解できる形で情報共有することなどが意図されていたと受け止めたい。

第 4 節　厳しい復興の道筋だが

原発災害からの復興、つまり人々の生活・生業再建とふるさとの再生は、わが国の災害史上最も困難な課題である。原子力利用が生み出す放射性物質はひとたび拡散し汚染されれば、その半減期による違いはあるが長い期間、環境や人体に影響を及ぼすことになる（福島原発事故において排出された核種は 30 種類以上に及ぶが代表的な核種の半減期は、ヨウ素 131＝8 日、セシウム 137＝30 年。わずかだが検出されているプルトニウム 239＝2 万 4065 年である）。使用済み核燃料の最終処分方法もいまだに確立していないので貯まるばかりである。原発災害からの復興は、この放射性物質をいかにコントロールし、除去していくかが基本であるが、合わせてそれらの汚染状況を把握し、その情報に基づいて放射能汚染のリスクとどう向き合うかという課題も重要である。つまり、復興の課題というよりも、その前提として位置づけるべき課題も多い。

第1は、福島原発事故の徹底的な原因究明と再発防止に向けた危機管理である。2012年7月に提出された『国会事故調報告書（東京電力福島原子力発電所事故調査委員会)』は、冒頭に示されている「結論と提言」で「今なお続いているこの事故は、今後も独立した第三者によって継続して厳しく監視し、検証されるべきである」[6]としている。政府や東電が流布してきた“安全性”についても「3.11時点において、福島第一原発は、地震にも津波にも耐えられる保証がない、脆弱な状態であったと推定される」と指弾した。現在、廃炉に向けた作業が進められているが今後数十年を要すると言われている。中間貯蔵施設も汚染物質を収蔵してから30年を経て、最終処分場に搬出することになっている。それまでの期間にあらためて大震災や津波が発生する可能性も否定できない。福島第二原発を含めて、その危機管理は今後とも重要な課題であり続けている。これらの福島原発立地地域において策定されていた「地域防災計画(原子力災害対策編)」は、2011年3月の発災後にほとんど機能しなかった。30km以遠の自治体や地域住民にも災害をもたらした今回の原子力災害を踏まえて、住民が正確な災害情報にアクセスでき、機動的な避難行動に結びつくような地域防災計画（原子力災害編を含む）の整備が求められている。

第2には、不幸にして福島で発生した原子力災害を契機に、人々が原子力・放射能汚染に対する情報取得や日常生活上の知識・行動の指針に接する機会を準備していくことが必要である。原発事故後に福島県が設置した県民健康調査検討委員会は、これまで事故当時18歳以下だった約37万人、そして2014年からの2巡目は事故後1年間に生まれた子どもを加えた約38万人を対象に甲状腺検査を実施してきた。しかし、公表される委員会の見解は「放射線の影響は考えにくい」というものである。2016年の10月には、委員会の部会長を務めるメンバーは「多発は事実であり、『放射線の影響とは考えにくい』とは言い切れない」として、委員会に辞表を提出した[7]。放射能汚染と健康への影響の因果関係を科学的に追求することは重要であるが、被災し不安を抱いている人々が求めているのは、健康調査をきちんと進める体制と異常が認められた際の医療サービスを徹底的に確立することである。

第３に、これらの課題を突き詰めると、政府や原子力発電事業者の徹底した情報開示とそれを実現する第三者機関の監視体制を実現しなければならない。そして、ヨーロッパの多くの国々に設置されている「放射線防護庁」のような放射線防護対策を包括的に実施できる政府内の体制も整備していくべきである。災害大国であるわが国では、時限立法による復興庁ではなくて、「危機管理庁」のような機関の設置も必要になっている。

復興に向けた課題については、本書において再三述べてきたが、いくつか再確認しておきたい。

自然災害における復興は、ふるさとの復興の中心的な課題に被災者の住まい・生活・生業の再建を位置づけることができるが、広域的・長期的避難を強いられる原発被災者の生活再建はふるさとだけで再建できるわけではない。人々のライフサイクルと原発災害の収束・克服のために要する時間は余りにもギャップがあり、避難先で新たな生活を歩みだす人々が多いことを復興の課題に位置づけることが必要である。それがすでに述べた復興の「複線型シナリオ」の前提である。ふるさとに戻る人にとっても戻らない人にとっても、住まいを確保することと仕事の機会を確保することは大きな課題である。そして孤立しがちな避難者に寄り添い、彼らの絆を維持し加えて避難先でのコミュニティになじんでいくことも丁寧に進めていく必要がある。ふるさとでの絆を守ること、避難先でのコミュニティと共生すること、二つのコミュニティ戦略が必要になっている。このことは、わが国における地域社会・地域コミュニティの再生の課題にも通底する課題である。どこで生活しても、「生活の質」、「コミュニティの質」、「環境の質」が問われていると言ってよい。

原発被災自治体における復興もまた地震津波被災地と同様、基礎自治体ごとに復興計画とその事業計画を策定し復興事業を実施してきたが、そのようなプロセスで被災者や自治体が持続可能性を維持しながら復興が進められるのだろうか。「帰還困難区域」を抱えたり、「中間貯蔵施設」を受け入れてきた自治体、そして「避難指示解除」の見通しが立てやすかった自治体など、ふるさとの復興の道のりはさまざまであり厳しく長い時間を要する。ふるさとの復興を目指す土地利用やコミュニティ再生にとって、個別自治体内においてさらに限られた自然や土地利用・インフラなどに依存しなければならないことを考えれば、広域連携の必要性がますます高まっていく。しかし、ふるさとの大地と歴史・文化などによって培われてきた絆を取り戻したいという被災者や市町村の願いを単純な広域合併論で受け止めることはむずかしい。課題は深刻かつ目の前に横たわっているので、広域連携の課題は、地方自治法に基づく「広域連合」で受け止めることが現実的かつ適切ではないかと考えられる。しかも県がそこに参画し広域調整機能や広域的行政サービスなどを積極的に担っていく方向を探っていくべきである。

被災地の復興において、被災住民、自治体職員そしてNPOなどの支援者が日常的に活動を広げていくことになるが、そこでは放射線量に関するモニタリングを行い、人々の健康検査や食品検査が身近に実施できる体制を整備することも重要である。

地域経済再生はふるさとの復興のもっとも重要な課題の一つである。地域循環型の地域産業形成と安全なエネルギー政策への転換を結び付けていってはどうだろうか。旧来型の外来企業の誘致ではなく、地元の中小企業などを立ち直らせていくことを中心に考える必要がある。その意味で住まいの復興は産業連関のひろがりも大きく、地元事業者や労働力を最大限活用していくことが求められている。そして、安全なエネルギー政策としてバイオマス、太陽光発電、小水力発電などの再生可能エネルギーの展開やLEDなどの省資源型の技術などを可能な限り地元中小企業などへ技術移転し、地域産業として育成していくことが必要である。

まとめ

東京電力福島第一原発事故は被災者や被災地に過酷な災厄をもたらし

た。同時に、「新潟県原子力発電所の安全管理に関する技術委員会」などによる隠ぺいされていた事実の究明を求める努力も積み重ねられている。例えば「炉心溶融」の技術的なマニュアルが存在していたにもかかわらず、その炉心溶融という表現を意図的に避け、事故発生の2か月後に公表したことなどが明らかにされてきた。原発事故処理のために必要なコストを国民全体に負担させ、しかもそれが30兆円に及ぶことなどは、マスメディアなどを通じて報じられなければ国民に知らされることはなかった。政府や東電の対応の不誠実さが明らかにされるたびに、被災者や被災地だけでなく国民全体に及ぼすほどの原発災害の深刻さを思い知らされることになる。言い換えれば、原発事故の原因が十分に明らかにされてこなかったがゆえに、政府・東電などによる“福島封じ込め”は、その後の全国各地の原発再稼働への展開などを見ても、一定の“効果”をあげてきたと言わざるを得ない。“原発亡国論”とでもいえる危機である。

全国で取り組まれている脱原発の大きなうねりは、わが国全体の原子力政策、エネルギー政策をどう軌道修正し、次の世代に継承していくかという課題に挑戦しつつある。ドイツが2011年7月、福島原発災害の直後に「安全なエネルギーの供給に関する倫理委員会」の提案に基づいて、政府として原発の廃棄を決定した。まさに原発のリスクを“倫理問題”として位置づけていたのである。

わが国における原発立地は、国土全体の地殻構造が明らかにされ、また次々に発生している地震・津波、台風、洪水、地すべりなどの巨大災害などに対する国土防災の観点からもきわめて危険である。

2019年に福島県を襲った台風も深刻な被害をもたらした。2020年当初にわが国でも発生した新型コロナウイルスの感染は、2021年7月現在なお第5波が全国各地に広がっている。しかも、わが国におけるワクチン接種が極めて立ち遅れていることも明らかになっている。公衆衛生行政のスキを突かれた格好になっている。原発災害の見通しがつかない中、「複合災害」という表現が頻繁に使われた。毎年のように全国各地を襲う台風・豪雨・地震などのたびに使われる避難所などは、「三密」を避けなければならないので、その収容人数も限られるようになる。在宅避難などを受け入れることになるが、それらの動きから見えてくることは、個別に避難を強いられている状況をいかに地域社会が把握できるかという課題である。いずれにせよ、緊急時における人々の「生活の質」を確保することが、災害時の基本的な前提になるような社会の仕組みを築いていくことが必要になっている。

東日本大震災の復興過程において、被災者の生活再建を脇において、大規模なハードの復興事業に邁進する「惨事便乗型復興」が批判されてきた。

ナオミクラインによる『ショック・ドクトリン―惨事便乗型資本主義の正体を暴く―』（上下巻、幾島由紀子・村田由見子訳、岩波書店、2011年）や、その後の『これがすべてを変える―資本主義 vs 気候変動―』（上下巻、幾島由紀子・荒井雅子訳、岩波書店、2017 年）などは、資本主義における大資本の収奪や戦争をも利潤追求の契機にしてしまったり、エネルギー産業だけでなく大手資本の地球環境への悲劇的な負の営みを痛烈に批判してきた。資本主義そのものが大きな矛盾をはらんでいることが、気候変動などを契機に明らかにされてきた。

斎藤幸平『人新世の「資本論」』（集英社新書、2020 年）は、市場と国家の失敗があちこちであらわになる中で、「脱成長」経済を大胆に提起している。言い換えれば資本主義の抜本的な改革であり、新たな経済の仕組みの提起である。

福島原発事故、気候変動の影響による大災害の頻発、わが国特有の地殻変動による大地震の襲来そして世界を震撼させ続けている新型コロナウイルスの猛威など、まさに複合災害にどう取り組むかという時代の真っただ中にいる。そして世界中が新型コロナウイルス禍によって経済衰退をもたらされている。そんななかでさえごく一部の富裕層や多国籍企業が膨大な利益を上げているという。つまり、伝染病の克服というだけでなく、世界の経済のあり方までが問い直されている。

あらためてエネルギー政策の転換や危機管理の重要性などとともに、持続可能な社会への課題が浮き彫りになる中で、われわれは 21 世紀の

20年代に立っている。

注

1　2016年11月6日に放映されたNHK「廃炉への道“調査報告　膨らむコスト―誰がどう負担していくか―”」においても、13.3兆円を超す廃炉コストの7割以上を国民の負担（国民の税金による国費支援と電力料金という形を合わせて）で賄うというシナリオがすでに描かれていることが報道されていた。そこでは除染後の汚染物質を仮貯蔵しているフレコンパックの輸送が2015年から始まり、これまでの1万3000袋の輸送コストは1億円のはずだったが、実際は8億6000万円かかっていること、それがフレコンパック（1袋1万4300円とのこと）の劣化によって半分以上を詰め替えなければならなかったことによっているなど、時間の経過とともに経費が膨らんでいく具体的な事例も紹介されていた。

2　原発立地前後に住民に公募し採用されたスローガンで、双葉町駅と中心市街地を結ぶ街路に掲げられていた。

3　政府・原子力災害対策本部による『避難指示区域の見直しにおける基準（年間20mSv）について』（2012年7月）では、「現在の科学でわかっている健康影響」などを取り上げるとともに「状況に応じた望ましい放射線防護の考え方」では、「チェルノブイリ原発事故において、ソ連政府は、事故直後の1年目に年間20～100mSvを強制避難の基準として採用した」、それに対して「日本政府は、住民の安心を最優先し、事故直後の1年目から、年間20～100mSvのうち最も厳しい値に相当する年間20mSvを避難指示の基準として採用した」（同資料6頁）としている。一方、新潟県『チェルノブイリ原子力発電所事故等調査報告書』（2015年11月）では、ウクライナ政府立入禁止区域管理庁へのヒアリング内容が報告されていて、「5mSvを超える年間被ばくがある場所は強制移住区域とし、全員立ち退き。1～5mSvの年間被ばくがある場所は移住権が与えられている」（同報告書46頁）ことが報告されている。チェルノブイリ原発事故後5年を経た1991年、ベラルーシ、ウクライナそしてロシア政府においていわゆる「チェルノブイリ法」が制定された。そこでは1～5mSv/年の被ばく地域に対して、住み続けることも移住することも選択できることになっていることを受け止めるべきであろう。

4　原子力規制委員会（2011）『東京電力株式会社福島第一及び第二原子力発電所周辺の放射線量等分布マップ』2011年4月24日。

5　『東京新聞』2016年11月9日付。

6　東京電力福島原子力発電所事故調査委員会（2012）『国会事故調報告書』（徳間書店、2012年9月）、p.10.

7　『北海道新聞』2016年10月21日付。

あとがき

東日本大震災・福島第一原子力発電所事故による原発災害発生後10年を経た。

本書は、この10年の間に筆者がとくに原発災害に向き合ってきた時々の問題意識を書き留めてきたものである。もちろん原子力発電所事故の実体やその問題性を正確に把握できてきたわけではない。しかし、筆者の向き合ってきたのは主として、原発災害によって過酷な避難生活を強いられてきた被災者の生活再建と、被災地の地域社会の再生に関する課題、さらに次々と突き付けられる深刻な課題に向き合いながら自治体としての役割を果たしてきた市町村の今後のあり方に関する課題であった。そして、それらの深刻な課題は、原子力発電所の事故と放射能汚染によって安全や安心を奪われたという客観的な事実に向き合いながらも、災害の原因者や国などによる災害に対する対応によってもたらされた人為的な背景が極めて大きいことが次第に明らかになってきたのだった。

10年を過ぎた現時点でも象徴的に現れているのが2020年2月に発表された「ALPS（多核種除去設備）処理途上水の海洋放出」の方針とその後の政府の対応である。さらに原子力規制庁が1～3号機の原子炉建屋上部のシールドプラグに驚くべき高濃度の放射性物質が付着していることを明らかにしたのは2021年5月になってからである。華々しく「復興五輪」を打ち上げたが、新型コロナウィルスによるパンデミックの拡大が深刻になっている中で、人々の生命や暮らしを最優先にせず、それを何か精神力・念力で乗り越えようとする政治への信頼が大きく揺らいでいる。災害のたびに指摘されてきた「人間の復興」は相変わらず脇に置かれ、巨大な復興プロジェクトが“振舞われて”いる“惨事便乗型復興”の姿は異常である。

筆者が原発災害に向き合い続けているのは、いくつかの背景と友人たちとの協働の取り組みに拠っている。一つは、災害発生直後、福島県と浪江町、双葉町の復興ビジョンや復興計画の策定、そして仮設住宅の供給についての計画づくりに関われたことである。それらの経験をできるだけ記しておきたいと思ったのが本書のきっかけである。さらに2011年の暮れから友人たちと「ふくしま復興支援フォーラム」に取り組んできた。2021年8月までに185回のフォーラムを重ねてきた。一つの方向性を打ち出すというよりも、福島の災害に関わる色々な立場の方々の意見を丁寧に聞き出していく、考え方の違いを認め合うことなどが運営の方針であった。このフォーラムを支え合ってきた友人たちがいなかったら、この出版にもつながっていなかったに違いない。そして、この継続的に取り組み続けてきた経験の中から「県民版復興ビジョン」の作成にもつながっている。原発災害後10年を経て、なおこれらの取り組みは続けていくことになろう。その意味では、本書はその中間段階の報告と言えるかもしれない。

そんななかで、出版社への橋渡しをしていただいた自治体問題研究所の角田英昭氏、厳しい出版事情の中で編集から出版まで粘り強くご支援いただいた自治体研究社の寺山浩司氏に改めて謝意を表したい。

2021年11月

鈴木　浩

■鈴木　浩／主な著書論文

「地域住宅政策論の構図」玉置伸俉編『地域と住宅』勁草書房、1994年。
「地域居住政策の胎動と展望」『講座現代居住3　居住空間の再生』（共編著）、東京大学出版会、1996年。
「福島県の地方都市問題」福島大学地域研究センター編『グローバリゼーションと地域』八朔社、2000年。
「地域再生をめざす地域居住政策の展望」真嶋二郎＋住宅の地方性研究会編『地域からの住まいづくり―住宅マスタープランを超えて―』ドメス出版、2005年。
『日本版コンパクトシティ』学陽書房、2007年。
『地域計画の射程』（編著）八朔社、2010年。
「原子力に依存しない持続可能な社会をめざして」自治労連・地方自治問題研究機構『自治と分権』2011年。
「原発災害と復興まちづくりの課題」佐藤滋編『東日本大震災からの復興まちづくり』大月書店、2011年。
「ふくしま復興の課題と展望」大西隆・城所哲夫・瀬田史彦編著『東日本大震災―復興まちづくり最前線―』学芸出版社、2012年。
『住宅白書2011-2013東日本大震災　住まいと生活の復興』日本住宅会議編、ドメス出版、2013年。
『地域再生―人口減少時代の地域まちづくり―』（共編著）、日本評論社、2013年。
「原発災害と復興政策のあり方」岡田知弘・自治体問題研究所編『震災復興と自治体―「人間の復興」へのみち―』自治体研究社、2013年。
「浪江の避難者21,000人、どう支えるか」、「被災者の生活再建の課題」冠木雅夫編『福島は、あきらめない―復興現場からの声―』藤原書店、2017年。
「地域居住政策―福島から考える―」中島明子編『住宅問題と向き合う人々―HOUSERS―』朋文社、2017年。
「福島原発災害―その特質と復興の課題―」日本社会教育学会編『東日本大震災と社会教育』東洋館出版社、2019年。
「原発被災地の目指すべき地域再生の方向」川﨑興太編著『福島復興10年間の検証―原子力災害からの復興に向けた長期的な課題―』丸善出版、2021年。

[著者紹介]

鈴木　浩（Suzuki Hiroshi）

1944年千葉県館山市生まれ。

東北大学大学院博士課程（工学研究科建築学専攻）修了（工学博士）。

東北大学工学部助手、国立小山工業高等専門学校助教授、文部省在外研究委員（ロンドン大学）などを経て、1990年福島大学行政社会学部教授、同共生システム理工学類教授、2010年3月福島大学定年退職。

2011年3月、東日本大震災・福島第一原発災害後、福島県復興ビジョン検討委員会座長、同復興計画（第一次）策定委員長。浪江町復興ビジョン・復興計画検討委員会委員長、双葉町復興まちづくり計画委員会副委員長。2012年6月、IGES（地球環境戦略検討機関）シニアフェロー、FAIRDOプロジェクト（～2014年）代表。

福島原発災害10年を経て
—生活・生業の再建、地域社会・地域経済の再生に向けて—

2021年12月25日　初版第1刷発行

著　者　鈴木　浩
発行者　長平　弘
発行所　㈱自治体研究社
〒162-8512 新宿区矢来町123 矢来ビル4F
TEL：03·3235·5941／FAX：03·3235·5933
http://www.jichiken.jp/
E-Mail：info@jichiken.jp

ISBN978-4-88037-734-6 C0036

印刷・製本／モリモト印刷株式会社
DTP／赤塚　修